兰花赏培600问

许东生 编著

中国林业出版社

兰花赏培 600 问

图书在版编目(CIP)数据

兰花赏培 600 问/许东生 编著. —北京:中国林业出版社,2001. 1(2009. 3 重印)
ISBN 978-7-5038-2729-7
Ⅰ. 兰… Ⅱ. 许… Ⅲ. ①兰科－花卉－观赏园艺－问答 ②兰科－花卉－鉴赏－问答 Ⅳ. S682. 31-44
中国版本图书馆 CIP 数据核字(2000)第 82834 号

出版: 中国林业出版社(100009 北京西城区德内大街刘海胡同 7 号)
E-mail: cfphz@ public. bta. net. cn 电话 010－83224477
发行: 新华书店北京发行所
印刷: 北京地质印刷厂
版次: 2001 年 1 月第 1 版
印次: 2009 年 3 月第 11 次
开本: 880mm × 1230mm 1/32
印张: 11
字数: 320 千字
彩色插页: 64
印数: 44001 ~ 47000 册
定价: 38. 00 元

水帘洞　四川青城山后山　江明义摄

线艺类

1.‘**金兔**’　云南·孙智勇培育

兔耳兰绀帽中透艺佳品。

2.‘**剑峰**’广东·李明培育

墨兰雪白爪艺品。花之萼捧也有相应的白爪艺。

3.‘**绿轮剑**’　四川·黄昌志培育

春剑兰绿覆轮中透艺佳品。

4.‘**云井**’ 云南·孙智勇培育

春兰阴阳艺兰。开绀帽中透艺、云井艺、阴阳艺花。白覆轮鲜红舌，堪为当今上乘的叶花双艺品。

5.‘**银缟莲**’ 云南·孙智勇培育

莲瓣兰白覆轮缟艺佳品。

6.‘达平’　广东·李明培育

墨兰爪艺、斑缟艺佳品。

7.‘石门奇蝶’　福建·许奇培育

墨兰大石门瑞玉艺多舌捧蝶花。为叶花兼优珍品。

8.‘艺莲素’　云南·孙智勇培育

莲瓣兰覆轮斑缟艺品，花为荷瓣素心花。

水晶艺

9.‘**紫观龙**’ 四川·李必刚培育

春兰水晶龙。水晶成分含量大，只是还处于隐匿状。叶片横皱如梯，新芽已增现扭卷。造型奇特，犹如活化石。

10.‘**水晶冠**’ 云南·孙智勇培育

墨兰水晶艺佳品。根、甲、叶全镶嵌水晶艺，续变力甚强。

11.‘**青龙**’ 浙江·唐小国、袁世民培育，周巩政供照

产于浙江之春兰水晶艺品。叶端的水晶艺体已下伸，续变力强。

9

10

11

12.‘云童’　云南·孙智勇培育

春兰高标准之矮种兰。叶质格外厚糯，株矮端圆。叶缘含晶，已现收缩，有望进化。

13.‘飞凤朝阳’　云南·孙智勇培育

豆瓣兰凤型水晶艺花珍品。萼捧端均显现冠状水晶艺。飞态花容晶光荧射，令人流连忘返。

14.‘虎晶剑’　四川·景光辉培育

春剑兰虎型水晶艺叶，水仙瓣镶晶花。双艺齐辉，花色秀丽。

15.**‘晶沙龙’** 广东·陈少敏培育
春兰虎型水晶艺。叶缘、叶面散嵌水晶艺体，可望育出美丽的虎斑型水晶艺兰。

16.**‘银凤冠’** 云南·李本光培育
春兰凤型水晶艺佳品。艺体粗大而下伸。

17.**‘紫晶花’** 广东·陈国胜培育，谭福台摄影
墨兰硬捧水晶艺花。

图斑艺

18

18.‘岭南锦绣’ 广东·谭福台培育
墨兰图斑艺兰。隶属平滑艺向，晶斑类，山形斑之优美图画斑艺兰。画面洋溢着岭南秀色。

19.‘山青水秀’ 广东·陈志强等培育
墨兰之图斑艺兰。属平滑艺向，晶斑类，绿三角形之图斑艺佳品。

19

20.‘绿嘴画花’ 四川·何茂森培育
四川产春兰图斑艺花。翠萼长瓢(授露)型，镶晶边，嵌晶艺图画斑纹，十分别致而秀丽。

21.‘黄山云海’ 广东·江嘉禄、谭福台培育
墨兰图画斑艺兰佳品。隶属平滑艺向，云海型，晶斑类。

22.‘桂林山水’ 广东·孔伟雄、覃远铭培育
墨兰平滑艺向，晶斑类之图斑艺兰佳品。斑艺中矗立的山峰、翠绿的三角林木、与黄金底交相辉映，引人入胜。

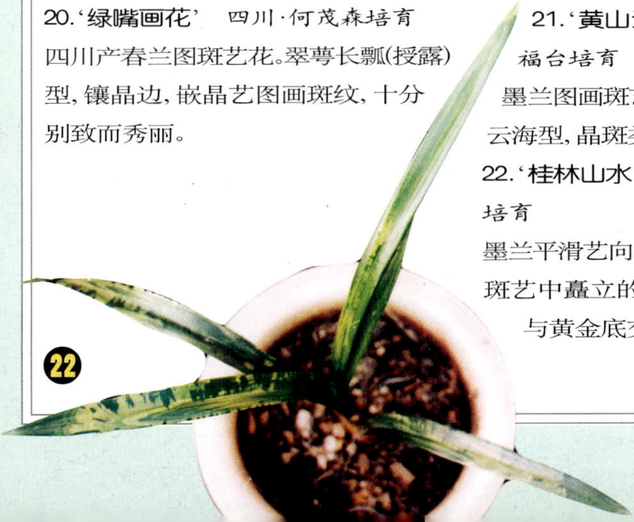

23.图画斑艺态分类图(一)　广州·谭福台研究
24.图画斑艺态分类图(二)　广州·谭福台研究
25.图画斑艺态分类图(三)　广州·谭福台研究
26.图画斑艺态分类图(四)　广州·谭福台研究
27.图画斑艺态分类图(五)　广州·谭福台研究

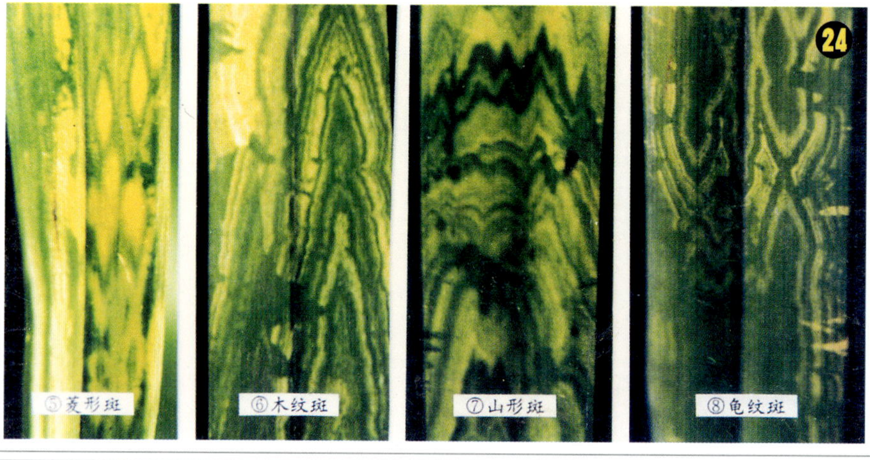

25

⑨圆弧斑 ⑩绿三角 ⑪奇峰型画斑 ⑫山水型画斑

26

⑬田园型画斑 ⑭云海型画斑 ⑮彩云型画斑 ⑯日出型画斑

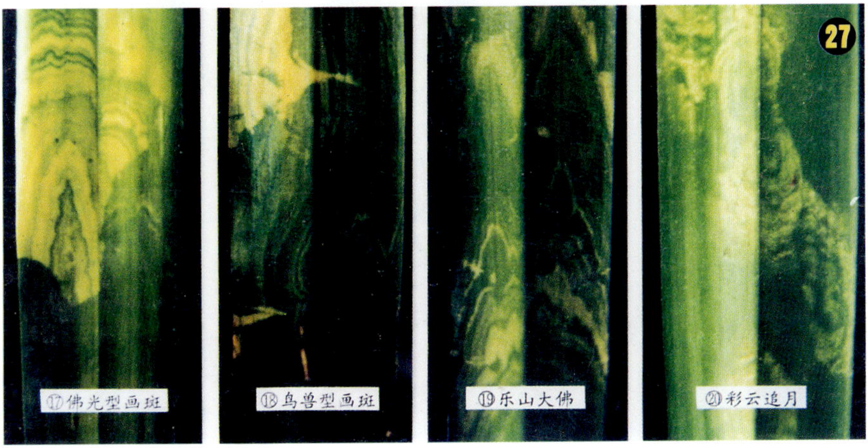

27

⑰佛光型画斑 ⑱鸟兽型画斑 ⑲乐山大佛 ⑳彩云追月

型艺

28.'东方明珠' 广东·谭福台、陈仲祥、陈妹记、何桂开培育

高标准矮种奇叶墨兰。堪与'文山佳龙'相媲美,风姿婉妙。

29.'曲角叶' 山东·罗平安培育

素心春兰奇叶奇品。叶片多处曲折、弧垂,洋溢着罕见的曲线美。

28

29

30.‘飞龙’　四川·景光辉培育

春剑兰矮种奇叶佳品。侧叶翻卷似龙飞，中叶短阔、端圆，矮种特性稳定。

31.‘和尚’　重庆·陈波培育

高标准之春剑矮兰。叶短阔、端圆，质特厚而糯；叶主脉已初现晶斑，有望进化。

32.‘瓢剑’　广东·叶仕锐培育

此簇龙根墨兰是1997年11月22日在广东惠来县平山镇采得。尚未见花。经数年培育，两株成苗，均具一片高瓢态叶，叶高19cm，对生细叶如剑。风姿独特。

33.‘**祥龙**’ 福建·许东生培育

墨兰标准矮种。叶短阔、起柄，端钝、形圆，质厚糯，面起皱，形翻扭，姿态万千。

34.‘**银拖矮**’ 福建·许杰培育

墨兰银边矮兰。叶端已有垂线和缟艺。

35.‘**金罩**’ 四川·张继明培育

四川产春兰花艺珍品。叶已现爪艺。其花瓣造型独特，形如台灯之灯罩。

36.‘**金佛素**’ 四川·景光辉培育

四川产春兰素心珍品。萼捧耸立合构成屏风，蕊柱似一尊佛像，大圆舌下挂不后卷，造型独具一格。色彩华贵，堪为素心珍品。

37.‘**双梅仙**’ 四川·黄昌志培育

春兰荷形水仙瓣新品。捧瓣起兜，而萼片却为荷形，莛能双花，难能可贵。

35

36

37

38.‘**黑珠素**’ 云南·李映龙培育

云南产之春兰素心黑花。不仅花器各部分均墨黑，连花莛、苞片也同样墨黑，确为真正的全黑素奇花。

39.‘**大富贵**’ 四川·林元洪培育

春兰荷瓣之典型代表种。

38

39

40.‘杓梅’ 云南·孙智勇供照

典型的春兰梅瓣新品。不仅萼片似杓形，连花瓣的上侧也构成杓形，依其形似而为名。

41.‘楼台会’ 四川·邓少康供照

四川产之春兰奇花。龙吞舌上的乳突镶浓紫头，犹似倩女与睡郎(蕊柱)窃窃私语。花形飘渺，着色素雅。风韵非凡。

42.‘金冠素’ 云南·李建国、李建文培育

云南产之春兰水仙瓣花新品。全花色彩金黄，一尘不染，为全素心花。雍容华贵，富丽堂皇。

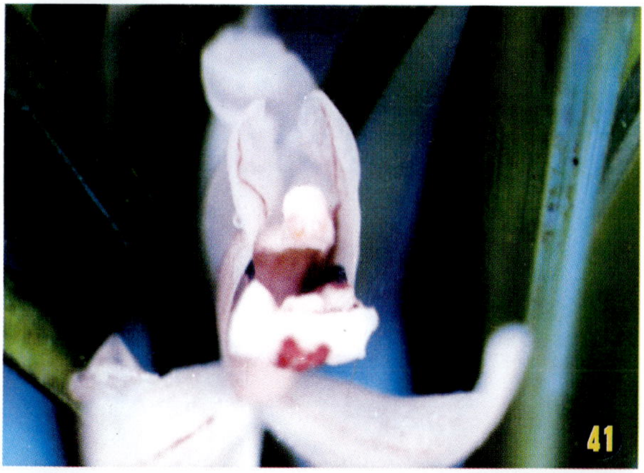

43.**'金袈裟'** 云南·宫自槐、侯开稳、毛元等培育

此为春兰变种豆瓣兰之荷形水仙瓣珍品。花色金灿灿，富丽堂皇。

44.**'如来佛'** 四川·江明义供照

春兰蕊柱奇变之奇花珍品。萼捧自然耸立合拢似屏风，蕊柱肥大如佛身，药帽奇变似佛的头像，形像逼真，给人神秘感。

45.‘别谱’　湖南·彭均安培育

湖南产之春兰多瓣奇花。造型与众不同，耐人寻味。

46.‘红太阳’　四川·林元洪培育

四川产之春兰花艺品。侧萼如上举之手，欲托住太阳。构图别致，花色秀雅。

47‘绿嘴白素’　贵州·薛天民供照

贵州产之春兰素心花。花瓣起兜，水仙瓣可称。全花素心，镶绿嘴。

48.‘**华容**’　云南·范光仁培育

云南产之春兰花艺品。花色如少女之俏丽容颜。

49.‘**蛇皮红**’　四川·贯学成培育

四川产之春兰花艺品。萼片网脉浮凸，呈蛇皮样花纹。全花鲜红欲滴，十分娇艳。

50.‘**白梅**’　台湾·张喜亮供照

贵州产之春兰白色花系水仙瓣花珍品。捧如梅花瓣。素唇缘缀一对红点，和捧瓣一样对称。全花端庄素雅，为春兰的稀有色花。

51.‘风吼奇’ 云南·孙智勇培育

云南产之春兰奇花。花的各个部分均偏向一侧，犹似风吹倾一样，造型格外独特。

52.‘飞佛’ 四川·黄昌志培育

四川产之春兰花艺品。蕊柱似佛像，肩萼呈飞态。颇具神秘感。

51

52

53.‘翠彩荷’ 台湾·张喜亮供照
春兰高标准荷瓣花新品。花形硕大，着色秀雅。

54.‘龙珠’ 云南·李映龙培育
春兰紫红色荷瓣花。唯瓣端之尖凸没有向内曲，而品位尚不高。但着色罕见而艳丽，风采不凡。

55.‘蛇皮素’ 浙江·范玉如培育
此为浙江产之春兰素心花。萼面镶嵌蛇皮花纹，甚为独特。

56.‘X3’ 四川·李必刚培育

此为四川产之春兰奇花。增生1萼构成X样，花瓣增生1枚位于正中，造型别具一格。

57.‘**挺翘飞**’ 贵州·许永亮培育

此为贵州产之春兰花艺名品。翠绿飞肩花，萼、捧、唇全部挺而起翘，风采非凡。

58‘**绿仙**’ 贵州·许永亮培育

此为贵州产之春兰水仙瓣新品。金黄镶红“U”字斑的唇瓣把翠花衬托得鲜艳夺目。

59.‘**抱春**’ 广东·陈少敏培育
此为春兰多瓣奇态蝶化花。顶部花瓣似剪刀交叉，中部如手合抱蕊柱，下捧唇瓣化兜翘，三萼片也成环抱状，造型独特。

60.‘**福梅素**’ 四川·刘光福培育
此为四川产之春兰水仙瓣素心花。

61.‘**长瓢仙**’ 台湾·张喜亮供照
此为湖南产之春兰水仙瓣花。三萼、双捧均为瓢状。着色翠绿，端庄素雅。

62.‘**春菊**’ 台湾·张喜亮供照

此为湖南产之春兰全多奇花。唇瓣、捧瓣、蕊柱均大量增多，似菊花心部样。

63.‘**红娇**’ 浙江·范玉如培育

此为浙江产之春兰花艺品。色彩鲜艳，娇美可爱。

64.‘**红脉金仙**’ 湖南·彭均安培育

此为湖南产之春兰水仙瓣新品。金花镶红脉，雍容华贵。

63

62

64

莲瓣兰

65.'千喜粉荷' 云南·孙智勇培育

云南莲瓣兰高标准的荷瓣花。千禧之年采得而为名。全花满泛粉红晕，十分秀丽。

66.'多彩捧蝶' 云南·孙智勇培育

云南产之莲瓣兰捧瓣增多而又唇瓣花之奇蝶花。

67.'红筋荷' 云南·张志宗培育

此为云南产之荷瓣莲瓣兰佳品。花容端庄，富有内涵。着色秀雅。

68.‘**红珠粉**’ 云南·孙智勇培育
此为云南产之莲瓣兰精美花艺名品。捧面镶红珠，唇瓣红得发紫又镶白覆轮。花色十分秀雅。

69.‘**碧龙菊**’ 云南·李映龙培育
此为云南产已正式登录（053）的莲瓣兰菊瓣型奇花。曾获第九届全国兰花博览会银奖。

70.‘**红芙蓉**’ 云南·孙智勇培育
此为莲瓣兰多唇奇蝶花珍品。唇瓣增4而为五星舌。侧裂片异常发达，紧贴成圆。白底红斑，绚丽多姿，令人珍爱。

71.‘孙莲素’　云南·孙智勇培育

云南产之莲瓣兰雪白素花。

72.‘焦端梅’　云南·张志宗培育

云南产之莲瓣兰梅瓣花。萼片短圆，捧仅微兜，品位不高。

71

72

73.‘中角荷’ 云南·张志宗培育

云南产之荷瓣莲瓣兰。萼片中段放角，两端收根，蒲扇捧。

74.‘红条金’ 云南·张志宗培育

云南产之莲瓣兰金黄彩条花。雍容华贵。

75.‘三捧奇’ 云南·孙智勇培育

云南产之莲瓣兰三捧奇花。萼捧均镶白覆轮。

76.‘剑阳蝶’ 云南·孙智勇培育

云南产之莲瓣兰肩蝶花。肩萼下垂而又上翘，风姿婉妙，中萼与捧叠盖蕊柱，富有内涵。

77.‘白舌莲’ 云南·孙智勇培育

云南产之莲瓣兰。白大圆舌桃筋花。十分素雅。

78.‘绿爪彩花’ 云南·孙智勇培育

云南产之莲瓣兰花艺珍品。此花白浮黄桃晕，加绿爪。为罕见的绿爪复色花。

蕙兰

79.‘关顶’　江苏·陈士友培育

传统蕙兰老八种赤蕙之一。五瓣短圆，豆壳捧，分窠态，大圆舌，平肩花。

80.‘送春素’　云南·周云芳培育

蕙兰变种。为‘翠绿送春素’。近平肩，有香气，曾获第七届兰博会金奖。

81.‘翠蕙’　西安·宿福祥培育

绿杆绿花蕙兰。在花红缺裂舌的陪衬下，显得十分秀雅。

79

80

81

82

83

84

82.‘环球素’ 广东·陈少敏培育

蕙兰三环全奇花。萼捧增多，端起兜内扣，合蕊柱裂变成众多小花瓣。全花一尘不染，为全奇蕙兰素心花珍品。

83.‘白云姑娘’ 广东·陈少敏培育

蕙兰花艺珍品。萼捧素白而透明。唇瓣缀点红艳，色彩对比鲜明，花容秀雅，犹如云端里的仙女飘然下凡，令人凝望。

84.‘蕙球’ 上海·孙德群培育

轮生蕙兰，花聚簇成球，热闹非凡。

春 剑

85.‘三星奇’ 四川·岳伟林培育，何茂森摄影

春剑兰聚头状簇生蕊捧裂变奇花。

86.‘雌雄荷’ 重庆·陈波培育

春剑兰荷形水仙瓣花。紫红晕彩，犹如一对伉俪并肩促膝……

87.‘金缟翠剑’ 四川·何茂森培育

春剑兰缟艺花。绿底金爪，交相辉映，实属罕见。

85

86

87

88.‘青剑’　四川·何茂森培育

青色花,水仙瓣,形婀娜,好素雅。

89.‘银铃’　四川·江明义摄影

春剑兰超瓣花。瓣基比瓣端大数倍,形态别致,花容秀雅。

90.‘白剑蝶’　四川·江明义供照

春剑兰肩蝶花。肩垂翘,披赤条。

91.‘龙卷蝶’　四川·江明义供照

春剑兰奇蝶花。萼片翻卷似龙，蝶化捧也翻卷，形态别致，花色秀丽。

92.‘白飞桃’　四川·江明义摄影

春剑兰奇态花。萼片飞态，中萼与捧唇合构成桃状。形态别致。

93.‘红晶剑’　四川·黄昌志培育

春剑兰水仙瓣镶晶艺花。花瓣短阔、紧边、起兜、镶晶艺，堪为水仙瓣花。萼片镶水晶覆轮艺，其上泛红晕。其株叶也镶有水晶艺体。是甚有发展潜力的春剑兰品种。

94.‘**朱爪剑**’ 四川·贾学成培育

此为春剑兰爪艺花，色彩别致，风格独特。

95.‘**粉玫瑰**’ 四川·李必刚培育

此为春剑兰花艺名品。瓣质超薄，透明感强。粉红披红筋，格外秀丽。

96.‘**花伞**’ 重庆·陈波培育

为春剑兰蕊柱裂变、朝天开放之奇花。形态别致，色彩秀丽。

94

95

96

建 兰

97.‘桃蝶’ 四川·贯学成培育

建兰捧蝶花。萼片萎缩扭卷，花瓣过半唇瓣化，着色艳丽。

98.‘金钟梅’ 四川·贯学成培育

建兰梅瓣花。三萼端圆紧边、起兜，花瓣硬变似拳，三角如意舌。雍容华贵，清香四溢。

99.‘宝岛仙女’ 台湾·张喜亮供照

建兰捧蝶花名品。色彩斑烂，鲜艳夺目。

100‘**粉红桃**’ 广西·麦永朝培育

建兰淡红条斑花艺品。素雅耐看。

101.‘**翠花玉**’ 贵州·薛天民、周碧霞；福建·许阿婉等培育

建兰花艺佳品，绿萼长珠状，桃形白捧挂红杠，白唇红点托素心。花容端庄，色彩秀丽。

102.‘**赤金素**’ 西安·宿福祥培育

为素心建兰之珍品。花色纯金黄的素心建兰确实罕见。

103.‘胭红’　福建·薛国荣、许东生培育

建兰水仙瓣红色花佳品。花容小巧，色彩艳丽。

104.‘黄梅’　广东·谭福台培育

建兰梅形水仙瓣花佳品。由于顶花萼片不够圆而不能称为梅瓣。但花色金黄十分秀雅，乃属难得之建兰梅形水仙瓣花佳品。

105.‘红小荷’　广东·陈少敏培育

建兰花艺佳品。荷形小巧花着色素雅，香气袭人。

106.‘**别谱红**’ 四川·张继明培育

建兰少瓣奇花。萼片少一,唇退化,离宗别谱,红彩秀丽。

107.‘**观音素**’ 西安·宿福祥培育

本品花瓣短阔、端钝圆,仪态端庄,花味清香,它以产地台湾观音山而为名。

108.‘**雄鹰**’ 西安·宿福祥培育

建兰水仙瓣花。花容犹如搏击长空之雄鹰。

106

107

108

寒 兰

109.‘雨燕’ 四川·刘世渡供照

四川会理产之夏寒兰紫杆紫柄素心花。花容低垂如雨中归燕。

110.‘夏寒青素’ 四川·刘世渡供照

四川会理县山野出产之夏寒兰素心花。清香四溢。

110

109

111.‘紫寒妃’ 四川·刘世渡供照

四川会理产之夏寒兰紫花舌青花品种。

112.‘文成公主’ 福建·王仲琳培育

寒兰花艺佳品。白萼白捧红斑舌，色彩对比鲜明，素中有艳，艳中有素，格外秀雅。

113.‘**红线女**’　福建·王仲琳培育

福建产之冬寒兰红花。色彩红艳，清香四溢。

114.‘**寒珠**’　四川·黄吉海培育

寒兰水晶奇蝶珍品。含苞时似棉桃初现，绽开时如小鸟在巢，全绽时，各个部分都增多，千姿百态，赏心悦目。

115.‘**一举成**’　福建·许东生培育

寒兰花艺佳品。一字肩，猫耳捧，白覆轮，紫条彩，桃红晕，多色竞艳。

113

114

115

墨兰

116.‘小鹦鹉’　广州·谭福台培育

墨兰细瓣水仙瓣花。色黄镶浓绿嘴，花瓣山峰形，紧边起兜，披红条，泛红晕，花色素雅。

117.‘火炬’　云南·周云芳培育

产自云南老山的墨兰少萼缺舌，朝天开放的红色奇花，形同火炬，风采独具。

117

116

118.‘紫翠荷’　广东·谭福台培育

花小巧玲珑，花瓣短阔，中萼与花瓣合抱蕊柱，富有内涵。捧起兜，唯萼放角不显著而列为水仙瓣墨兰。花色特殊，瓣背绿镶紫边，正面全紫色。风采独存。

118

119.'**翠蝶素**' 广东·陈兆霖培育，谭福台摄影

素心墨兰。萼端翠绿，捧瓣唇瓣化部分也为绿色，为兰花蝶瓣花中独有的色彩。

120.'**龙头墨素**' 广东·谭福台培育

墨兰素心花。萼捧唇奇变似龙头状。构图巧妙，风韵不凡。

121.'**攀龙凤**' 广东·郑清木培育

墨兰花艺佳品。寒兰瓣桃红花。朵朵神采飞扬，攀援绕白莛而上，兆瑞呈祥。

119

120

121

122.‘**腾云观音**’　广东·李明培育

素心墨兰奇态花珍品。肩平展如飞，中萼似屏风，蕊柱耸立似观音菩萨，大圆唇瓣如莲座。

123.‘**宝山奇**’　福建·陈秋生、陈永贤培育，广东谭福台供照

墨兰奇蝶花佳品。花瓣增生一瓣，与两个唇瓣同形同色而构成五瓣蝶花。萼片镶有龙型水晶艺，又显唇瓣化。形态别致，色彩艳丽，令人珍爱。

124.‘**复色捧蝶**’　广东·冯锡海、罗社福培育，谭福台摄影

墨兰复色捧蝶花，多色交相辉映，十分秀丽。

125.‘**紫金蝶**’ 广东·谭福台培育

墨兰紫舌肩蝶花。墨兰中青莛青瓣的品种甚罕见。令人耳目一新。

126.‘**黑花蝶**’ 广东·陈少敏培育

兰花中所谓之蝶花是指萼捧有如唇瓣样的变形变色。而该花的花瓣却奇变成蝴蝶之双翅,与唇瓣、蕊柱构成一个完全相似的黑花蝶,确实难得。

127.‘**紫天荷**’ 广东·杨汉彬、李寿培育,谭福台摄影

荷瓣形紫色花墨兰。花姿独特,像荷花一样,朵朵朝天而开。

128.‘翠花伞’　广东·李明培育
为一年能二度开花的秋香白墨。奇在有别于兰花常态的总状花序而改为轮生伞形花序。

129.‘宝岛奇’　广东·陈少敏培育
此为墨兰高品位、全方位奇蝶花，色彩艳丽迷人。

130.‘神奇138’　广东·张云培育
此墨兰蕊柱正在奇变，随之萼、捧、唇也正在萎缩变化之中。是高层次之奇花期待品。

其它兰花

131.'珍珠桃' 云南·周云芳培育

红花落叶兰镶白覆轮。花容端庄，色彩艳丽，清香四溢。

132.'落叶红' 四川·刘世渡供照

此为珍珠矮花艺品，乳黄底桃色彩条花，水仙瓣可称。

133.'珍珠素' 四川·刘世渡供照

珍珠矮。地生根，有香气，无假鳞茎，细叶中高，莛花3～5朵，有香气。花期6月，主产于云南西部。它的萼片短、矩圆形，基不收根，端有细白刺。此为珍珠矮素心花，花瓣短阔、圆钝，紧边微兜，水仙瓣可称。

131

132

133

134.‘粉娇’ 云南·周云芳培育

此为套叶兰彩红花。花色秀雅，有清香。

135.‘卫星’ 云南·周云芳培育

套叶兰奇态复色花。萼、捧、唇共构成遨游太空之卫星状。形态别致，风采独具。

136.‘宝莲灯’ 云南·周云芳培育

套叶兰多舌奇态花。众多白覆轮唇瓣耸立，如莲花状之灯饰。形态逼真，着色秀丽。

134

135

136

137.‘望天笑’ 云南·周云芳培育
套叶兰奇花佳品。萼片萎缩扭卷，花瓣合生而唇瓣化。合蕊柱裂变成花椰菜状。合生蝶捧与舌构成笑口而为名。

138.邱北冬蕙兰 云南·周云芳培育
地生兰，假鳞茎卵形，具翠绿香花。

139. **文山红柱兰** 云南·周云芳培育

为稍有花香的附生兰，有假鳞茎，花有微香。瓣质薄而半透明状，粉红色花，唇瓣造型、彩条别致。花色格外秀雅，令人青睐。曾获第二届全国兰花博览会金奖。

140.‘**皱叶兔耳兰**’ 云南·尚明贵培育

141.‘**卫星兔**’（**奇花兔耳兰**） 云南·周云芳培育

139

140

141

142.‘圆叶兔耳兰’ 福建·许东生培育
143.‘夏兔兰’ 四川·张继明培育
此为建兰与兔耳兰杂交品
144.‘爪缟兔耳兰’ 广西·吴克坚供照

145.西藏虎头兰(秋花)　贵州·薛天民培育

146.'碧龙虎蝶'　云南·李映龙培育

147.冬凤兰　云南·陈贵供照

又称寒凤兰，半附生，花无香气。

148.‘银覆轮红虎头兰’云南·周云芳培育

149.‘大花红蕙兰’ 云南·陈贵供照

150.‘黄蝉兰’ 云南·周云芳供照
附生。

151.‘白花碧玉兰’ 云南·周云芳培育
碧玉兰又称红唇虎头兰，附生，虽花无香气，但花大而秀美，是重要的鲜切花。在我国统称为大花蕙兰(*Cymbidium hybridum*)，具有花大、花美、花多的特点，为重要的切花品种。

150

151

152.'三舌香'　广东·李明培育

此为虎头兰杂交品种

153.'黄金小神童'　云南·李映龙供照

此为素心大花蕙兰

154.密花石斛兰　云南·陈贵供照

附生，有香气。

152

153

154

155.文山兜兰　云南·周云芳培育
曾获全国第七届兰花博览会铜奖
156..硬叶兜兰　云南·顾开顺栽培
地生或半附生。
157.大花紫毛兜兰　云南·周云芳培育

158.文心兰

附生兰或地生兰。具假鳞茎。也称舞女兰或金蝶兰、瘤瓣兰。

159.蝴蝶兰

160.‘虞美人’ *Cymbidium* Yumeiren

为红花春兰与红蝉兰杂交品种，花期冬季11月，具幽香。

161.‘念奴娇’ *Cym.*Niannujiao

为红花春剑兰与大花红蝉兰杂交品种，荷瓣花，具幽香。

162.‘金辉’ *Cym.*Jinhui

为大红朱砂春剑与红蝉兰杂交品种。荷形水仙瓣花，具幽香。

160

161

162

163.‘滇蜀红’ *Cym.*Dianshuhong
为红莲瓣兰与红蝉兰杂交而成，具幽香。

164.‘夕阳红’ *Cym.*Xiyanghong
为红花春剑兰与大花红蝉兰杂交品种，具幽香。

165.‘红霞’ *Cym.*Hongxia 王续衍命名
为红花莲瓣兰与红蝉兰杂交品种，具幽香。

166.‘红云’ *Cym.*Hongyun　王续衍命名

为红花春剑兰与大花红蝉兰杂交品种。花香，唇特大。

167.‘金丝兰’ *Cym.*Jinsilan

为红莲瓣兰与文山红柱兰杂交品种。金覆轮叶艺，唇瓣形态别致，花具幽香。

168.‘朝天笑’ *Cym.*Chaotianxiao

王续衍命名

为青花春剑兰与青蝉兰杂交品种。花莛特高，莛、柄紫色。

彩色插页图片索引

注:图片名称后的数码为彩色插页的页码。

兰花赏培600问

许东生　编著

中国林业出版社

前　　言

世间，凡是有缘见到兰花的，都会被其清烈而不浊，醇正而幽远的芬芳所吸引，也会被其多姿多彩的秀叶、别致而素雅的花容所迷恋，更会被它那超凡脱俗的品格所激发，进而迫不及待地把它当作第二伴侣而珍爱。就连偶见兰花作品的人，也同样会油生爱心，争相引种。功夫不负有心人，虽然多数都能种活了它，但要想育壮它却不是件容易的事，而这正是我们需要探索之所在。

俗话说得好，从来没有从天空掉下来的幸福，让你享受。想赢得第一伴侣的温馨，就要像作曲家那样巧用每一个音符，讲究旋律的和谐，实在是多么不易啊！而欲求不能言的第二伴侣的青睐，必然要对其之所需，进行不懈的探索。历来的爱兰、养兰人，都在心甘情愿地为其辛勤地付出。鄙人也效仿兰花的无私奉献精神，把一生探索兰艺的管见，以问答形式，汇编成册，借以与兰友共同研讨。但由于鄙人学识浅陋，能力、条件也相当有限，文中疏漏和谬误在所难免。敬请诸君不吝批评赐教。

拙作的付梓，首先应由衷地感谢中国林业出版社的热情关照和辛勤劳动。与此同时，也十分感激海内外兰友热情提供了许多珍贵的名兰彩照。在此，一并深表诚挚的谢意。

书中兰照与供照者，如有出入，那是鄙人忙中的失误，在此，深表歉意，并敬请来信批评指正，以便有缘再版时修正。

编　　者

2000.9.18，于故居

作者简介

许东生：

闽西人。退休中学教师、科普作家、《中国兰花》杂志社特约记者。被省科协列入专家信息库。

出身于花果世家，受家庭熏陶而喜爱探索花果园艺。尤喜采兰、养兰。青年时期从事野外勘测工作，有缘接触兰花资源；中年时期改行从事教育工作，有条件继续实验养兰，还常利用暑期奔赴国内各主产兰区取经、考察和采集良种；1993 年退休后，便全力探索兰艺。自 80 年代初，不断有兰花拙文发表于海内外，有缘得到兰家的不吝赐教，有幸与众多兰友共同研讨。出版有《家养兰花 100 问》《中国兰花栽培与鉴赏》《中国建兰名品赏培》等书。

联系地址：福建省漳平市永福镇封侯艺培兰园
邮编：364401
电话：0597—7882314

目 录

一、兰花简介篇

二、兰花鉴赏篇

（一）鉴赏视点

(三)花姿鉴赏

(四) 花色鉴赏

(五) 兰叶鉴赏

三、品种辨识篇

四、引种繁育篇

五、栽培管理篇

六、病虫防治篇

七、园艺探索篇

一、兰花简介篇

1. 兰花有哪些种类?

兰花泛指兰科植物。兰科是高等植物中最大的科之一。全世界约有700个属20000余种。其中产于我国的有174属1200种以上(不包括变种和具体栽培种)。下面将常见和较多栽培的种属,按生态习性,分成四大类列出,以便兰友依自己的栽培条件,选引相应种类:

(1)地生兰类

地生的中国兰花有春兰、莲瓣兰、蕙兰(春蕙,江浙人称其为蕙花)、春剑兰、建兰、寒兰、墨兰、落叶兰、套叶兰、珍珠矮、邱北冬蕙兰、果香兰等13种。

(2)附生兰(或称气根兰、热带兰)

我国兰花中附生的有台兰、虎头兰、碧玉兰、黄蝉兰、西藏虎头兰、大雪兰、长叶兰、多花兰、硬叶兰、纹瓣兰、文山红柱兰、贡山凤兰、莎草兰、短叶虎头兰、杓兰属、石斛兰属、石豆兰属、虾脊兰属、白芨属、卡特兰属、蕾丽兰属、贝母兰属、文心兰属、万带兰属、蝴蝶兰属等25种属。

(3)半附生类

半附生是指根既可依附岩壁、树干上,也可嵌入土中生长的兰科植物。

半附生类有冬凤兰、独占春、兔耳兰、美花兰、兜兰属、鹤顶兰属、独蒜兰属等7种。

(4)腐生类

此类兰花无绿叶,不能自制营养,是靠与真菌共生而吸取养分的。我国仅大根兰1种,未见栽培。

对于半附生的种类,可用2份粗糙植料配合1份腐殖土栽培。

另外,有许多用附生兰与地生兰人工杂交而成的杂交种,应以无土栽培为主,但也可与半附生类同样用三合一植料栽培。

2. 兰科植物的花有哪些共同特征?

每一个科的植物都有其具代表性的与其它科差异较大的共同特征。这些特征在根、茎、叶、花、果实等器官上都可能有表现,但从植物分类学角度考虑最具决定意义的是其繁殖器官也就是花的特征。如禾本科植物除了叶长条形叶脉平行外,最主要的特征是花为颖花;蔷薇科的主要特征是花瓣小,雄蕊多数,周位花,而不是叶片的形状等。

兰科植物的花的共同特征有 3 个,也就是说不管叶为何形,根生在何处,只要符合这 3 个花的特征,均为兰科植物。

①花中的雌蕊与雄蕊合生成一个柱状体,又称合蕊柱。

②花中有个形态、色彩特异的特化唇瓣(舌)。

③花粉呈粘合成团的块状体。

3. 何谓地生兰、附生兰、半附生性兰和腐生兰?

这是对兰花在野生时的生态习性而言的。

野生状态下根系长于地表松土层中的,称为地生兰。其根为地生根,短圆而质嫩;根群通常附着于树干或岩石表面的,称为附生兰(或气生兰、热带兰),其根长圆而质硬,靠空气中的水分、养料为生,被称之为气生根;有些兰花,既能地生,也可附生,或有些根群扎进土壤,有些根群裸露悬空或依附在树干、岩石上的,称为半附生兰(如兔耳兰,既可地生,也可附生。虎头兰,既可附生,又可地生)。植株只有发达的根状茎而无绿叶,是靠与真菌共生而获取养分的兰,被称为腐生兰。

4. 何谓热带兰、温带兰?

原生于热带雨林和亚热带季雨林之石斛属、万带兰属、蛛蜘兰属、指甲兰属、火焰兰属、蝴蝶兰属、隔距兰属、白点兰属、糟舌兰属、虾脊兰属、独蒜兰属、白芨属等附生兰(洋兰)又称为热带兰。

原生于冬季没有明显冬冷的南方温暖地区的地生兰和部分附生

兰又称温带兰。

5. 何谓“国兰”和“洋兰”？

“国兰”一词广义是指中国产的兰花。它包括原产于我国的所有兰科植物和由我国人民创育成的兰科植物。即包括我国的地生兰、附生兰、半附生兰和腐生兰在内的每一种兰科兰属植物。

狭义的“国兰”一词是指产自我国各地的兰科兰属植物中的春兰、蕙兰、莲瓣兰、春剑兰、建兰、寒兰、墨兰、套叶兰、珍珠矮等地生根兰花。这是因为地生兰花在我国栽培历史悠久，在我国的花文化中有着独特的地位。它们幽香宜人、品格超脱、株形潇洒、体态娴雅、花形独特、色彩秀丽。古人喜把它们当作人生之第二伴侣，加以珍爱。因此，通常国人所说的国兰，多实指上述地生兰。

随着时代的推移、文明的发展、国际的交流，审美文化观也在随之变化。国人在珍爱地生国兰的同时，也喜爱起花大色艳的附生兰。因此，广义的“国兰”一词正逐渐取代狭义的“国兰”的涵义。

习惯上，凡是花瓣阔大、色彩鲜艳的附生兰，通称为“洋兰”。其实这样的称谓是不确切的。应该是，原产于外国，或由外国创育出的花大色艳之附生(气生)兰花，才称为“洋兰”。而原产于我国，或由我国人民创育出的花大色艳之气生根附生兰，应是国兰中的一族，称为“中国附生兰”。也可称其为“中国气生兰”或“中国热带兰”。

可喜的是，我国的附生兰也已创育出 10 余个有不同香味的栽培新品种。

6. 兰属植物该怎样分类好呢？

我国的兰科植物约有 170 余属 1200 余种，千奇百态，异彩纷呈。古代的传统分类过粗，既不够科学，也不利于开发和发展；但如按科学的分类法，依兰的生物学解剖特征，将相同或相近的特点进行归类，一般人又不易看懂。于是，我国最负盛名的兰花学家吴应祥先生与台湾兰花学者张保泰先生商定：以北宋黄庭坚的每莛一花为兰；每莛多花为蕙的分类法为基础，结合吴应祥、陈心启的《国产兰属分类研究》,将我国现有的常见兰属植物 31 种,分为 2 个组,5 个亚组。

即 1. 兰组(Sect. *Uniflorum*)

地生,叶带形,苞片较长,花莛直立,花单生,栽培中偶有 2 朵。仅春兰 1 种,含线叶春兰变种。

2. 蕙组(Sect. *Floribundum*)

地生或附生、半附生,叶带形,苞片较短,花莛直立或倾斜、俯垂,花多数。分为 5 个亚组:

(1)短柱亚组或称小花亚组(Subsect. *Microcymbidium*)

花多,花直径一般小于 6cm,蕊柱长在 2cm 以下。有蕙兰、莲瓣兰、春剑、建兰、寒兰、墨兰、套叶兰、台兰、多花兰、果香兰、邱北冬蕙兰、冬凤兰、纹瓣兰、硬叶兰、大雪兰、落叶兰和珍珠矮等 17 种。

(2)长柱亚组或称大花亚组(Subect. *Grandiforum*)

花多数,少数 2(1)朵,花直径一般在 6cm 以上,蕊柱长 2cm 以上。有黄蝉兰、虎头兰、碧玉兰、西藏虎头兰、长叶兰、矮叶虎头兰、美花兰、独占春、文山红柱兰、老虎兰等 10 种。

(3)垂花亚组(Subect. *Cyperorchis*)

附生,叶带形,苞片短于子房,花多,花莛下垂,花不甚开放,唇瓣基部狭窄,下唇小,圆形,有莎草兰 1 种。

(4)宽叶亚组(Subsect. *Geocymbidium*)

附生或半附生,叶披针状椭圆形,基部狭窄或长柄,花莛直立,蕊柱长 1~1.5cm。仅有兔耳兰 1 种。

(5)幽花亚组(Subsect. *Macrorhizon*)

腐生,无绿叶,不能自制食物,具有较粗而分枝的根状茎;花莛直立,苞片短于子房,花较小,白色,蕊柱长 1~1.5cm。只有大根兰 1 种。吴应祥先生曾提出希望众学者共同探讨。笔者虽不是学者,但出于爱兰之心,在这里试谈点拙见,不知能否作为诸学者研讨的参考。

①蕙组中的第一亚组——短柱亚组或称小花亚组。把地生、附生或半附生,花香、花不香的混为一个亚组,似乎过于笼统。是否可在这个亚组下,再细分为地生和附生两个单元。这样便可基本上把

花香的地生兰与花不香的附生兰或半附生兰区别开来。也许会更具体实用而易于让爱兰者接受。

②蕙组中的第四亚组——宽叶亚组。仅兔耳兰1种。而兔耳兰的叶幅与墨兰几乎无异。这样名为宽叶亚组的概念就显得不够贴切,是否改称为椭圆叶亚组,也许更贴切些。

③蕙组中的第五亚组——幽花亚组。仅有腐生而无绿叶的大根兰1种。“幽花”这个名词较生僻,是否能改称为腐生亚组或无叶亚组。

上述管见是否恰当,还望兰花专家垂青赐教。

7. 常见的国兰有哪些种?

常见的国兰一般是指原产于我国的,兰科、兰属花有香气的地生根(根扎于土壤中)兰花。常见的有春兰、莲瓣兰、蕙兰、春剑兰、建兰、寒兰、墨兰、套叶兰、果香兰、邱北冬蕙兰等10余种。

8. 春兰有哪些主要特征和变种?

春兰(*Cymbidium goeringii*)的主要特征是植株较矮小,叶狭带形,4~6枚集生,其缘有细齿;假鳞茎很小,常包存于叶基之内;花单生,莛直立而短,苞片很长,常超出子房(花柄部分),花期2~3月,花味十分清香。

春兰的主要变种有:

(1)春兰(原变种)(*Cymbidium goeringii* var. *goeringii*)

现在的大多数春兰品种均是由春兰原变种培育而来的。原变种在我国南方山区分布广泛,国外也见于日本、朝鲜半岛南部、印度北部。

(2)雪兰(var. *papyfiflorum* Y.S.Wu)

雪兰,四川人称其为白草,为春兰之变种。其叶直立性较强,叶面光洁,边缘有锯齿;莛花2朵,色嫩绿泛纸白色;唇瓣稍长、反卷,有2条紫红条纹。主产于四川、贵州等地,四川栽培甚广,与春剑之朱砂兰合称为“红白二草”。

(3)线叶春兰(var. *serratum* (Schltr.)Y.S.Wu et S.C.Chen)

线叶春兰,简称线兰。叶3~6枚集生,细线形,基部狭窄,边缘有细齿,质较硬;叶长35~70cm,宽0.4~0.5cm;莛花1~2朵,莛高出叶面或与叶面等高;花虽较大,但无香味。花期12月~翌年2月。

线叶春兰的主要品种有'豆瓣绿''线兰素''盖绿''垂柳青青''立叶线兰''阔叶线兰'等。

9. 蕙兰的主要特征是哪些?

蕙兰(*Cymbidium faberi*)的识别特征有8点:

①假鳞茎不明显。

②叶脉透明,晶亮。

③叶直立性强,株叶5~7枚,长25~80cm,宽1cm。

④叶齿粗,叶基对折,断面呈V字形。

⑤花莛直立,但稍有浪曲,多为出架。

⑥莛多花,常为5~18朵之多。

⑦花瓣小于萼片,唇瓣三裂不明显,中裂片长椭圆形,有许多透明小乳突状毛。

⑧花期春季,3~4月。

10. 蕙兰有哪些主要变种?

(1)原变种(var. *faberi*)

蕙兰原变种的分布范围较春兰稍窄些,一般分布于长江流域及南岭以北地区。为大多数栽培品种的原种。

(2)峨眉春蕙(var. *omeiense* Y.S.Wu et S.C.Chen)

峨眉春蕙,简称春蕙。叶4~5枚丛生,植株矮小(长15~20cm,宽0.6~1.0cm),叶缘有微细叶齿。花莛直立,高出叶面,总状花3~4朵疏生,为淡黄绿色,花径5cm,有香气。花期3~5月。

(3)送春(var. *szechuanicum* Y.S.Wu et S.C.Chen.)

送春,云南人称其为春绿。株叶8~13枚丛生,叶质薄,常弯曲下垂,叶面平展,主侧脉沟明显,叶缘有匀细叶齿。花莛稍弯曲,高

30～50cm，莛花常为5～9朵，可有多达十余朵。花径6cm，多为黄绿色，有清香。苞片与子房等长。萼片常扭曲，花瓣较萼片短阔，向前伸展。花期3～4月。多分布于四川、云南，福建也发现有送春兰。

11. 变种蕙兰与蕙兰原变种有何区别？

变种蕙兰叶质较薄，颜色较浅，叶面平展，叶齿微细，叶脉不透明；株花朵数较少，花莛稍弯曲。与原变种蕙兰恰恰相反，容易区别。

12. 莲瓣兰与春兰有哪些异同处？

莲瓣兰（*Cymbidium lianpan*）的花期、花香等特征与春兰相同，曾隶属于春兰，现将其单例为一个种。

莲瓣兰与春兰的不同之处在于：

①莲瓣兰叶更狭长而弓曲。春兰叶宽1～1.5cm，长20～40cm；莲瓣兰叶宽0.4～0.8cm，长30～50cm。春兰叶中段较宽，而莲瓣兰叶中段一样粗细。

②莲瓣兰株叶数较多，株常有6～7片，有的多达8～9片；而春兰株叶常为4～6片。

③莲瓣兰花期较早，一般是1～3月开花，易于在春节期间开花；而春兰花期在2～3月，多在春节、元宵后开花。

④莲瓣兰为莛多花，常为莛花3～5朵；而春兰绝大多数莛开单一朵，极少数可莛开2朵。

⑤花主色不同。莲瓣兰花以白色为主，略带红色、黄色或藕色，脉纹明显；春兰之花以黄绿、绿白色为主。

⑥萼片形明显不同。莲瓣兰之萼片为三角披针形，而春兰之萼片呈狭矩圆形，萼端急尖或钝尖。

13. 春剑兰有哪些主要变种？

春剑兰也曾是春兰的一个变种，现有人将其独立为一个种。

(1)春剑原变种（var. *longibracteatum*）

四川名贵的兰花多属于此变种。青花春剑、红花春剑、白花春剑、隆昌素、第一牙黄素、玉版春剑、马边春剑、玉杆春剑、银杆春剑等。

(2)软叶春剑(新变种)(var. *flaccidifolium* Y.S. Wu)

叶带形、弯垂,分布于云南。

(3)通海春剑(新变种)(var. *tonghaiense* Y.S.Wu)

本品叶片笔直,刚劲挺拔,先端不弯曲,叶色浓绿,花浅黄绿色。产于云南通海,栽培历史悠久。

(4)朱砂兰(新变种)(var. *rubisepalum* Y.S.Wu)

朱砂兰又被称为红草。叶直立,端部弓垂,叶面深凹,叶脉明显,叶缘有细浅叶齿。花莛较高,花色以水红为主。

14. 如何认定建兰?

建兰正如朱德元帅说的,株丛蓬勃,刚劲有力,轩昂挺秀,一派英姿。

建兰(*Cymbidium ensifolium*)长根粗如筷子,常有分叉。假鳞茎微扁圆形,在地生兰中居第二大。株叶3~6枚丛生,长25~50cm,宽1.2~2.3cm。带形叶,中段增宽而平展,先端顺尖或钝尖。主脉居中,明显后凸,叶齿极细而不甚明显,端部叶齿尚有锐利感。叶薄革质,叶色黄绿,富有光泽,叶背相对较粗糙而无光泽。

建兰自季春至孟冬次第开花,主花期在夏秋。花莛从假鳞茎基部、叶鞘内侧生出,形圆,直立,色淡绿白,长25~40cm,多与叶丛面等高,不少品种之花莛能高出叶丛面。苞片长约等于叶柄长的1/3强,苞片基部有蜜腺。花径4~6cm。含苞时,唇瓣一侧朝上,开放时,扭转180°,成直立状。芳香浓烈。

野生的花多为黄绿色,或乳白、浅黄色,披挂紫红脉纹和洒红斑。萼片长狭矩圆披针形,平展;侧萼略短于中萼,为小落肩花形。花瓣椭圆披针形,约为萼片的1/3长,前伸合抱,覆于蕊柱之上,先端略分离。唇瓣宽圆形,三裂不明显,中裂片端钝、反卷。

15. 建兰因何既被称为“夏蕙”，而又被称为“秋蕙”？

“蕙”广义即指一莛多花之地生兰。被称为“夏蕙”的，是因为它的主花期在夏季。系指“四季兰”，特别是软叶四季兰。由于它的原生长地，冬春气温较低，而季春不能开花，相对集中在仲夏开花而为名。

称为“秋蕙”的，是因为它的主花期在秋季。不少地区称其为“秋兰”。这是指素心建兰(var. *susin* Yen)和建兰原变种(var. *ensifolium*)。

16. 建兰因何又称为“四季兰”“骏河兰”？

建兰中有一个品系，叶片宽厚，直立如竖剑。花莛长而挺拔，似欲穿越剑林而吐英；花朵多而有神，势如环绕花枝而翻飞。与别的品系比，越发茂盛和强健。长于无明显冬寒的南方地区，也确能自季春至孟冬，次第而献艳吐芳，但盛花期仍然在季夏和金秋。这花期跨四季的品系，就被称为“四季兰”。往年曾持续大批量出口，株价为 5 美元。

据日本田边贺堂先生的《兰花栽培の枝节》记载：建兰由中国秦始皇使者徐福携来，种于骏河(现今为日本之静冈县)岸边，当时称骏河国。经繁殖传播到日本各地。后代人不知其来历，误为是骏河所产的，故而称为“骏河兰”。

17. 怎样认定是寒兰？

寒兰(*Cymbidium kanran*)根略比建兰细而有分叉。假鳞茎长椭圆形，集生成丛。叶鞘长而薄，成苗后张离。叶脚高，叶柄环明显。株叶 3～7 枚丛生，直立性强。长 30～80cm，宽 0.8～1.6cm，宽叶种长 60～110cm，宽 1.5～2.2cm。叶狭带形，叶基特别狭小，多数叶端披拂下垂。薄革质，深绿色，叶面平展而光亮，叶背粗糙。叶脉明显并向叶背突起，中脉和侧脉沟明显，先端渐尖或长尖，叶端之细叶齿较锐利。

新苗叶中脉两侧色白亮，占叶宽的1/3，犹如中透缟艺状，其双侧的绿色部分有明显龙骨节状的隐性绿色斑纹。这些独有之特征，为它类兰所不具，是鉴别是否寒兰的最准确依据。

寒兰因是孟冬始花，仲冬盛花，季冬终花。花期在寒冬而为名。

寒兰之花莛也和建兰一样，是从假鳞茎基部鞘叶内侧生出，大大高出叶面，莛直花疏，莛花十余朵，花径6～9cm，最大的可多达16～23cm。通常萼片狭似凤爪，易开平肩花。花开足后萼片常反卷；捧心瓣短而宽，前伸或耸起；蕊柱一枚弧曲；药帽浅黄色或绿或红；唇瓣不明显三裂，中裂长椭圆形，常反卷。

18. 寒兰有哪几个色型？

寒兰分布甚广，变异很多，国内外均有大量栽培，通常其花的主色有几个色型。

①青寒兰(*C.k.*f. *uiridescens*)。花被青绿色或黄绿色。

②紫寒兰(*C.k.*f. *purpurescens*)。花被紫红色。

③青紫寒兰(f. *purpureo-viridescens*)。花被青绿又带紫色。

④红寒兰(*C.k.*f. *rubescens*)。花被红色微带紫红晕。

寒兰的色型，也称为变型，但许多植物学家并不赞成建立变型这个分类单元，他们认为这样太繁琐。

19. 寒兰有哪些主要变种？

寒兰盛产于福建的博平岭山脉、仙霞山脉和杉岭山脉，及这些山脉的延伸地带；广东省的东北部、浙江省的南部和江西省的东部。我国湖南、广西、云南、贵州、四川、台湾均有出产。国外产于日本。由于寒兰多分布于江南各地，常与其它地生兰混生或邻生，受产地生态条件的制约，花期常有超前或错后，便有了与其它地生兰自然杂交的机会。久而久之，便出现了由原来的凌霜斗雪而开的，变异成春暖而开、盛夏而开、秋爽而开等等，其主要的有：

(1)春寒兰

叶细株矮，叶面光亮，叶背粗糙，花莛高20余cm，莛花仅1～2

朵,花被淡褐色或淡绿色,花径比原种小,颇似春兰。实地考察发现,它与阔叶春兰混生,常易被当成春兰而混合驯化,当花开时,便可发现,它为鸡爪瓣型花。

(2)夏寒兰(*C.k.*var. *aestivale*)

叶长 30~70cm,宽 1~2.5cm。株叶 3~5 枚,绿色,立叶至垂叶。花莛高 30~50cm。莛长 7~17 朵,花径 6~10cm。萼片长 4.5~5.5cm,宽 0.5~0.8cm,唇瓣宽达 1cm 许。花期 5~9 月,花味清香。主产于四川会理六华山区,云南省西部亦有野生,福建也偶有散在野生种。

(3)秋寒兰

叶色、叶面光泽度、叶宽、叶长均与阔叶建兰无异,花期也相同。其区别点在于:

①叶背较粗糙,叶侧脉沟明显,叶缘后卷。

②叶背中脉骨突出而有锐利感。

③花瓣鸡爪瓣型。

④花莛多为紫红色。

(4)苏芦寒兰(*C.k.*'Su lu Han Lan')

这是寒兰与墨兰的自然杂交种。花大香浓,花瓣比寒兰大些。

20. 墨兰的形态有什么特点?

墨兰(*Cymbidium sinense*)因其花期在春节期间,而有报岁兰、拜岁兰、丰岁兰、入岁兰等别称。

墨兰根粗而长。假鳞茎椭圆形。株叶 3~5 枚丛生,剑形,端部向外斜展或弧垂。长 45~80cm,宽 2.7~5.0cm,叶缘微后卷,端缘有细叶齿,叶薄革质,叶面浓绿而富有光泽,叶背相对较粗糙。花莛粗如筷子,一半在叶丛面下,一半在叶丛面之上,为特大出架花。莛花 7~21 朵,最多的可达 40 余朵。苞片小而短,基部有蜜腺,花香浓烈,略带甜香味。萼片狭披针形,淡竭色有紫脉 5 条;花瓣较短而宽,向前伸展在蕊柱之上;唇瓣不明显 3 裂,下垂或后卷,褶片 2 条黄色。花期 9 月至翌年 3 月。

分布于福建、台湾、广东、广西、海南、四川、贵州、湖南、江西等地。云南也产墨兰。

21. 墨兰有哪些主要变种?

(1)墨兰原变种(var. *sinense*)

性状与原种相似,花期在春节前后(1～3月),包括素心墨兰。

(2)秋墨(新变种)(var. *autumale* Y.S.Wu var. nov)

花期在仲秋,与原种近似,惟叶片较薄,抗寒力更弱。产自福建、广东、广西及台湾。

(3)彩边墨兰(变种)(var. *margicoloratum* Hay)

叶片边缘有黄色或白色线条。此类墨兰出芽较迟,繁殖率与生长力均较弱些。主产于福建、广东。

22. 春剑与蕙兰有何异同?

春剑分布于四川、云南、贵州。曾作为蕙兰下的一个变种。后依其叶型与花型,从蕙兰中分离出来,作为一个独立种。它与蕙兰有何异同呢?

它们的相同点是:

①株叶均为5～7枚,直立性强,叶断面呈"V"字形。

②叶脉透明。

③花莛直立,花径大小相近似。

它们的不同点是:

①蕙兰的假鳞茎不显著,而春剑之假鳞茎却比较明显,形圆,通常比春兰的假鳞茎还要大些。

②蕙兰叶短而窄(长25～80cm,宽1.0cm),而春剑叶剑形,长而宽(长50～70cm,宽1.2～1.5cm)。

③蕙兰的叶鞘成苗后逐渐张离,而春剑之叶鞘长,紧裹叶束,成苗后仍然紧密合抱成束。

④蕙兰叶齿锋利,常易划破手上皮肤,而春剑之叶齿极浅而细,较不锐利。

⑤蕙兰的根基粗而逐渐收小，根端尖细，而春剑之根整条粗细均匀。

⑥蕙兰花期在3～4月，而春剑花期在1～4月，易于在春节期间现艳送芬。

⑦蕙兰莛花常是5～12朵，可多达18朵之多，而春剑莛花常为3～5朵，少数的可多至7朵。

⑧蕙兰花色浅黄绿，主色变化少；而春剑花主色丰富，有淡绿、水红、紫红、褐绿、褐紫等色。

⑨蕙兰花之唇瓣三裂不明显，中裂片有许多透明小乳突状毛，端反卷，边缘有短缘毛，而春剑之唇瓣则无此状毛。

23. 焦叶兰与建兰原变种有何不同之处？

焦叶兰（var. *Yakibaran Makino*）是建兰的一个变种，它与建兰原变种基本相似，所不同的是，焦叶兰之叶缘为黄白色，花莛为紫色。产于台湾。

24. 落叶兰与建兰有何不同？

落叶兰（*Cymbidium defoliatum*）产于贵州、云南、四川，为地生兰。与建兰相近似，但花莛短，常为10～20cm，冬季落叶。在温室莳养的，有时每株可有1～2片叶不落。

25. 套叶兰与其它地生兰比较，有何不同？

套叶兰（*Cymbidium cyperifolium*）又称莎叶兰。其最大特点是株叶多达13～15片，而且它是随着植株发育，逐渐从叶心部长出新叶，分成3年长成10余片叶的。

套叶兰之假鳞茎很小，完全包存于叶基之内，叶基对折二列套叠。叶基还有宽达0.2～0.3cm的膜质边缘。叶长40～60cm，宽0.8～1.5cm，近似全缘，端部有微细叶齿。叶质薄，浅灰绿色，叶面光滑，叶常弯垂。

花莛直立稍有弯曲，高约40cm。莛花5～9朵，常不全绽开，花径 5cm 许。花黄色而微泛绿晕，披挂紫红色条纹。萼片狭矩圆形，先端短而急尖；花瓣舌状，渐尖；唇瓣 3 裂，有少许乳突。花味微香，花期 11 月。分布于云南、广西、四川等地。

26. 果香兰有何特点？

果香兰（*Cymbidium suavissimum*）的特点是：

①果香兰为肉质根的地生兰，假鳞茎长椭圆形，长约 5cm，径约 3cm。

②叶长阔而端部翻扭（长 30～70cm，宽 3～4cm），稍弧垂，叶面平滑亮绿，叶基套合有紫晕，叶缘几乎无齿，叶柄环明显。

③花莛直立，长约 50cm，高出叶面，莛花 50 余朵，花色黄绿，花径 3.5cm，具有明显的水果香气。花被有紫褐色条纹斑点。

④花期 7～8 月，分布于云南西部和缅甸北部。

27. 多花兰与果香兰怎样区别？

多花兰（*Cymbidium floribundun*）与果香兰不仅叶片的形态相似，尤其是花莛直立，莛花均 50 余朵，很容易误认。它们的区别点在于：

①花之色、香不同。多花兰之花为红褐色而果香兰为黄绿色；多花兰无香气，而果香兰有水果香气。

②花期不同。多花兰比果香兰早开花 1 个月。

③株叶有异。多花兰假鳞茎不明显；而果香兰之假鳞茎长而硕大。多花兰叶较少而短；果香兰之叶数较多，且长而宽。多花兰叶基关节明显、全缘；而果香兰叶基套合、全缘。

④分布有别。多花兰分布于福建、广东、广西、贵州、云南、西藏和东南亚半岛、印度；而果香兰仅分布于云南和缅甸。

28. 邱北冬蕙兰如何识别？

邱北冬蕙兰（*Cymbidium quibeiense*）是颇为独特的，有清香的地生国兰。总体上看，颇似蕙兰，惟叶的形态有别，叶下部收狭成圆形之叶柄，为识别本品的惟一特征。因其花期在10～12月，而为冬蕙；又因其产地是云南省邱北县，而有邱北冬蕙兰之称。

29. 独花兰是我国特有的兰科植物吗？

独花兰（*Changnienia anoena*）是我国特有的兰科植物，仅在浙江、江苏、湖南、湖北、四川等省有零星分布。

独花兰为地生兰，假鳞茎椭圆形，单叶卵圆形，缘泛淡紫色，长8～12cm，宽5～8cm，叶脉明显。花大，淡紫色。

独花兰还有一个与其它国兰不同的地方是：它为夏眠植物。秋天萌芽、展叶越冬。春天开花，夏天枯萎休眠。多靠分茎繁殖。

30. 冬凤兰与贡山凤兰有何异同？

冬凤兰（*Cymbidium dayanum*）又称寒凤兰与贡山凤兰（*Cymbidium gongshanense*）同为附生或半附生，有明显的假鳞茎，叶全缘，叶柄明显，花径等大而无香气。但各有所别：冬凤兰之假鳞茎矩圆形，叶长而狭。而贡山凤兰之假鳞茎卵形，叶明显短而宽。另外，冬凤兰之花期早而长，莛朵数多达十余朵，花白而有披挂紫红条纹；贡山凤兰，花期迟而短，莛花仅4～6朵，花为紫色。

冬凤兰分布于福建、台湾、广东、广西、湖南、云南等地；而贡山凤兰仅产于云南贡山。

31. 纹瓣兰与硬叶兰有何异同？

纹瓣兰（*Cymbidium aloifolium*）与硬叶兰（*Cymbidium bicolor* subsp. *obtusum*）都具有厚而硬的剑形叶，叶先端有2裂，花序下垂，花径约相等，萼片与花瓣中央有1条红褐色的纵带。所不同的是：

①叶先端裂态不同。纹瓣兰叶先端有不等的二圆裂，而硬叶兰叶先端有不对称的尖裂。

②萼片与花瓣中央的红褐色纵带长短、宽窄不同。纹瓣兰短而窄，硬叶兰长而宽。

③唇瓣上的彩斑不同。硬叶兰唇瓣上有红褐色斑点而纹瓣兰之

唇瓣上有圆突呈现。

④花期有差异。硬叶兰的花期较早,5~8月,而纹瓣兰的花期却在7~8月,相对晚了2个月。

32. 大雪兰有何特点?

大雪兰(*Cymbidium mastersii*)产于云南和喜马拉雅山区。9~12月开杏仁香味花的大雪兰,风姿独特,魅力非凡。因其体形似棕榈老干,而被称为"棕根兰"。又因其可长于牛屎之上,而被称为"牛屎兰"。它的特点是:

①它没有假鳞茎,茎如棕榈老干不断生长,可长至2m以上的高度,且有分枝,适于用大缸粗养于庭院天井或庭堂廊上观赏。

②株叶15枚左右,长50~60cm,宽1.2~1.4cm,叶面平滑亮绿,全缘。

③花莛自叶腋抽出,直立白色彩心花,3~8朵(可多达十余朵)。

大雪兰曾被误为独占春之变种,现已更正为独立种。

33. 珍珠矮有哪些识别特征?

珍珠矮(*Cymbidium nanulum*)虽是花有香气的地生兰,但与常见的香化地生兰相比较确有独特之处:

①没有假鳞茎,仅有粗厚的半肉质的根状茎。

②常单株生长而聚生。

③植株矮小,株叶2~3枚,长20~30cm,宽1~1.2cm,先端近急尖,叶缘有叶齿,基部变狭,不具叶柄环,叶脉5条,中脉沟深邃。

④莛花3~4朵,花径2.5~3.2cm;萼片矩圆形(圆萼端),先端有细尖,萼片和 花瓣上有5条粗的深红色纵脉纹,唇瓣中裂片上有U形紫红斑。

⑤花期6月,产于海南和云南。

34. 台兰与建兰有何不同?

台兰(*Cymbidium pumilum*)又称蒲兰、蜂子兰、金棱边、小蜜蜂兰、长寿兰、岁明兰。

如果把台兰与建兰一起陈列，不细看，易误为建兰。其主要不同处有六点：

①台兰为附生，根细而皱扁，又多分节，色淡灰褐。

②叶革质，叶面叶背均富有光泽，侧叶脉不显露，叶缘光滑无齿，且常呈厚起而现淡黄色。

③花莛不直而常外斜，花朵排列较密。

④萼片、花瓣紫褐色或绿褐色挂黄边，唇瓣色白洒紫红斑。

⑤花无香气。

⑥花期比建兰的盛花期早，多在4～5月开花。

35. 虎头兰与其近亲种如何辨别？

虎头兰（*Cymbidium hookerianum*）又称蝉兰、青蝉兰和大花建兰。隶属于附生兰。假鳞茎长椭圆形，粗大而稍扁，长7～9cm，直径2.5～3.5cm。气生根多而细长，多分节而稍扁。

株叶7～11枚丛生，长70～95cm，宽2～3cm，基部关节明显。阔带形叶，叶多直立，端部披分下垂。叶为厚革质，质地坚韧，黄绿或浓绿色，叶面光滑油亮。中脉后凸，两侧不对称。先端钝尖而略扭，叶缘无齿。

虎头兰一月初花，二月盛花，三月末花。花莛由假鳞茎基部鞘叶内侧生出。其姿态多样，直立、斜伸、平展、弯垂均有。长约35～70cm，莛径0.5～0.6cm，绿色或褐绿色。为总状花序，莛花10～18朵。花径7～9cm，浅绿色，基部有紫红色斑；唇瓣淡黄色，有橙红浸润状斑块，褶片上有柔毛。

滇南虎头兰（*Cymbidium wilsonii*），花瓣与萼片有不甚明显的淡褐色纵脉，有别于虎头兰。

西藏虎头兰（*Cymbidium tracyanum*）与黄蝉兰（*Cymbidium iridioides*）的萼片与花瓣均具有明显的栗红色纵脉，而且唇瓣中裂片上有2～3行长毛，可区别于其它3种。

长叶兰（*Cymbidium erythraeum*）花较小，花径仅8cm许，唇瓣

上无长毛，且萼片与花瓣也较狭窄。

36. 碧玉兰与虎头兰有何异同之处？

碧玉兰(*Cymbidium lowianum*)的萼片与花瓣也是近绿色的，也有数条红褐色纵脉纹，与滇南虎头兰很相似。其最显著的不同处是，碧玉兰唇瓣的中裂片上，有宽阔的“V”形深红色斑，斑上又有一条纵态的中线，组成“铁锚形”。中裂片上面密生天鹅绒似的短毛。碧玉兰之花期在2～6月，只产于云南。

37. 美花兰之美在何处？

美花兰(*Cymbidium insigne*)之美在于形和色。

(1)形雅

萼片长圆形(长约5cm)，边缘呈波浪状，充满着曲线美；唇瓣肾形，长宽几乎相等；中裂片下垂，边缘也皱波状。

(2)色艳

是花为淡玫瑰色，花瓣中脉鲜红色，唇瓣也为鲜红色；褶片黄色。色彩对比鲜明，艳丽可爱。

美花兰地生或半附生。假鳞茎粗壮，株叶6～9枚丛生，长50～90cm，宽1.5～2.0cm。总状花序疏生，莛花5～15朵，花莛9～10cm。花期3～5月。分布在我国的海南省。邻邦越南也有出产。

38. 独占春、象牙白花兰、双飞燕如何辨别？

独占春(*Cymbidium eburneum*)、象牙白花兰(var. *parishii* (Rchb.f)Hook.f)、双飞燕(cv.‘Shuang Fei Yan’)三者同为兰属地生兰，后两者为前者之变种。后两者的根、茎、叶、花期、花莛、花色、香气诸方面均与前者相似。

独占春的假鳞茎为叶鞘所包围。株叶6～8枚，可多至10余枚。奇的是，它的新叶可从叶心处不断长出，老叶逐渐枯落，但到了3年后，新叶便不再长。叶基合抱，套迭而生。叶长50～60cm，宽1.2～1.5cm。先端圆钝，有不规则的开裂。叶基有明显关节，端部扭曲，叶质柔软、弧垂，叶面平展亮绿。

花期 3～5 月。花莛直立或略斜伸，莛花 1 朵，个别可 2 朵。莛高 30cm 许。花被白色，花径 10cm 许，略有香气。萼片圆阔披针形，花瓣比萼片略短小，唇瓣中有紫红斑点。分布于广东、云南等地。

象牙白，不仅叶片数量比独占春多而长，莛花朵数也较多。可贵的是，它的花色有了很大的变化，白花洒紫红斑点，或粉红洒紫红斑；唇瓣中间还镶嵌有一黄色斑块，色彩更加艳丽。富有丁香味，花期也延长一个月，深受欢迎。分布于我国广东、云南。国外缅甸、尼泊尔、印度、越南、老挝、柬埔寨等也有分布。

双飞燕由独占春变异而来。花萼、花瓣均较长而阔，白色花之中脉色黄，有丁香香气，莛花必定为两朵，一前一后，花姿犹如双燕相伴展翅高飞。故有"双燕齐飞""双燕迎春"之美称。深受欢迎。主产于广东等地。

39. 文山红柱兰有何特点？

文山红柱兰(*Cymbidium wenshanense*)的特点是：

①虽为附生兰，但花却有香气。

②中萼片长而宽，侧萼片短而窄，中部以下稍向内弯。

③花瓣不张开，覆于蕊柱之上。

④唇瓣三裂，长宽相近，基部有爪，侧裂片直立包围蕊柱，有 6 条红线；中裂片短而宽，色淡，不后卷；其上有黄色、红色条纹和斑点；褶片 2 片，短而粗具白色长柔毛。

⑤蕊柱端部膨大，色红托黄药帽。

⑥花莛朱红，花色白而间杂黄红斑彩。

文山红柱兰有假鳞茎，株叶 6～8 枚，绿泛浅黄色。

40. 垂花兰与莎草兰有何异同？

只产于台湾的垂花兰(*Cymbidium cochleare*)与产于云南和西藏的莎草兰(*Cymbidium elegans*)均同为花序和全花下垂而不全绽开状。

它们的不同点是：

①垂花兰叶较窄(0.8～1.0cm)；莎草兰叶较宽(1.4～2cm)。

②垂花兰之唇瓣为绿褐色，其上有许多红色小斑点；莎草兰之唇瓣为淡黄绿色，偶见淡粉红斑。

③垂花兰唇瓣上的褶片较短，只延续至唇瓣的中部；而莎草兰的褶片却较长，可延续到唇瓣基部。

41. 大根兰有何特点？

大根兰(*Cymbidium macrorhizon*)的最大特点是没有绿叶，不能自制养料，为腐生兰。其次是根状茎发达，白色，肉质，分叉。根粗0.3～0.5cm。第三，它虽无绿叶，但花味却富有清香。

大根兰分布于我国四川、贵州、云南。国外产于印度等。由于不具绿叶，极少见栽培。其实，这种无叶兰管理更省事，开发繁殖，可提供大量的香化鲜切花，其前景甚为广阔。

大根兰之花期6～8月，花莛自根状茎上节间生出，直立，莛高约为18～20cm。总状花序。莛花2～5朵，除花径仅4cm许外，其花之构造与地生兰相似。花色黄绿或淡红，披挂紫红条纹点斑，还算鲜艳。

42. 石豆兰与兔耳兰有哪些区别？

石豆兰属(*Bulbophyllum*)为附生兰。全属约有千余种，产于我国的约有100种，多分布于广东、海南、云南等热带、亚热带地区。

兔耳兰(*Cymbidium lancifolium*)为地生或半附生。产于我国广东、广西、四川、云南、贵州、福建、台湾、西藏。国外也见于日本、越南、尼泊尔、印度等。

它们二者的区别最明显之处有三：

①叶片相似而有别。兔耳兰叶柄明显，叶片阔圆，先端钝尖，形似兔耳状；石豆兰叶形与其相似，但叶柄短得多，先端更钝尖，叶形也阔圆且全缘。石豆兰叶比兔耳兰还厚硬。

②假鳞茎相似而有别。兔耳兰之假鳞茎为长珠形或葫芦形；而

石豆兰之假鳞茎为圆珠形，仅尾指头大。

③花相似而有别。两者同为兰花态，均有香气，花期也相近似。兔耳兰花瓣比萼片阔大，而石豆兰的萼片却比花瓣大，正好相反。兔耳兰花色为淡绿或乳白而有披彩条纹；石豆兰之花色较丰富，有绿、黄、褐等。

43. 白芨有哪些主要的识别特征？

白芨（*Bletilla striata*）为兰科白芨属之地生兰。假鳞茎扁圆形。每年春季由假鳞茎侧面生出新的茎叶，到生长末期，基部便形成新的假鳞茎。株叶 3～9 枚，叶片狭矩圆形或披针形，长 8～30cm，宽 1.5～4.0cm。花顶生，莛花 3～8 朵，花径 4cm 许。花色多样、淡红色、紫色、紫红、黄色或白色。

白芨属有 9 个种，产于我国的就有 4 种。多分布于长江以南各地。其假鳞茎为名贵的止血、抗杆菌、真菌之中药材。

44. 独蒜兰有何独特之处？

独蒜兰属（*Pleione*）为半附生性兰科植物。生长要求湿度高、排水良好不热不冻的生态条件。由于它的假鳞茎像单个的蒜头，而被称为独蒜兰。台湾同胞依其株叶多为单枚而称其为一叶兰。独蒜兰全属约有 20 种，分布于亚洲热带和亚热带北缘高山。我国云南、秦岭以南的广大地区，除海南以外，均有分布，共有 16 种之多。有 3～4 种产于缅甸、越南、老挝、泰国、印度、尼泊尔等邻国的高山。

独蒜兰是兰科植物中著名的观赏植物。它以独个假鳞茎，独叶和独花而有别于其它兰科植物，颇受人们的喜爱，其中大多数品种已被欧洲、日本、美国等引种栽培，是国际走俏的花卉之一。

独蒜兰假鳞茎硕大，卵球形至陀螺形，顶端常延伸成颈。株叶多为一枚，少数品种株叶 2 枚。冬季全部凋萎，以假鳞茎越冬，靠营养繁殖。花期从基部抽出花莛，莛顶多数只开一朵花。花以红色为主，也有黄色、白色和复色种。花大色艳，好多品种的花，具有香气。春花种的花期 3～6 月；秋花种花期 9～11 月。

45. 什么叫鹤顶兰?

鹤顶兰(*Phaius tankervilleae*)假鳞茎丛生,广卵形,高10cm许。株叶3~6枚,长60~90cm,宽10cm许,呈矩圆状披针形,叶基收狭呈长叶柄。花莛从假鳞茎基部侧生,呈直立态圆柱形,莛高60~120cm。莛花10~20朵,花径10~13cm,有香气。萼片和花瓣矩圆形,长约为5cm。花外白,内暗赭色。唇瓣大而平伸,浅3裂,上部卷成筒状,端部常呈分叉状2浅裂,唇面紫色,挂有白色条纹,唇背紫色。花期在春夏之交。

鹤顶兰属共有50个种,自东南亚、喜马拉雅山至马达加斯加均有分布。我国产10余种。杂交种不少,花色变化多,深受欢迎。多数为地生兰,少数为附生兰。

46. 哪种贝母兰的花有芳香?

毛唇贝母兰(*Coelogyne cristata*)之花有芳香。它产于西藏东部和南部,是喜马拉雅山地区最为美丽的一种贝母兰。广为栽培。

毛唇贝母兰假鳞茎矩圆形。茎顶生2片狭披针形叶,长约11~30cm,宽1.5~2cm。花莛从茎顶生出,莛花2~4朵,花莛常弯曲或下垂。花径8~10cm,白色,有芳香味。唇瓣中裂有3~5条金黄色脉纹,其上密生硬毛。花期在冬春二季。

47. 虾脊兰有何特点?

虾脊兰(*Calanthe discolor*)以地生为主。叶片干后常变为蓝色,花莛直立,莛花多朵,花多而色姿多样,有时有香气。易于栽培,在日本深受欢迎,每年都有相当数量出口日本。

虾脊兰属(*Calanthe*)约有百余个野生种。产于我国秦岭以南诸省的就多达40余种。基本上可分为常绿类和落叶类。

虾脊兰假鳞茎不明显,叶近基生。通常株叶2~3枚,长15~25cm,宽4~6cm。花莛直立,从新株幼叶丛中长出,莛花5~10余朵。花径近4cm,萼片、花瓣蓝紫色,唇瓣大,色白或玫瑰红色。色彩对比鲜明、艳丽可爱。花期5月。分布于广东、广西、海南、四川、贵州、江苏、安徽等省区。

48. 当今国际流行的洋兰是哪些?

洋兰中卡特兰、蝴蝶兰、大花蕙兰、拖鞋兰、石斛兰、万代兰在国际上始终处于最流行的行列,久盛不衰。不过已逐步趋向于能象征纯洁的白花系和不刺眼的粉红花系。那些少异香的有香味洋兰和杂交新品种也颇受欢迎。如我国称为“米尔顿兰”或“密尔顿兰”的堇花兰(*Miltonia*)、齿舌兰(*Odontoglossum*)和捧心花兰(*Miltonia*)等均为当今国际流行的洋兰。

49. 卡特兰为何被誉为“洋兰之王”?

卡特兰(*Cattleya*)又称嘉德丽亚兰,原产于美洲热带和亚热带,为附生兰。之所以被誉为洋兰之王是由于:

①花大。花径达20cm。

②花色多样而艳丽。白色、紫红、朱红、红褐、黄色、绿色均有,且常一花多色,交相辉映。

③花形奇特而别致。不仅萼片、花瓣形大而多变,其瓣缘又常皱卷,充满着曲线美,而且连硕大之唇瓣也有翼片形貌,形如裙罩,十分别致。

④品种多,花期跨四季,又有香气。中国人认为牡丹花华贵无双,而西方人认为卡特兰高雅无双。

50. 蕾丽兰属与卡特兰属有什么明显区别之处?

蕾丽兰属(*Laelia*)与卡特兰极为相似,其明显区别之处在于,蕾丽兰的每朵花中有8个花粉块,而卡特兰只有4个花粉块。

蕾丽兰属为附生兰,假鳞茎有圆形、卵圆形、纺锤形等形态。其顶端长出革质、长椭圆形至披针形叶1~2枚,富有光泽。花莛从假鳞茎顶端长出。莛花常为单朵,个别品种一莛多花。花大而美丽,色彩丰富。有的花期在秋末冬初,也有的花期在春夏。分布于中美洲。

51. 蝴蝶兰因何被誉为"洋兰皇后"?

蝴蝶兰属(*Phalaenopsis*)具有如下难得之特点:

①野趣横生。株基长出宽厚平坦而圆钝的绿叶,宛如汤匙饭勺样,交互叠列在短茎之上;白色粗大的气根极具天然雅趣。

②花形独特。5个短阔圆钝之扇形萼片排列成梅花形,衬托着造型别致的唇瓣,形若纷飞之蝴蝶。

③花色斑斓。纯白、鹅黄、绯红、淡紫、蔚蓝、鲜红,浓淡相宜,披彩洒斑,艳丽多彩,令人目不暇接。

④莛花多朵,依次并排,形似成群列队的彩蝶在绿丛中翩翩起舞,情趣非凡。又犹如成群结队的宫女簇拥皇后逛花园,令人百看不厌。

⑤单花耐久,莛花期长;一朵花可耐久2~4周,莛花可开放几个月;

⑥有花香,如雷氏蝴蝶兰等就有芳香味。

蝴蝶兰全属有50余种。属间杂交种不断问世,难以胜数。

52. 大花蕙兰是地生兰还是附生兰?

大花蕙兰是用大花热带附生兰,如虎头兰、西藏虎头兰、碧玉兰、独占春、红柱兰等与中国地生兰杂交成的品种。它基本上仍保留有附生兰的特点,必须采用无土栽培。如果和地生兰一样用土栽,易烂根而夭折。另一方面,它唇瓣的花纹也保留着附生兰的形态和色彩。

大花蕙兰民间称其为洋蕙。台湾人据其原生种为产于东南亚地区的地生兰,后移居西洋经数十年改良之故而称其为"东亚兰"。到目前为止,已培育出千余个品种。它花瓣阔圆,花型丰满,花色艳丽,花莛直立,株花数多达20朵,花期长达50~80天,生长健壮,容易培养,深受欢迎。

其具体品种很多,可以其花主色分出品系。现有红花系、黄花系、白花系、绿花系、粉红系及复色花系等品系。五光十色、鲜艳夺目。

53. 杓兰与兜兰有何异同之处?

杓兰属(*Cypripedium*)与兜兰属(*Paphiopedilum*)同为短阔叶、口袋状唇瓣花的地生(或半附生)、无假鳞茎的兰科植物。由于外观很相似,易于混淆,外行人常误认。其实它们是有明显的区别的。

①根茎不同。杓兰为粗厚的根状茎,茎中部长叶;而兜兰不具假鳞茎和根状茎,长有棕色绵毛的须根从叶基处长出。

②叶形有异。杓兰株叶3～4枚,为斜立叶态,长7～16cm,宽4～7cm,为椭圆形或卵状披针形叶;兜兰株叶5～9枚,为软垂叶态,如君子兰叶样排列,为带状椭圆形,长10～30cm,宽2～5cm。

杓兰叶薄革质,单侧叶脉沟深坠,叶脉向叶背凸起,色浓绿;兜兰为半肉质叶,叶面光滑油绿,有的叶面洒有色斑,且长有白色短茸毛。

③花态不同。杓兰的中萼片为卵状披针形,先端渐尖;兜兰的中萼片发达,呈扇圆形或倒心形,多有鲜艳的花纹。

杓兰的合萼片与中萼片相似,先端二裂;兜兰的合萼片较小,着生于中萼片之下,唇瓣之后,被称为“腹萼”。多不显著。

杓兰的花瓣宽条形,扭曲如飘带状;兜兰的花瓣形态多样,有扇形、宽带形(端棱形、缘浪状皱曲或长茸毛)。

杓兰的唇瓣比花瓣短,常呈倒卵形、饭勺形、宽口囊状,内折侧裂片三角形;兜兰的唇瓣口袋状,多为拖鞋状。2枚花药分别着生于蕊柱的两侧。

④花形不同。杓兰的花色相对比较单一,而兜兰之花色变化多,白、浅绿、黄、粉红、紫红、红褐,又有多种不同形态、颜色的彩条纹和斑点。

⑤产地不同。杓兰主要分布在温带地区我国东北、西北、西南地区出产,国外也有;兜兰分布于热带、亚热带地区。我国的华南、西南、华东等地有分布。

54. 石斛有哪些主要特征?

石斛属(*Dendrobium*)兰花为附生兰。假鳞茎丛生,圆柱形,拔节而长，长达 50cm 以上。叶狭披针形至矩圆形，或长椭圆形。石斛属种类为兰科植物中数量最多的，约有 1500~1600 个原生种。依其习性，可大体归纳成两大类。

(1)落叶种类

落叶种类都在生长季节末叶片脱落，在上年生长的茎上抽出花莛，莛花 2~3 朵，花后从茎基部长出新芽，当年发育成新茎。

(2)常绿种类

叶片可维持数年不落，花莛从茎顶或茎顶附近的茎节上抽生，有的一茎可数年如期开花。此类石斛兰无明显休眠期，要求高温高湿的生态环境。

石斛兰花色品种甚多，常见的有黄、白、红、粉红和复色。有春天开花和秋天开花的，也可人工控制其全年开花，更有许多杂交品种。

55. 为何说万代兰是洋兰中的强者?

万带兰属(*Vanda*)是洋兰家族里的强者。它的学名源于印度梵语，原意是挂在树身上的兰花。它的生命力十分强盛，可以世世代代传下去。因而把它译为“万代兰”。

万代兰为附生兰，有明显的直立茎和异常粗硬的气生根，没有假鳞茎。叶排成两排，有三种形态，即圆柱状叶、扁平而背呈龙骨状叶和半圆柱状而向轴面有一沟槽状叶。叶有较厚的角质层，能耐受强光照和干旱。它靠裸露的多而粗、长而硬的气根吸收空气中的水分和养料而生长。

万代兰的主茎能不断延长，叶腋处抽出花莛，每个花莛具有数朵花，多至十余朵花径 10cm。萼片和花瓣多宽阔而有斑纹。花色以天蓝色为多，亦有多种色的单色花，还有不同色彩的斑点和网纹，十分美观。万代兰全世界约有 40 余种，其中 9 种分别产于我国的云南、广西、广东、福建、海南和台湾。

56. 文心兰为何又称为“舞女兰”?

附生性的文心兰属植物(*Oncidium*)花形独特。其 3 萼片与 2

花瓣呈梅花形排列，两者均如扇状展开，其端缘如木耳状褶皱浪曲，犹似美女戴着头饰，衣着皱卷肩，腋羽的舞衣；加上提琴状的唇瓣下伸犹如展开的舞裙，花容犹如舞池里靓女，取其形似而为名。

文心兰中有的品种唇瓣是金黄色的，远观之似黄蝴蝶而又有名为“金蝶兰”，还有因其唇瓣之中裂片上有鸡冠状的瘤状突起，而又被称为“瘤瓣兰”。

文心兰全属约有350～400种，主要分布于中美洲、南美洲。我国云南等地也有发现。

文心兰的花莛从株基伸出，长约尺余，每莛可开20～60朵花，由于莛上有许多分叉莛，所以每盆可开花数百朵。它的花色以黄色为主，还有棕色、绿色、白色、红色或洋红色，或复色。花色十分丰富，再加上许多种和种间或属间的杂交种，便有许多色彩斑斓的文心兰成了世界上重要的切花花材之一。

57. 兰花的形态有什么特点?

兰花在植物分类学上属于兰科，是单子叶植物中的一个科。

兰科植物的叶片因种类不同而有很大差异。如万带兰的叶片呈棍棒状；卡特兰的叶片肥厚呈硬革质；春兰、建兰的叶片呈细而长的条形；鹤顶兰的叶片则又大又软，而且薄。因此，兰科植物的叶片共同点较少。

兰花的茎形态变化也较大，有直立茎、根状茎和假鳞茎3类。国兰通常在地下都有假鳞茎，有时还有横走的根状茎。

兰花的根大都为海绵状须根。

兰科植物的花最具代表性，为分类的依据。花由萼片3枚、花瓣3枚及蕊柱1枚共同组成。兰花的萼片已瓣化，在平常人看来就是外层的3个“花瓣”。内层的3片花瓣中下方的一枚通常为唇瓣，唇瓣多样化、特异化是兰科植物最有代表性的一个特征。国兰的唇瓣称为舌瓣。唇瓣在兰花发育的初期位于花的上方，随着花蕾的绽开，兰花的花梗、子房出现了复杂的扭转，使花来了个180°大转身，唇瓣到了最下方。

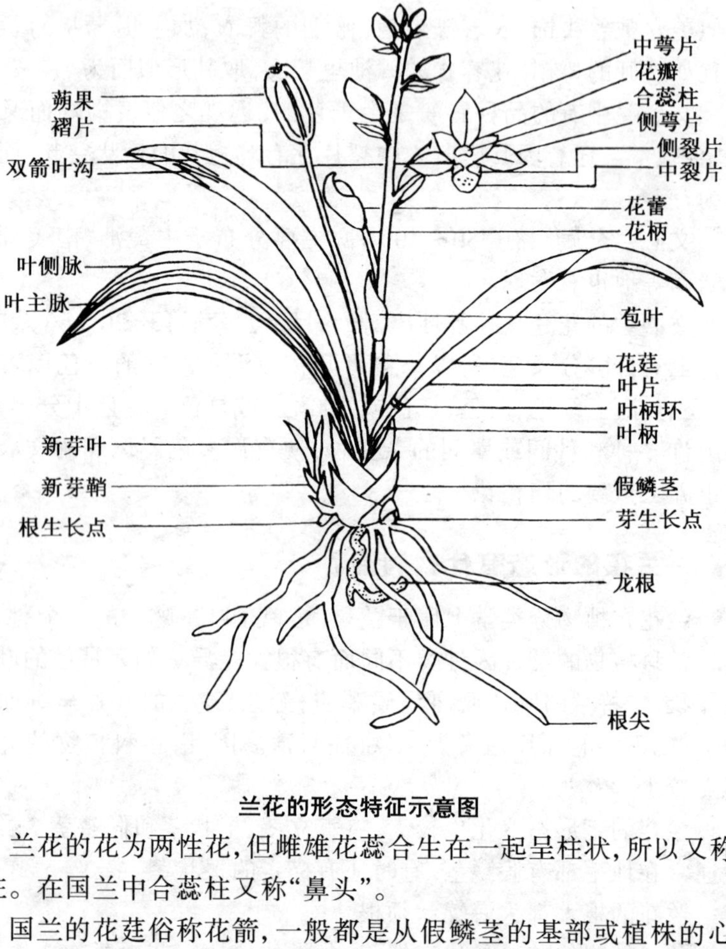

兰花的形态特征示意图

兰花的花为两性花，但雌雄花蕊合生在一起呈柱状，所以又称合蕊柱。在国兰中合蕊柱又称“鼻头”。

国兰的花莛俗称花箭，一般都是从假鳞茎的基部或植株的心部长出。花莛的高矮因种有别。花莛高于叶弧面的称为出架；花莛低于叶弧面的称为不出架。花序大都为总状花序。

国兰的果实为蒴果，里面有上百万粒细如粉尘样的种子。

58. 什么叫做“排铃”？

一莛多花之兰，其莛上的花蕾，俗称为“铃”。

当花莛伸长至总莛高的 2/3 左右时，如莛上的花蕾呈斜立状，仍挨靠花莛时，称为小排铃；如花蕾张离横伸，呈水平排列时，称为大排铃。

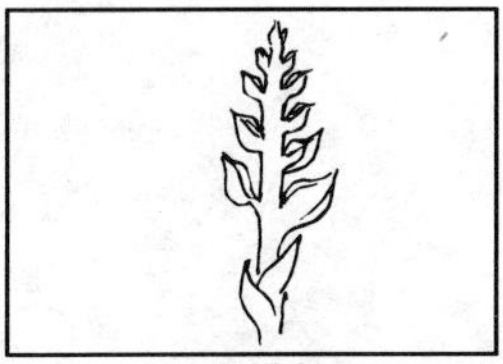

小排铃

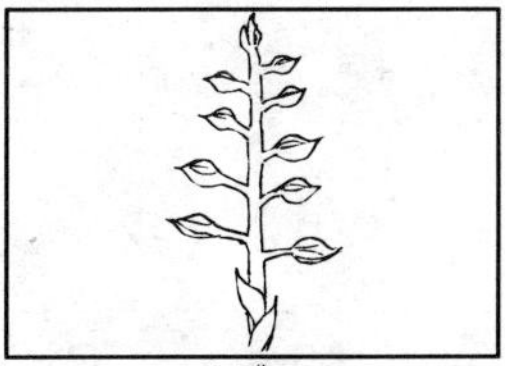

大排铃

59. 何谓“转茎”？

一莛多花的兰花品种在大排铃时，花蕾之唇瓣一侧是朝天的，当其开始初绽时，就逐渐转向 180°，唇瓣一侧就朝下方。这个转向的过程，称为“转茎”。

60. 何谓“簪”呢？

“簪”(zān)，俗称为“短底”。即一莛多花类兰花之每朵花的花柄(子房)。

61. 何谓“箨”？

“箨”(tuò)，即紧挨花朵的苞片，也称为“贴肉小苞”。

这种苞片在春兰名种中，比其它兰花苞片圆阔、厚实而长。有的着生于中萼背后，有的侧生一旁，个别的，远离花朵而着生于花梗正面。春兰类之瓣型名品的苞片质厚，常呈现富有光泽的浓彩。如质薄色淡的，其花瓣亦如此；如仅一侧有异色，其花瓣也仅是一侧有兜。

这种苞片，在蕙兰、建兰、寒兰、墨兰等一莛多花的地生兰中，都着生于花柄与花莛的连结处，形小而端歪扭，色彩与花色基本相应。

二、兰花鉴赏篇

（一）鉴赏视点

62. 我国传统赏兰观念包括哪些内容？

我国传统的赏兰观念可概括为气味、色泽、花形、叶态4个方面。

气味，要求芳香、醇正、幽远。

色泽，以素心为贵，彩心兰以素雅为上，色彩对比鲜明、润亮为上，晦暗为下。

花形，要求端庄匀称，富有内涵。具体要求有：

①莛细朵大，花高出叶丛面，排铃疏密有致。

②瓣形阔短、圆结，微前扣，披彩缀点规则。

③瓣型以梅瓣、荷瓣为上，水仙瓣为中，竹叶瓣为下，奇蝶瓣为奇属珍。

叶态要求或情态柔媚，或俊伟刚劲，植株要茁壮秀美，叶片厚实润泽，叶色嫩绿油亮。

63. 东西方人传统的赏兰观念有何不同？

传统上，东方人注重兰之内涵美，赏养并重，借兰调整心态。因而热衷于素雅并重，崇尚自然，以纯为贵。追求含蕴、端庄、柔美、典雅、巧妙。

西方人往往只赏不养。他们只注重兰之外在美，借兰增进兴致。因而热衷于花大色艳，崇尚改造，以艳为佳。追求热烈、奔放、刚劲、鲜艳、硕大。

上述仅是大体的倾向性而言，并非截然而分。其实，不少的东方人，也有西方人的赏兰观念，而西方人，自然也有不少人，在注重外在美的同时，也在追求内涵美。随着东西方经济、文化交流日益频繁，两种赏兰观念的相互渗透，越来越明显。东方人在注重内涵美的同时，也在不断地增加外在美的追求，那些花形奇特的艳丽花、复色花，已成为渴求的热门货。西方人在注重外在美的同时，也在寻求富有内涵美的素雅花。两种赏兰观的相互渗透，丰富了人类的文化生活，升华了人类的文明！

64. 我国当代赏兰观念包括哪些内容？

当代以变异奇特、潇洒强劲、矮小圆钝、色彩秀丽、花味清香为主题。主要从气味、色彩、花形、株叶、韵味 5 个方面来赏评。

气味，要求清香四溢。

色彩，以色泽莹润、艳丽明快为上。纯净无瑕的单色花，不论何色均为素心花，更欣赏素花之上，有恰到好处的微量点缀。彩心花要求色彩对比鲜明、披彩缀点错落有致，以鲜艳为贵，秀雅为珍。

花形，以花大形奇为珍；以分茎花、聚丛花、重台花、拟态花为稀；以正格瓣型花为上；以蝶化花为贵。

株叶，以刚劲潇洒为上；株矮阔圆为贵；以高档线艺和传统兰出高艺为珍；以水晶艺、图斑艺为稀。

韵味，以能寄寓吉祥为贵。

65. 古今赏兰视点有哪些变化与发展？

传说 2400 余年前，伟大的思想家、教育家孔子，游说诸国没被重用，在回家的路上，嗅到兰花[注]的幽香，停下车来，对着兰花弹奏唱歌之前，感慨地说了一句“兰当为王者香草，……”。自此，“王者香”成了中国兰花的代名词。“不以无人而不芳，不因清寒而萎琐，气若兰兮长不改，心若兰兮终不移”成了我国爱兰、赏兰、写兰、画兰、养兰的宗师赏兰的永恒话题。到了唐代以后，便从赏兰香的基础上，兼赏

注：虽然经植物学家考证，孔子所云之兰并非今日之兰科兰属植物，但在我国传统兰文化中对兰花内涵的理解一直包含着这部分内容，因而上述例子仍为我国古人赏兰、爱兰的渊源。

从唐代开始，古人所说的兰花与今人已相同。

兰的色彩，并格外推崇素心兰；到了宋代，赏兰就开始审形定位；到了元代、明代开始把兰花的结构拟人化，把侧萼片喻为肩瓣，把合蕊柱喻为鼻，把花瓣喻为人眉，把唇瓣喻为舌，并用人的情态动作来比拟兰花朵之情态；到了清代，赏兰把赏花推到顶峰，创立了“瓣型学说”。规范了赏兰花的艺术标准。

“泣露光偏乱，含风影自斜。俗人那解此，看叶胜看花。”这是明代诗人张羽的咏兰诗句。说明了我国自明代把赏兰的视点侧向赏叶。因为兰之叶，长年绿茵茵。它那狭长适中的绿叶，如同少女的娥眉，恰似明媚的新月。这风韵绰约，冰清素雅，摇曳多姿，迎风起舞的绿环，生机隽永，翠绿常驻。尤其是那英姿挺秀，刚柔兼备，参差错落，向背穿插，高昂低回，顾盼应答的叶态，更令人消魂。因而古代诗人赞曰：“清风摇翠环，凉露滴苍玉”“看叶胜看花”。

兰叶确实有不凡的风韵。兰之环状叶恰似倒置的“人”字或“八”字所构成。这正是兴旺发达的象征。因此说，兰不仅是人格化花，也有人格化的叶，堪为人间所独有。

兰花赏叶的高潮始于 700 多年前的明代。明代兰叶出现了叶艺。它的风采确实非凡，令人着迷。到了 20 世纪 80 年代，线艺矮兰“达摩”、矮种奇叶的“文山佳龙”的出现，又把赏兰的视点转向赏株（株形）与赏香、赏花、赏叶并重。

近几年来，兰友黄奔先生于春夏之交赏兰时，发现兰株的新芽像牙雕，像珍珠粒，像玛瑙尖，像碧玉珠，能给人以纯净、玉润、茁壮、素雅的感受，充满了希望。因而又提出了赏兰芽的观点。

笔者在上山采兰时偶然看到，被采兰者抛弃在树杈上的兰株之白根极似百岁老翁之银须，又是一个赏兰的新视点。尤其是现代采用“气培”养兰，广东韶关的“水培”养兰也同样增加了赏根的效果。

赏兰由赏香开始，而有了赏花、赏叶、赏株、赏芽、赏根的全方位欣赏，大大地发展了中国兰文化的内涵。

66. 现代的赏兰观有哪些变化？

现代，随着改革开放，中西方经济、文化交流的日益频繁，促进了中西方人审美观念的改变。热衷于浓艳色彩以增兴的西方人,也开始转向欣赏自然而秀雅以调整心绪;而东方人,历来热衷于素雅、以借境调心,也在悄悄地对热烈而奔放的斑斓色彩产生兴趣。那些色彩艳丽的彩心兰,五色俱全、绚丽多彩的复色兰,自然而然成了欣赏和种养的热门货。这样,中西赏兰观念的相互渗透,大大地丰富和发展了人类的文化观和审美观,升华了人类的文明。

67. 国际上评选洋兰的标准是哪些?

欣赏洋兰,主要以欣赏其花色、花形为主,兼赏其瓣质和肌理,花瓣排列成的形态、香味之与否,花期之长短,莛花朵数的众寡等。目前,国际习惯用百分制来衡量:花形30分,花色30分,其他特征40分(大小10分,瓣质和肌理10分,习性和花排列10分,花数10分)。这是总体的评选标准。至于各个种类,还会有不尽相同的具体要求而有所侧重。

68. 今后,人们将追求什么样的高品位兰?

随着经济的腾飞,生活水平的提高,观赏档次也将随着提高。估计今后,人们对兰艺的追求将朝着综合艺发展。

(1)综合性叶艺

赏花旬日,观叶经年。由于对观赏植物会有多方面的需求,而陈列空间和管理时间又十分有限,必然就会追求有综合性的叶艺兰。那就是矮种、奇叶、线艺、水晶、图斑聚于一体的叶艺兰。虽然五艺聚于一身难有,但三艺或四艺一体的,早已出现过。如被命为'银河图'的叶艺兰,就具矮种、线艺、水晶、图斑于一体。随着水晶成分的增多,奇叶将会自然显现。

其实,含有水晶艺成分的图斑艺才算高级的图斑艺。而有水晶艺的兰株,必然会相继出现奇叶和矮种。最难有的是,线艺难与其它四艺结合并见。

(2)综合性花艺

①水晶图斑复色花。水晶成分不仅对叶形有影响,对花色也显

现初步的影响。像墨兰‘龚州晶龙’不仅已初现水晶图斑复色花的综艺花，而且又是具有梅形水仙瓣的瓣型花。春剑‘济公’也属此综艺花。

②聚簇重台复色奇花。如建兰的重台彩蝶；墨兰的‘神州奇’‘瑶池一品’‘国香牡丹’‘飘逸’；春剑的‘五彩麒麟’等。

③艳色瓣型花。如春剑的‘秀圆荷’；春兰的‘红宋梅’；墨兰的‘南国红梅’；莲瓣兰的‘大云荷’等。

④素雅瓣型花。如建兰的‘红角雪梅’‘玉腮荷’‘金鱼梅’；春兰的‘宋梅’‘龙字’；莲瓣兰的‘点苍梅’等。

⑤一年多次开花的素心兰。如建兰中的‘三度素’等。

⑥艳色复色花。如建兰中的‘绮彩’‘竞艳’等。

(3)常香品种

吴应祥先生在《国兰拾粹》第50页中，曾介绍了兰根确可发出香味来。

《中国兰花》杂志1997年第五期第50页曾报道：重庆张志平先生与兰友们共同发现，兰花无花时也有兰香。

还有一年三度开香花的建兰‘三度素’‘铁骨素’‘建荷素’和二度开花的寒兰等。

人们期待着根香、叶香、一年多次开香花的品种的问世。

69. 各种国兰是否一样香？

据科学家研究发现，兰花的香气来自芳香油脂腺体分泌的挥发油。这些挥发油是由酯类、内酯类和萜类的烯醇、烯醛酮类等有机化合物混合而成的。其成分可因品种而有所差异。像墨兰就有56种芳香化学成分。其它类兰香，还没有全部研究发现。仅凭笔者感知经验：春兰、春剑兰、莲瓣兰偏似米兰香；建兰偏似玉兰香；立叶四季兰偏似月季香；寒兰偏似桂花香；墨兰偏似檀香，也有人说墨兰颇似水果甜香。但这也是相对的，就是同一种类的兰花，其香味也不一样。如素心墨兰也很像米兰香，名为香墨的香味，又是偏甜香。这也说明，兰花的香味，不仅因品种而异，也因生态条件而异。

春兰类中的豆瓣绿、线叶春兰和产于河南信阳地区、江西、湖北的部分山区的春兰及日本春兰一般无香或少香，仅有个别含香的植株。至于各类兰中的具体品种的香气味和浓度，也不尽相同。有的香浓，有的略带异味，有的少香或无香，更有产自碱性土的蕙兰，还带有牛粪味。这也说明，兰花的香味不仅因品种而异，而且也因生态条件而异。

70. 洋兰有哪些有香气的品种？

常见的洋兰，有香气的品种有卡特兰中的白拉索兰；万代兰中的琴唇万代兰；石斛兰中的白花石斛兰；大花蕙兰中的‘迷你’品种；四川省农科所育出的‘笑春’‘寒春’；台湾育出的‘小神童’‘台北小姐’；蝴蝶兰中的‘红心绿边种’‘粉色蝴蝶兰’；文心兰中的‘黄复色花’。

71. 兰花是从什么地方放出香气来的呢？

应该说，“蜜滴”就能散发香气。凡是在花柄与花莛的联结处，有分泌出蜜滴的，便是放香处之一。但是有些种类和品种，少分泌或不分泌蜜滴的，是从何处放出香气来的呢？此外，除了蜜滴分泌处能放出香气外，还有否其它地方可以散放香气呢？

主要有两个地方能散放香气：

一是蕊柱基部的气孔带；二是蕊柱上，近药腔处的油细胞。前者是据《北京晚报》1995年3月15日载，新华社记者谢式邱报道，中国科学院华南植物所的专家们用气相色谱仪研究兰花香气时发现的；后者是据吴应祥先生的《中国兰花》中载，金德荪教授在解剖兰花朵时，发现蕊柱靠近药腔附近有大量的油细胞。

除了上述两个主要的地方能散放香气外，有的兰根和叶片也能散发出香气。

一是据吴应祥先生《国兰拾粹》第50页中载：北京家庭养兰家魏亚声先生发现兰根有香气，还转引了鲍运达先生的《兰溪一枝花》中的记载：在挖掘兰根时，确实闻到了从兰根发出的香气。这点，笔者也有同感。在上山采兰百余次中，曾有三次闻到兰根有兰香，但由于没有先进的分析手段证实，不敢张扬，以免遭故弄玄虚之嫌。

二是据《中国兰花》杂志 1997 年第 5 期第 50 页报道：重庆的张志平先生发现无一开花的小兰室，常有兰香，前去探访者也证实，无花也可闻得兰香，逐盆细嗅，发现兰叶有兰香。这真是奇闻。

72. 何谓"兰膏"？

兰膏即兰花分泌出的"蜜滴"，也称"蜜露"。一莛多花之兰，在花朵开始转茎至盛开时，于花柄与花莛的交界处或称联结处（如图），会分泌出蜜滴来，其味甘醇如蜂蜜，香甜可口。有养颜健身之功。

大凡一莛多花之兰，都会有蜜滴。蕙兰和墨兰最明显，寒兰比较不明显。春兰一般不分泌蜜滴。一般香气较好的兰花，蜜汁少或无。

73. 兰花的香气有哪些作用？

兰花的香气对人的健康，大致有 3 个方面的作用：

（1）调整心绪

兰花的幽香，清烈而不浊，醇正而幽远。兰香能给人以淡远、深悠感，可唤起人的真诚和愉悦，可安抚心灵的创伤，滋润寂寞的心灵，缓解紧张的心绪，使人体阴阳协调，相对平衡，有效地避免了因五脏六腑功能失调而出现的病变。

（2）醒脑提神

当因气候不适，或过度劳累而感到精疲力竭时，一闻兰的幽香，就犹如喝了一杯冰凉的清茶那样舒适，眼皮也随之张开，很快就进入了正常状态。

（3）净化空气

大家公认，兰的清香是任何香气不能比拟的。它令人久闻不厌，愈闻愈爱闻，愈闻愈心旷神怡。它不仅胜过任何空气清新剂，而且有一定的杀灭空气中细菌的作用。堪为最理想的天然空气清新剂。

74. 兰花放香有否时间性?

经实际对比发现和有关部门仪器测定,兰花的放香是有时间性的。

伟大的生物学家达尔文,早在 100 多年前就认为花蜜分泌的主要目的,是将体内多余或有害的物质排泄出去;利用这些排泄物来辅助传粉,是自然选择的结果。人体的排泄物可以营养植物,而植物体的排泄物,自然也可以滋养人体。不管是人体还是植物体的排泄物,不仅是有限的,而且也是排放有时的。绝不可能像核电站那样,可持续不断发出电能来。据实验发现,兰花放香的时间因种类和具体品种而异。一般花期在寒冷的冬春的,春兰类和墨兰及冬春开花的寒兰,由于气温低,不利于香气的挥发,故多在上午 10 时后和晚上 7 时许放香;建兰和夏寒兰、秋寒兰,因白昼气温高,为避免过分消耗,都在深夜至凌晨放香。在放香的时间里,香气最浓,其余时间多仅有余香。因此,品香还需适时,方能一饱鼻福。

75. 兰花为何远闻清香扑鼻,近嗅则无呢?

兰花的香气是甚为独特的幽香。它的独特,在于清烈而不浊,醇正而幽远,似有若无,忽远忽近,馥郁芬芳,飘忽神秘。这是吴应祥先生在中国名花丛书《兰花》一书中对兰香的概述。我们便可以从其中得到一个大致的答案。

具体地说,兰之香是幽香,也就是不甚浓烈的清淡香。“赖有微风递远香”,因此远闻清香扑鼻。如被风袭,局部温度突然降低,气孔关闭,不利于兰香的挥发,需稍待片刻后,局部温度恢复到原有的状况,兰花又重新分泌蜜露,才能有香气。这大概就是兰花的放香方式,是阵发性之故。可想而知,小小的兰花朵,也难如核电站那样可持续发出“电能”。因此刚刚远闻清香扑鼻,走近后,留意再闻则无,稍待片刻,又有“风传轻垂香”。

路过有兰花盛开的窗口,被清香所吸引而止足,旋而跨进此室门,仍有一股清香袭来,但走到盆兰前,又嗅不到兰香。这大概就是人们常说的，兰只可远闻而不可近嗅吧！这，一方面是阵发性放香刚过，另一方面是人的嗅觉，适应了兰香，就不觉其室内尚留有的余香了！也就是兰界人士所说的“与之俱化”。但再待片刻，如有微风还会送来清香，不然哪有“坐久不知香在室，推窗时有蝶飞来”的赞兰香诗句呢？

这正是兰花之香，能给人淡远，深悠感。可以唤起人们的真诚和愉悦，可以安抚心灵创伤，滋润寂寞心灵，有怡情养性之功效。

76. 兰花的“韵”是指什么？

韵者，含蓄而不显露之意味也。

兰之韵，既蕴藏在其株、叶、花之中，也饱含于其生长习性和生态条件之中。由于兰的韵味是含蓄的，需要我们透过现象，看其本质，发现其非同凡响的品格，借以自律。在这其中自然就饱含着兰之高雅韵味。它能激动人的心灵，启迪人的想像、联想力，激发人的情感，陶冶人的情操。

77. 兰花究竟有哪几方面的高雅韵味呢？

兰花的风韵异常丰富，聊举如下：

(1)顽强生息，乐于奉献

在亚热带地区的山林中，风把兰花的种子，刮到哪里，只要有土壤、有树荫，它就能在那里发芽、生根、长叶、开花。不论是在偏僻的山村，还是移到繁闹的城市；更不论你是把它植于有土的大盆、还是无土的小盆里，都能顽强生长，倾其所有，尽其所能，将美好和祥和奉献给人类。这犹如雷锋的“钉子”精神一样，把它安在哪里，就在哪里闪光的精神，正是兰之德也。

(2)善于自律，和睦相处

兰在山野，不仅有荆棘、杂草、树根的挤压，又有树木的争光挡露，它不嫉妒强大，也不欺凌弱小。就连细小的兰菌在其根里繁衍生息，也能自我约束，和睦相处，平等互利。这种善于自律，相互尊重、和睦相处的精神，多么难能可贵啊！

(3)不求索取,洁身自好

兰隐居于幽谷,土生土长,从不求索取,尽管清寒、无人问津,却照样应期献芬芳。这种不因清寒而改节,不因无人而不芳的顽强、诚信,不怕困难、不求闻达的精神,为人千古赞颂不已。

(4)乐于群生,团结奋进

兰花的习性"喜聚簇而畏离母",在母株的统带下,同心同德,各司其职,各尽所能,团结奋进、自强不息的精神,是生存的基础,发展的保证。兰的兴旺于是,民族兴旺亦然。

(5)常绿战寒暑,刚柔寓大度

兰株丛蓬勃,基挺端曲,轩昂而大度。不论春风秋月,酷暑严冬,常绿不衰,几年如一日。这,真君子之风度也。

(6)素雅人格化,含情而理智

世间独有的人格化花,虽不乏绚丽,但以素雅为主。其花姿对称而微前扣,洋溢着含蓄、稳定感。更可贵的是,能如人一样,能为适应而变换。这种既正格而又理智的风格,再现了人体美与风格美的统一,饱含着理智的天然艺术感,堪为人格的风范。

78. 兰艺包括哪些范畴?

人们赏兰从花、叶、型、根等几个层次来观赏,对兰花的培育、选优也就从这几个方面来选择和塑造。因此,兰艺应包括花艺、叶艺、型艺、根艺四个方面。目前对于兰的根艺手法还处于起步阶段,主要的兰艺是在前三类。

79. 国兰中的"花艺"是指什么?

国兰中所说的"花艺"是指通过人按特定的民族审美观,去品评、筛选、培育出的,洋溢着天然艺术美的独特而美好的花朵的兰花品种。兰界称其为花艺品,简称为"花艺"。

花艺包括花形、花姿、花色三大部分。

(二)花形鉴赏

80. 国兰的花形指哪些内容?

国兰中所说的花形是指全朵花三瓣(内三片)和三萼片(外三片)的综合形态。因为古代将萼和瓣都称为瓣,其外轮的主萼称为主瓣,两侧萼称副瓣;花瓣中相对的两片称捧瓣,唇瓣称为舌瓣。因此,花形即指瓣型,其中包括萼型、捧型和舌型。从某种程度上说,花形也包括一部分花姿。

清代初期鲍薇省先生最先创立了瓣型学说,后经多人不断完善,至许齐楼先生方将其收录于《兰蕙同心录》一书中。我们现在赏兰时所用到的瓣型等词汇都是从这本书中继承发扬而来的。

81. 何谓"硬捧"?

硬捧指两枚花瓣(捧心瓣)呈现雄蕊化,大量增厚、起皱、变态、硬化的花瓣形。其形态近似饭勺状,分立合蕊柱旁的,被称为半硬捧;硬变如拳状紧挨或合盖合蕊柱的,被称为硬捧。因为花瓣有雄蕊化的花,花形格外稳定,所以凡具有硬捧之花,颇受青睐。

82. 什么叫做"起兜"?

"兜"原指衣裳上的"口袋"。起兜,在花艺上是指萼片(中萼和侧萼)、花瓣(捧心瓣)的端缘呈现雄蕊化(即端缘增生、增厚),并向内侧勾卷成槽状,状似开口的衣袋状。

83. 什么是萼片"放角"?

花朵自萼片中段处,或萼端部逐渐向萼端拓宽,直至距萼端尖部前沿约 4mm 许,又逐渐缩拢,且向内微卷,汇成略浅兜状。在这"拓宽”与“缩拢”的交界处，形成一个明显的角度，这个角度，在花艺上称为“放角”。

放角通常又有两种情况：处于萼端部的称“端放角”；处于萼片中段缘的称为“中放角”，如“中角荷”。

84. 什么叫“收根”？

萼片中段向萼基(俗称萼根)逐渐收狭，称为“收根”。它牵涉到花的美观和花形的姿态，影响到瓣型花的品位。

收根又可分为长收根、短收根和两头收根。在长萼形梅瓣花和端放角的荷瓣花中，如瓣型花的主要收根特征处于萼片端部，自端部至基部长度较长，称为长收根；如萼片体短，或瓣型花的主要特征处于萼片中段之中角荷，收狭的长度短或甚短，称为短收根；当荷瓣花中的少数花之荷瓣特征“放角”，处于萼片的中段，自放角处一面向萼基逐渐收狭，一面向萼尖逐渐收狭时，称为两头收根。

85. 什么叫“紧边”？

“紧边”是指萼片、花瓣的边缘收缩并略向内扣卷。紧边是衡量“梅瓣花”“荷瓣花”的重要标准之一。

86. 什么样的兰花称为“梅瓣花”？

凡符合梅瓣瓣型标准的兰花蕾，在刚露出苞片时，其待放的萼片缘多有白镶边，犹似披雪含苞待放的梅花蕾。当绽放后，其白镶边随之逐渐消失，犹是春雪消融，寒梅乍开。这就是常说的，形似梅花之一。其二是此类花的萼、捧端短而圆，形似梅花的花瓣形。

梅瓣花所必备的条件：

①花容端庄、结构圆结，质地厚实柔润。

②萼端宽阔呈圆形，萼体短(长与宽之比为2∶1为佳，超出此比例，其品位就低，一般不允许超出2.5∶1，即长2cm时，宽要有1cm以上)，萼基细小。

③萼缘紧边有力。即萼缘收缩里扣。

④花瓣(捧心瓣)必须有起兜。即捧端缘拢缩、里扣,呈浅袋状或硬变成似拳头状的“硬捧”。

⑤唇瓣(舌)必须坚实、短而圆。舌态平伸或上翘。

上述五个条件,尤以②、③、④三条要求最为严格;①、⑤两条相对不那么严格。

如果①、②、③、⑤四条都具备,惟独第④条达不到要求(即花瓣没有明显起兜)。便不能称为“梅瓣花”,只能称为“团瓣花”。

如果①、③、④、⑤四条都具备,惟独第 2 条达不到要求(即萼端欠圆而稍尖,萼体超长,萼基收细不明显而较粗),便不能称为梅瓣花,只能称为“梅形水仙瓣”。

总而言之,梅瓣花对萼片的要求,主要在萼端。萼端形圆、紧边,就具备②、③条的基础。至于萼片的长短、阔窄,是对该品所处的品级而言,并不十分苛求之。

梅瓣花要求最严的标准是,花瓣(捧心瓣)必须有起兜。否则,连“梅字”也不能沾边。同样,仅有花瓣起兜而没有萼片的形圆、紧边,也只能降格为“梅形水仙瓣”。

自然界中的梅瓣兰花并不是同一幅脸谱的,而且也有多种形态。现把最常见的 4 种形态附图,以供参考。

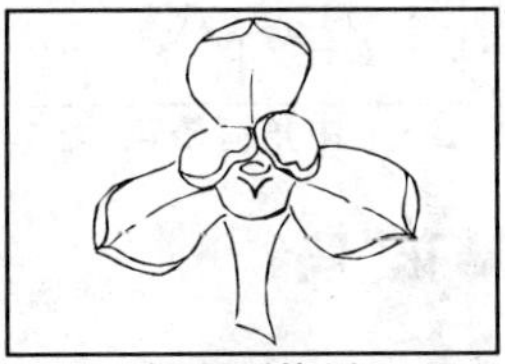

椭圆型梅瓣

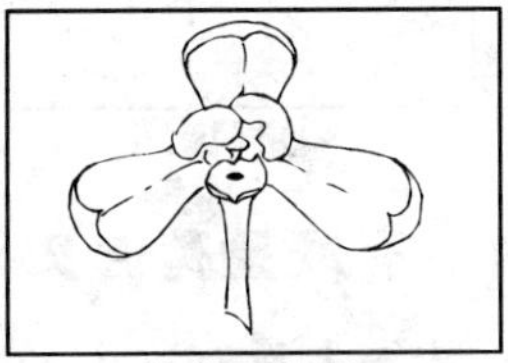

长萼型梅瓣

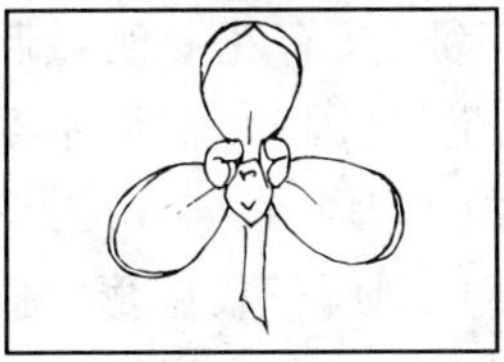

蛋萼型梅瓣

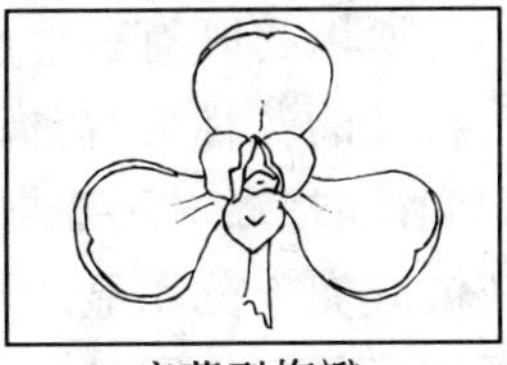

肩萼型梅瓣

87. 什么样的兰花才能称为“荷瓣花”?

荷瓣花所必备的条件是:

①萼片的长与宽之比例必须在2:1之内。越接近,档次越高。

②萼片必须有典型的“放角收根”。这是区别是荷瓣,还是竹叶瓣的一个重要标志。

③萼片顶端之中心处,允许有波浪形凸起物,但其凸起物必须向内微扣卷。

④萼端缘,包括中放角处的萼缘,必须紧缩,并呈向内卷状。即“紧边”。若无紧边便不能称为“荷瓣”,而只能称为“荷形水仙瓣”。

⑤花瓣(捧心瓣)要求较宽阔、短圆或略长圆状。若不短而圆,荷瓣的特征就不够稳定,往往花开二三天后,萼片就会逐渐伸长而超出比例,变成不稳定的假荷瓣花。通常以蚌壳捧、蒲扇捧为优品。

⑥唇瓣要求形大,允许有下垂或微后卷。以大圆舌、大铺舌为佳。

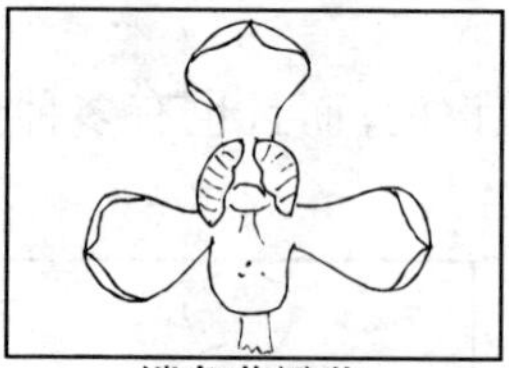

端角荷瓣花

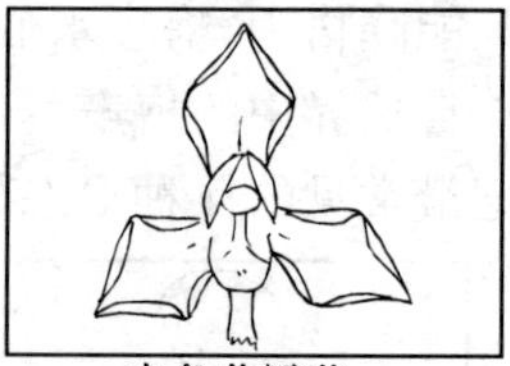

中角荷瓣花

88. 有既是荷瓣又是梅瓣的“荷梅瓣花”吗?

传统上没有这个名称。

之所以将既有萼片放角收根的荷瓣特征,又有花瓣明显起兜的梅瓣特征的花称为“荷梅瓣花”或“梅荷瓣花”是因为,荷瓣不要求花瓣起兜,而梅瓣又不要求萼片放角收根之故。因此在实际中,常可见到花瓣起兜十分明显,或是硬捧,而它的萼片则属于长圆形、细收根、端缘明显呈现端圆紧边。而这个长收根的萼端,突然圆阔、紧边,就客观地显现出“放角”的特征。其实,尽管其侧萼端放角如何明显,它的主萼还是端圆、紧边的。所以说,它还是隶属长萼型梅瓣花的范畴，不必另立名目。

89. 什么样的兰花才能称为“水仙瓣花”？

国兰中的“水仙瓣花”与“梅瓣花”，实际上是隶属同一类型的两种形态。说其是同一类型理由如下：

①都是捧瓣雄性化，捧瓣有兜的花艺。

②它们在开放时都轩昂挺立。

③它们在含苞时，萼缘多有白镶边，或萼尖有镶白晶点。

④萼片都较圆。所不同的是，三萼不如梅瓣花那样圆，更没有明显的紧边和收根。

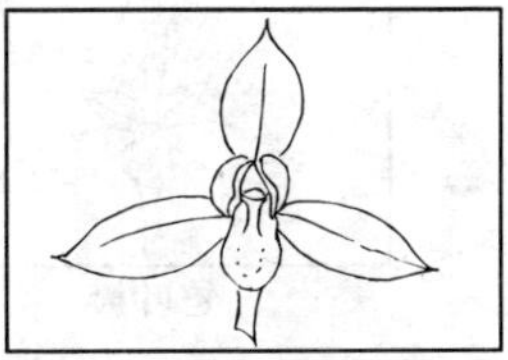
水仙瓣

之所以会把它称为水仙瓣兰花，一是由于水仙瓣兰花与水仙的叶态相似；二是水仙瓣兰花在开放时的花心部与水仙花的花心部，有所相似。

水仙瓣花所必备的条件如下：

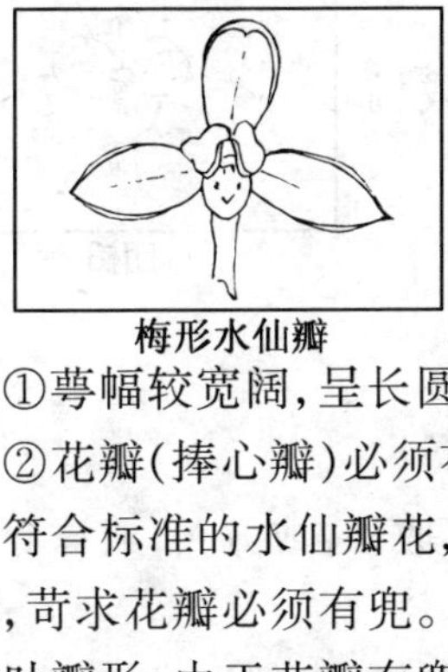
梅形水仙瓣

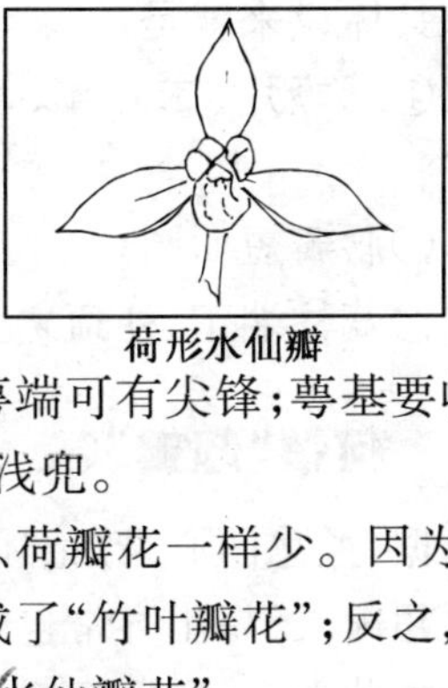
荷形水仙瓣

①萼幅较宽阔，呈长圆形或长珠形；萼端可有尖锋；萼基要收细。

②花瓣(捧心瓣)必须有紧边、起兜或浅兜。

符合标准的水仙瓣花，几乎和梅瓣花、荷瓣花一样少。因为水仙瓣花，苛求花瓣必须有兜。若是无兜，便成了“竹叶瓣花”；反之，萼片是竹叶瓣形，由于花瓣有兜，便可称其为“水仙瓣花”。

90. 什么样的兰花是“竹叶瓣花”？

萼片像竹叶之形(即萼片呈带形)，萼端顺尖收尾；花瓣无兜的兰花称“竹叶瓣花”(唇瓣不论)。

竹叶瓣花有阔形和狭形(柳叶形)之分。

竹叶瓣花，虽品位较次，如有下列三种形态者，也颇受青睐：

①萼片较阔大，略有长棱形者，堪为“荷形竹叶瓣花”。

②萼片、花瓣、唇瓣俱大，色泽翠绿，肩平、花容端庄者，也在佳品之列。

③萼片、花瓣之正反两面具有五彩之一者，或素唇，或镶嵌异彩，或浮泛斑纹者当属佳品。

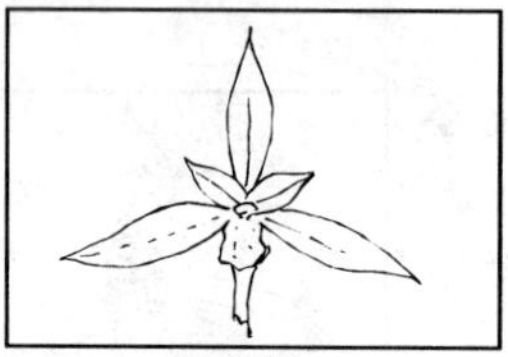

竹叶瓣

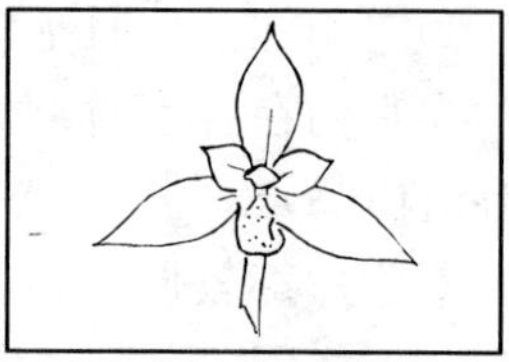

荷形竹叶瓣

91. 何谓“团瓣花”？

据《兰蕙同心录》记述：“开瓣有圆如龙眼壳者，五瓣均圆，舌亦圆短，蕊顶平如莲子倒生。”

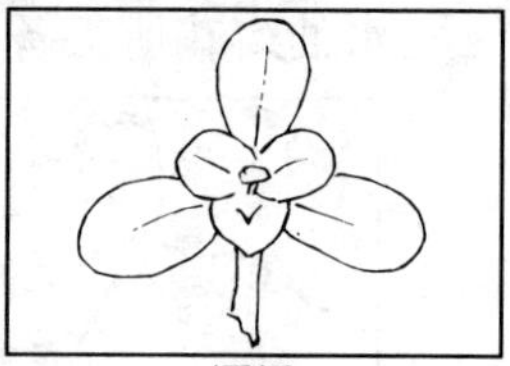

团瓣

具体说来就是：

①三萼片、二花瓣，均要短而端圆或椭圆。

②唇瓣短而圆。

③蕊柱端正，柱顶之药帽较平展。

92. 何谓“超瓣”？

据《兰蕙同心录》记述：“开瓣蛮阔，不收根，或方头，或袜底式，俗谓之超瓣，云超出寻常也。”

如此看来，所谓超瓣，即指瓣幅、瓣形或瓣态超出寻常，或异乎寻常。一般有如下 4 种情况：

①瓣基不收细，而与瓣等宽，如图(一)。

②瓣基不收细，且唇瓣超大，如图(二)。

③瓣基阔，瓣端更阔，如图(三)。

④瓣基比瓣端更阔，如图(四)。

综观超瓣花，仍属万变不离其宗，但它也极大地丰富了中国兰花的花形和瓣幅形，确实别有情趣。如能同时具有短而圆之花瓣，超大之唇瓣，一字肩或飞肩及五彩缤纷之色彩，自然当属珍稀名品。

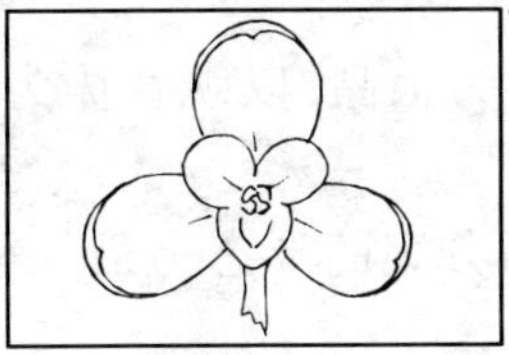
超瓣（一）

超瓣（二）

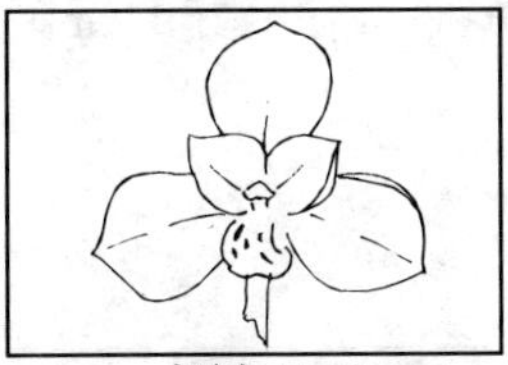
超瓣（三）

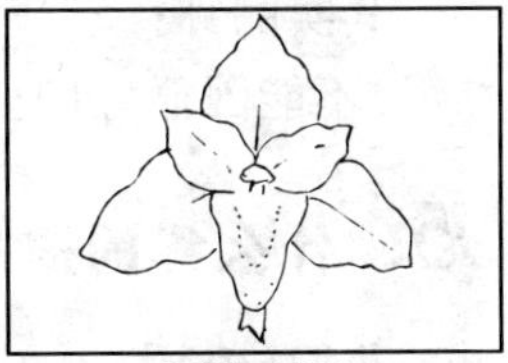
超瓣（四）

93. 何谓“鸡爪瓣花”？

萼片形如鸡爪状，狭长端尖的兰花被称为“鸡爪瓣花”。

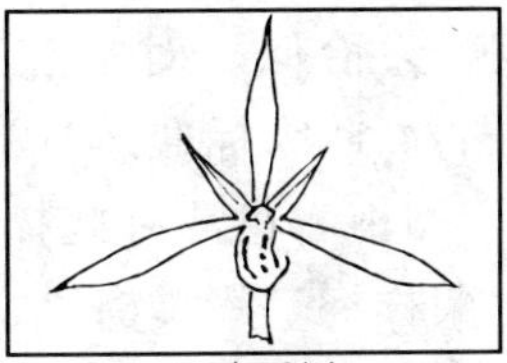
鸡爪瓣

鸡爪瓣花虽瓣幅狭小而长尖，但它的萼姿、捧形、唇态却千姿百态，色彩也格外丰富，风采独存。虽古人不欣赏它。但近代在墨兰、建兰等类兰花中，选出不少独具一格的鸡爪瓣花，深受青睐。可见它也有不凡的魅力！

鸡爪瓣花的特点是：

①花形特大。有的花径大至16cm以上。

②萼姿多样。环抱、反卷、长飘带等都有。

③捧态多样。猫耳捧、剪刀捧……

④唇瓣特大，如小孩胸前之围裙。

⑤色彩丰富，常出绮丽的复色花。

94. 什么是捧？如何品评捧态？

位于兰花朵内轮，合蕊柱两侧的花瓣传统称为“捧心瓣”，简称为“捧”。

传统上认为以不开天窗为优，以蚕蛾捧为上品，以观音捧为中品，其余均属下品。

对捧瓣的着生形态，虽可互见，但以五瓣分窠的形态为最优美，分头合背较次，连肩合背为最劣。

其实品评捧态，应以有助于衬托花容的秀雅和有美好的寄寓为准绳，不能因循守旧。

95. 什么样的捧态可称为“蚕蛾捧”？

花瓣(捧)着生于合蕊柱左右侧，构成近似圆周形，捧端似山脊状高耸，其缘紧扣起兜。上侧端角高凸如蚕头，下侧角钝圆，捧背弧形，恰似一对蚕宝宝初出蛹壳之形态(如图)。此为标准之“蚕蛾捧”。

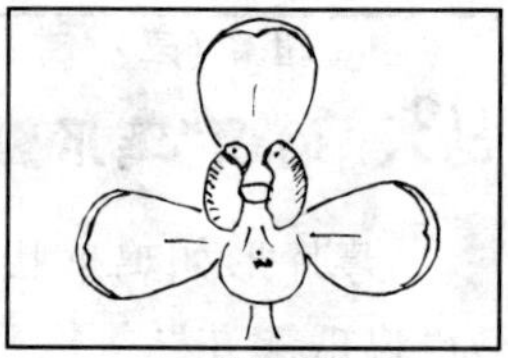

蚕蛾捧

梅瓣花常有此捧。水仙瓣花中也可遇见。如春兰中的‘绿英’‘荣祥梅’‘梁溪梅’‘宜春仙’等；蕙兰中的‘大一品’‘培仙’‘荡字’‘楼梅’‘端梅’‘崔梅’‘庆华梅’等皆为较典型的“蚕蛾捧”。

蚕蛾捧可分为软、硬两种。传统认为，以质嫩软者，形象逼真，更富有生气而为佳；硬者呆板较次。不过硬蚕蛾捧的出现率也低。

96. 什么样的捧态可称为“观音捧”？

观音捧俗称观音兜。捧瓣上侧略有搭盖。捧面内凹外隆，捧端呈大兜状里扣，兜缘呈波浪状的二连弧，犹如神话中观音菩萨之帽沿前的连兜形而为名。

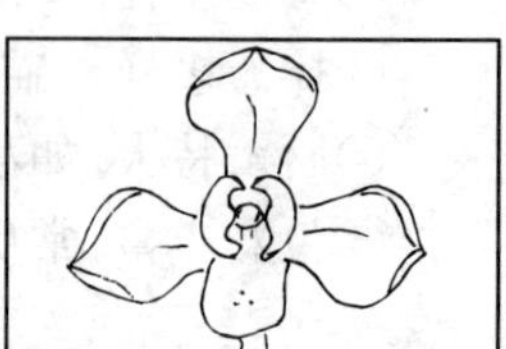

观音捧

观音捧多出现于荷瓣花中，梅瓣花、水仙瓣花中，也不乏见。如春兰中的‘龙字’‘春一品'；蕙兰中的'老染字'等均为典型的观音捧。

97. 什么样的捧态可称为"蚌壳捧"？

捧面下凹，捧背高隆呈圆锥形，如两片相对的空蚌壳而为名。

春兰中的'常熟素''大魁荷'；蕙兰中的'泰素'等均为典型的"蚌壳捧"。

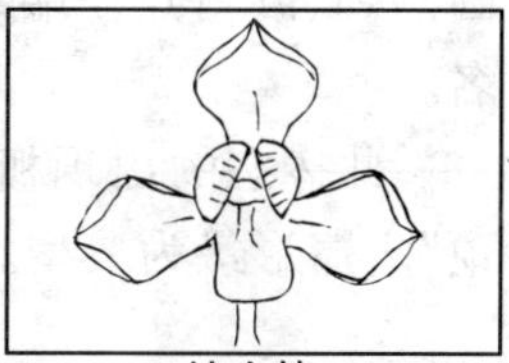

蚌壳捧

98. 什么样的捧态可称为"短圆捧"？

双捧均体短形圆，捧背弧大，捧缘呈内扣状。如春兰中标准荷瓣花之'郑同荷'，是标准的短圆捧。

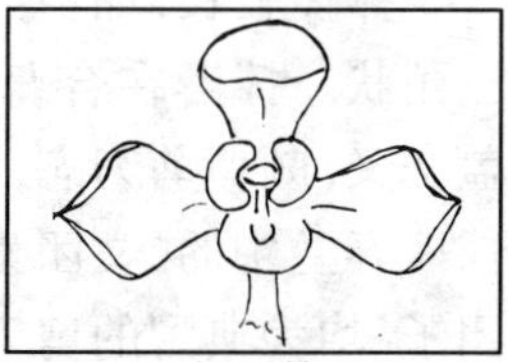

短圆捧

99. 什么样的捧态可称为"蒲扇捧"？

如分居于合蕊柱左右侧之花瓣体短、形椭圆，其捧背仅略有弧隆，形似蒲扇状称为蒲扇捧。如春兰中的'西神梅''东莱'等，均为典型之蒲扇捧。

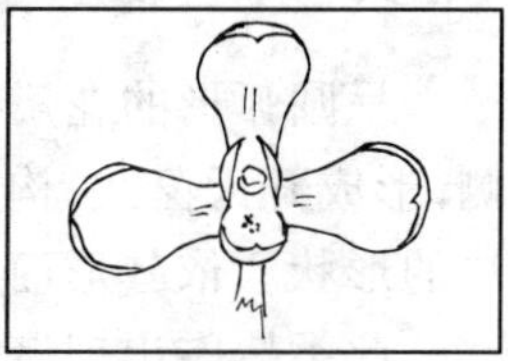

蒲扇捧

100. 什么样的捧态可称为"猫耳捧"？

"猫耳捧"因花捧呈三角状态，多直立状，也有捧端略后仰呈挺立状，颇似猫耳般而为名。

春兰中的'太极''梁溪蕊蝶'；蕙兰中的'老蜂巧''蛾蜂梅''朵云''赤蜂巧'均为典型的猫耳捧。

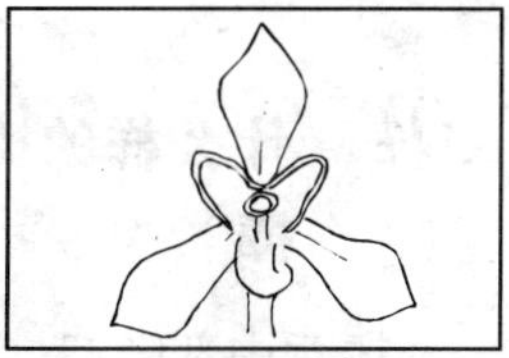

猫耳捧

101. 什么样的捧态可称为“豆壳捧”?

捧背呈浪状隆起,捧面缘起兜,尖端较钝圆,形似被剥开一端之豆荚。取其形似而为名。

此捧态的出现概率不高。蕙兰中的“关顶”之捧形最为典型。

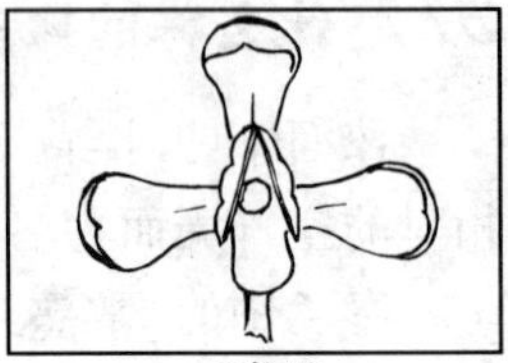
豆壳捧

102. 什么样的捧态可称为“剪刀捧”?

捧体较长,如剪刀片那样基宽端尖的长三角状。捧瓣在合蕊柱前呈搂抱状,端部搭盖交叉,颇似剪刀态,而为名。

春兰中的‘文团素’;蕙兰中的‘华字’‘赤团子’均为典型的剪刀捧。

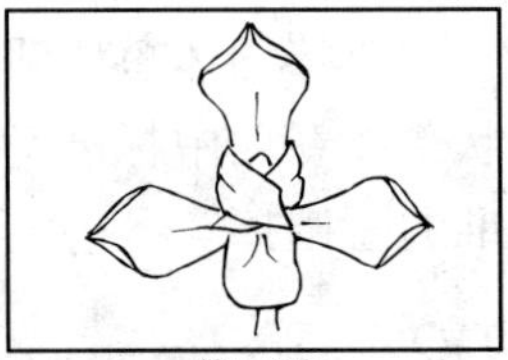
剪刀捧

103. 什么样的捧态可称为“罄口捧”?

呈圆弧形的花瓣分居于合蕊柱后之左右侧,形成开天窗式,构成如古代打击乐器“罄”口的形状。依其形而名为“罄口捧”。

此类捧态出现概率也不太高。春兰中的‘盖荷’;蕙兰中的‘翠蟾’‘冠群’,均为典型之罄口捧。

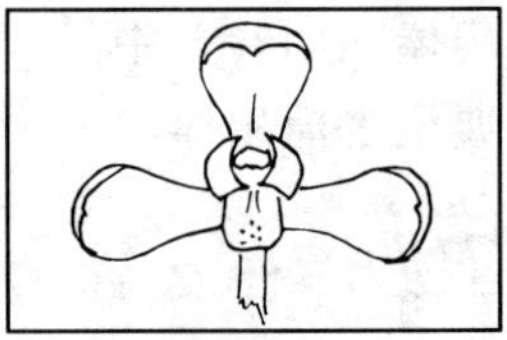
罄口捧

104. 什么样的捧态可称为“蟹钳捧”?

捧背中部隆起,尖端兜扁分叉,形似蟹之爪钳状。取其形似而为名。

蕙兰中的‘万年梅’为最典型的蟹钳捧。

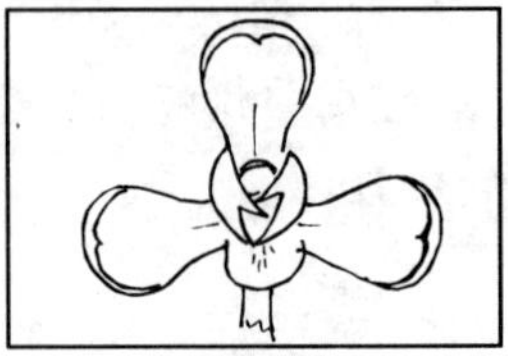
蟹钳捧

105. 什么样的捧态可称为“挖耳捧”?

捧端呈 90°起兜,形似挖耳勺状。依其形似而为名。

春兰中的‘汪字’‘逸品’等,均为典型的挖耳捧。

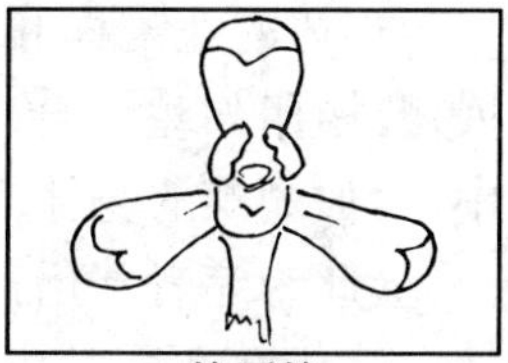

挖耳捧

106. 什么样的捧态可称为“珠捧”?

捧瓣硬变成珠状,如建兰中的‘金鱼梅’;蕙兰中的‘楼梅’‘杨梅’等,均为典型的“珠捧”。

(此为笔者新增捧型。)

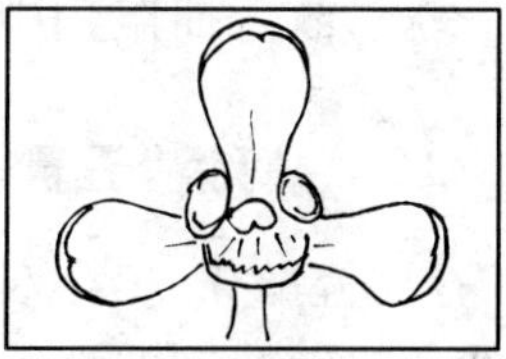

珠捧

107. 什么样的捧态可称为“拳捧”?

捧瓣高度硬变,形似紧握之拳状。依其形似而名之。

春兰中的‘湖州第一梅’‘胭脂梅’;墨兰中的‘南国红梅’,均为典型之拳捧。

(此为笔者新增捧型。)

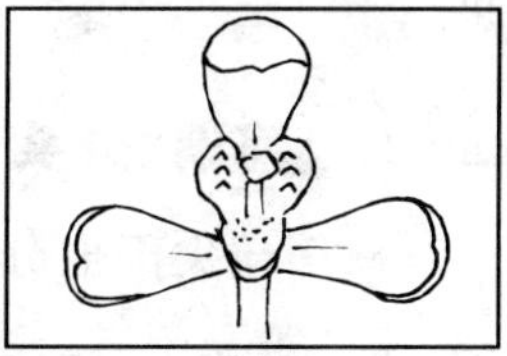

拳捧

108. 什么样的捧态可称为“山峰捧”?

捧端如连峰状。取其形而为名。

建兰中的‘银边菩提素’是典型的山峰捧。

(此为笔者新增捧型。)

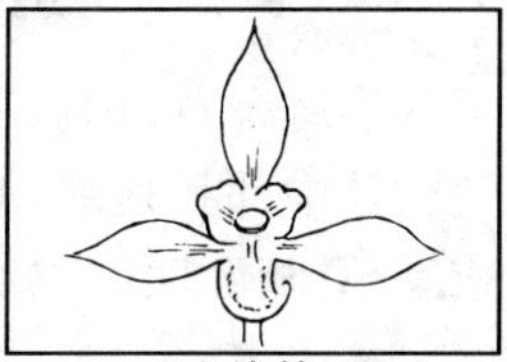

山峰捧

109. 什么样的捧态可称为“蝶形捧”？

连体的花瓣向相反方向平展，犹似蝴蝶展翅，栩栩如生。合蕊柱正处于连体捧之正中，恰似蝴蝶的身体，惟妙惟肖，十分别致。

(此为笔者新增捧型。)

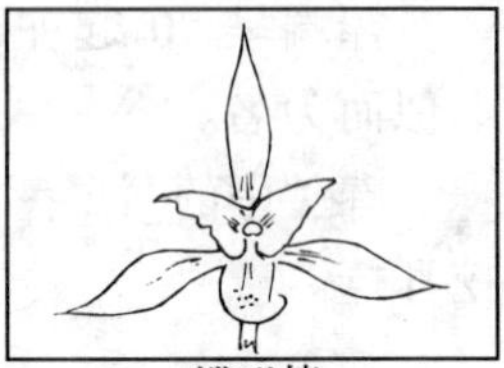

蝶形捧

笔者曾在墨兰中发现褐色蝶形捧；在建兰中发现了鲜红色蝶形捧；似乎也曾在寒兰中发现过蝶形捧。前者命名为‘黑花蝶’，收入拙作《家养兰花100问》中；后者被命名为‘红花蝶’，收入拙作《中国建兰名品赏培》中。

110. 何谓“五瓣分窠”？

“五瓣分窠”之双捧各自分开，其捧根着生于三萼片基部之汇合处。这样即所谓的一主瓣(中萼片)、二副瓣(两侧萼片)共5瓣各自分开，没有相互粘连。因而被称为“五瓣分窠”。

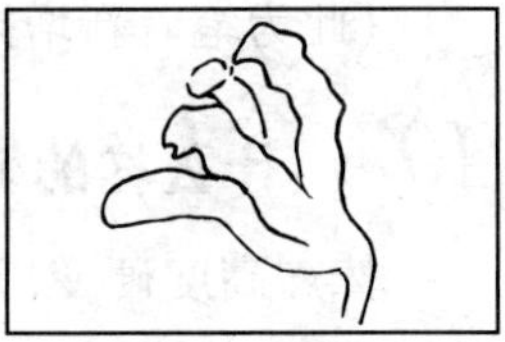

五瓣分窠

111. 何谓“分头合背”？

双捧端尖部位分离张开，而自中部至基部，仍然连生一体之捧态，被称为“分头合背”。

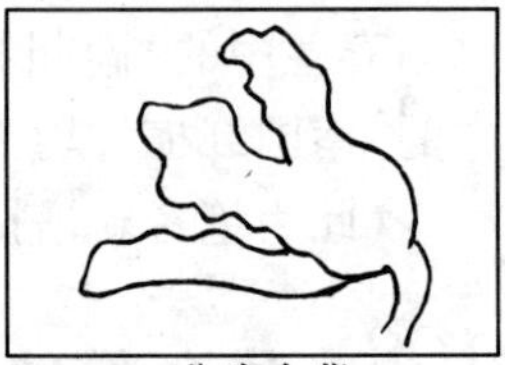

分头合背

112. 何谓“连肩合背”？

连肩合背，即仅捧尖端处，有些许的开裂。其中部和基部，均与合蕊柱、唇瓣的中部或基部，相互联结成块状之整体。

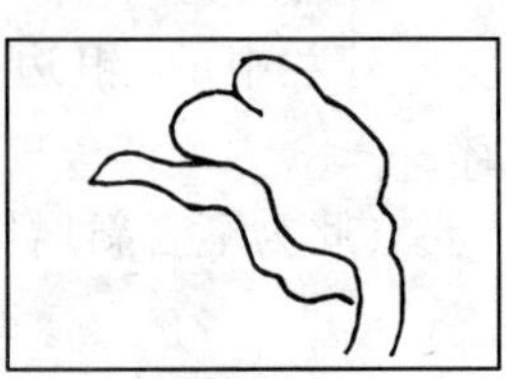

连肩合背

113. 什么样的捧态称为“开天窗”？

着生于合蕊柱左右两侧的花瓣，其靠蕊柱一侧的瓣缘紧挨一起，或相互略搭盖，遮严在蕊柱的上半部，仅微露柱头和药帽的，称为“花瓣合盖蕊柱”。它使花容含蓄。这种微露而显耀的花姿，体现了兰花洁身自好、不出风头、谦虚谨慎、默默奉献的品格。其两捧缘不相互搭盖，也不紧挨，而露出有缝隙或明显分离而生，蕊柱体上部裸露的，称为“开天窗”。传统认为，开天窗之花属下品。

114. 什么是舌？传统是如何品评兰花唇瓣的形和色的？

传统认为舌以短圆、端正为上品；尖狭、歪生为劣品。凡在捧心内不舒者的平舌，偏在一侧的歪舌，舒而不卷的拖舌等为次品；凡舌与鼻粘连在一起的无舌等为劣品。

舌的颜色则以淡绿、白色为好。春兰、建兰、寒兰、墨兰以白色为贵；蕙兰以绿色为贵。

115. 现代该怎样品评唇瓣的形和色呢？

现代的观点认为，传统的观点绝大部分是对的，应当继承和发扬，但应该取其精华、弃其糟粕，客观地评价舌的形与色。特别是应当适当吸取发展了的审美观。舌的形与色，不能孤立地品评，应与花形、花色相结合。凡有助于花形、花色的完美的，都是好的舌形与舌色；凡与花形花色不协调，都是次品或劣品。

具体地说，舌的形状，应以观赏面较大和有助于花形象的逼真为上；舌的颜色，仍以白色为好。因为白色为底色，不论是镶嵌、点缀、浮泛任何一种色彩，都能把它衬托得秀丽无比，还比有镶覆轮的效果好。

116. 如何看待新出现的“舌型”呢？

兰花唇瓣的形态，丰富多彩，令人赏心悦目。古人经过长期的筛选、归类和推敲，命定了10余种舌型。它不仅有着一定的代表性，也有不凡的艺术性，堪为兰文化艺术宝库中的宝贵财富。对兰花事业的发展起着积极的作用。

随着时间的推移，自然界也在不断地变化，在自然选择的过程中，还会发生新的变化。千百年来原有的10余种舌型有的仍然存在，有的随着变化而消失，演变成新的舌态。自20世纪80年代以来，国兰的大开发，使我们有缘领略到更丰富多彩的国兰舌态。同时也使我们感到，传统的10余种舌型还不能概括发展了的国兰舌型。为了便于品种的推介、交流和鉴赏，确有必要增加一些新的舌型描述词汇。笔者试把出现概率较高，而又有较高欣赏价值的舌态，增拟8种，借以抛砖引玉。

117. 什么样的舌态可称为“如意舌”？

“如意”原指古代象征吉祥，头如灵芝菇形的工艺品。后被借喻于紧贴合蕊柱，缘似菇缘状之唇瓣，而为之名曰。

如意舌的唇瓣与蕊柱同向，正中着生，紧贴蕊柱，形态端庄，舌型椭圆，或曰扁圆、稍长圆；面凹背隆，缘缩厚起；质厚而坚硬；其态略下倾，但不向后卷，有的呈上举状。

如意舌可有3种形态：小如意舌，形短而面窄，端尖圆；大如意舌，形长而面宽，端钝圆；三角如意舌，基粗端狭，端缘略上翘而现微兜。

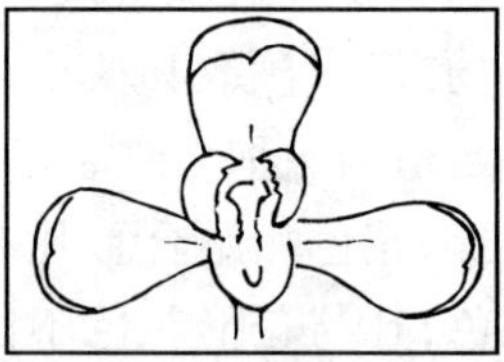

小如意舌

春兰中的‘绿英’（大如意舌）‘鸳湖第一梅’（小如意舌）‘琼仙’（三角如意舌）；建兰中的‘红角雪梅’；蕙兰中的‘大一品’，墨兰中的‘南海梅’等皆为典型的如意舌代表种。

如意舌多集中于梅瓣花上。在200个瓣型花名品分类统计中，梅瓣花（包括梅形水仙瓣花在内）如意舌的出现概率仅占24.5%；荷瓣花（包括荷形水仙瓣花在内）仅占12.6%；水仙瓣花仅占1.9%。

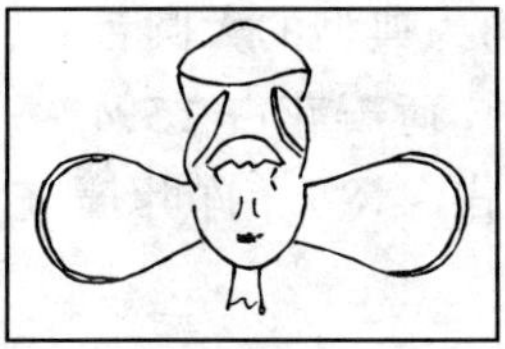

大如意舌

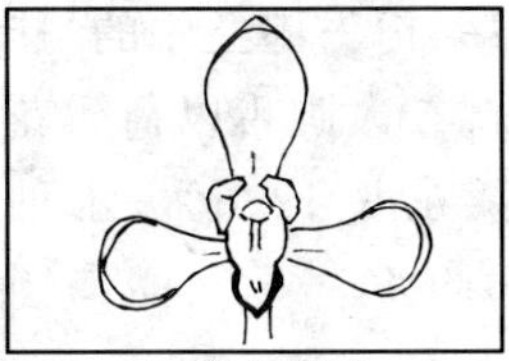

三角如意舌

118. 什么样的舌态可称为“刘海舌”?

在19世纪初以前,儿童和妇女留在前额上,如垂帘状的整齐垂发,常向额弯扣和向上翻卷。这弯扣和翻卷的垂发,便被称为“刘海”。以后虽不时尚在前额留垂发,但也还有个别注重美容的年轻妇女,却在额前特意烫一二个小发卷,亦名“刘海”。兰艺家借用其意,将唇瓣先端起微兜的前裂片命为“刘海舌”。

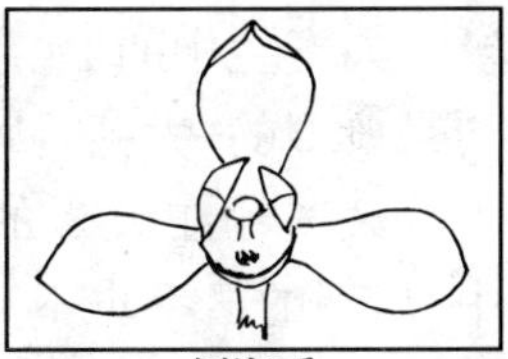

刘海舌

“刘海舌”略离蕊柱,稳居正中,形略似如意舌,但大近1倍。外露的前裂片下垂而不后卷,舌端却向上而微兜(即起卷缘而有刘海状)。

春兰中的‘宋梅’‘西神梅’;蕙兰中的‘培仙’;建兰中的‘旌晶凤冠’;墨兰中的‘岭南大梅’等,均为典型的“刘海舌”。

刘海舌多出现于梅、荷瓣花之中。在近200个瓣型花名品分类统计中,梅瓣花的出现概率为16%;荷瓣花占10.1%;水仙瓣占3.5%;蝶花、扭曲瓣形花、波浪瓣形花中均偶见。

119. 什么样的舌态可称为“大圆舌”?

大圆舌是取中裂片外露部分之形近半圆而为名。它形大(比刘海舌大半倍许)而圆正(正对合蕊柱,形如几何制图的量角器),呈微下倾状。它不紧缘,少后卷,不上翘。

大圆舌

春兰中的‘小打梅’‘翠一品’;蕙兰中的

‘荣梅’；墨兰中的‘桂荷’‘望月’‘玉如意’等均为典型的大圆舌。

大圆舌以荷瓣花最多见。在分类统计中，荷瓣花占 15.4%；梅瓣花占 12.6%；水仙瓣花占 8.2%；蝶瓣花占 4.8%；竹叶瓣花占 0.9%。

120. 什么样的舌态称为“大铺舌”？

唇瓣之中裂片的外露部分呈长椭圆形，下挂而微后倾，但不明显向后翻卷。

大铺舌

如春兰中的‘龙字’，蕙兰中的‘楼梅’等，均是典型的“大铺舌”。

大铺舌在大量的瓣型花珍品分类统计中，出现的概率也不高。就是被认为最易出现大铺舌的荷瓣品种，也仅占 5%，荷形水仙瓣花占 4.5%，荷形蝶花占 1.5%，梅形水仙瓣花占 1.5%，水仙瓣占 1.5%。

121. 什么样的舌态称为“大卷舌”？

唇瓣之中裂片形大而长，下挂而向后卷曲。

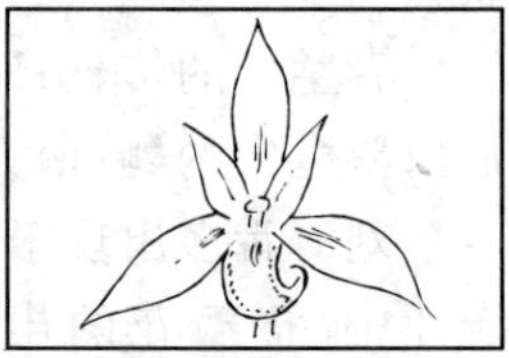
大卷舌

一莛多朵花之兰，多为此态舌。在大量瓣型花名品分类统计中发现：大卷舌在荷瓣花中仅占 7.8%；荷形竹叶瓣、水仙瓣、鸡爪瓣的名品中，仍属偶见。可见，高品位花，极少出现大卷舌。

122. 什么样的舌态可称为“龙吞舌”？

舌质厚硬而不舒展，中裂片微下倾而后又略上翘。舌面下凹，舌缘紧缩而常呈不规则排列的钝圆锯齿状，犹似老人之少量残存牙。

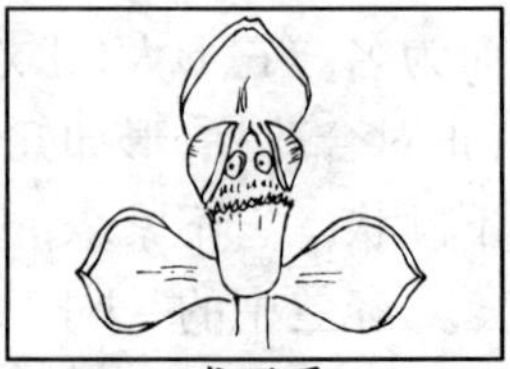
龙吞舌

蕙兰中的‘程梅’‘崔梅’‘极品’在正常开

放时，方有标准之龙吞舌。可见，龙吞舌多在梅瓣花中出现。它在大量的瓣型名花分类统计中的出现概率仅占 7.8%。

在近几年新选拔的各类佳品中，倒出现了好几个龙吞舌，如建兰中的‘玉腮荷’就是其中之一。

123. 什么样的舌态可称为“大柿子舌”?

舌形大，中裂片外露部分的舌面，呈现柿子之种子状下凹，依此形象而为名。

大柿子舌

大柿子舌仅见于蕙兰中的‘大陈字’等极个别的传统品种之中。仅占分类统计率的 1.5%。

124. 什么样的舌态是“方缺舌”?

中裂片之中央处呈现不规则的方形(棱形)空缺。依此天然缺损形而为名。

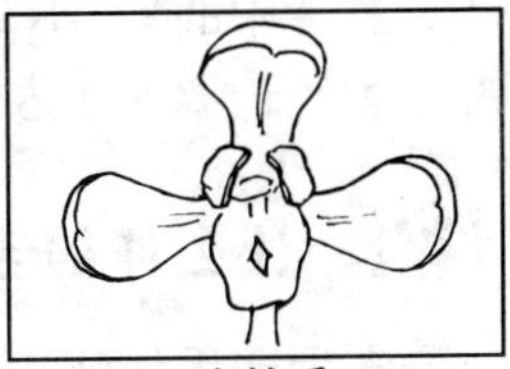

方缺舌

蕙兰传统名种中之珍品“老蜂巧”为典型之代表种。它在分类统计中的出现概率不高，仅占 1.5%。素心建兰中，也有此种舌态。

125. 什么样的舌态是“双岐舌”?

唇瓣上的中裂片呈倒“V”字形缺裂，形同孪生的两个舌。但是它们没有深裂至唇瓣的最基部，根本不能称为双舌，只能称为分叉舌。

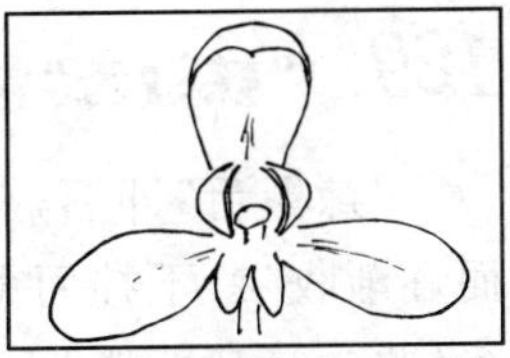

双岐舌

春兰中之‘素蝶莲’‘宜兴双舌梅’是该型舌之典型代表种。它在名品中的出现概率也不高，仅约占 3%。此类舌型在建兰、墨兰、寒兰等中也时有发现。

126. 什么样的舌态可称为“直圭舌”？

中裂片的两端角尖锐，端缘呈圆凸形，其上仍有锯齿状缺裂。唇缘紧缩，镶有白覆轮；舌下凹，背隆的舌态称为直圭舌。它端角既方又圆钝，洋溢着曲线美。

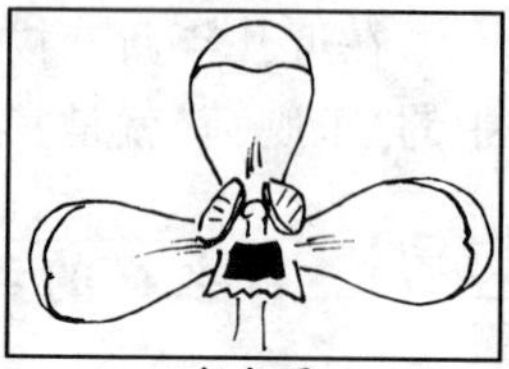
直圭舌

蕙兰中的‘元字’为仅存之代表种。在大量的名品分类统计中，它仅占出现概率的1.5%。

127. 什么样的舌态可称为“拖舌”？

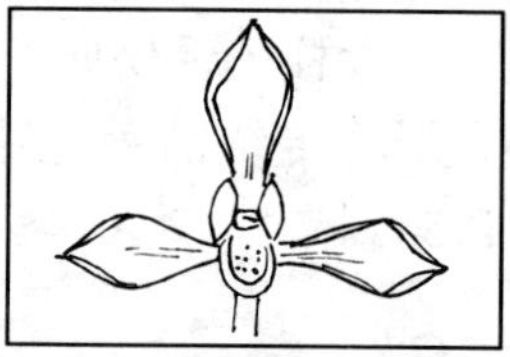
拖舌

“拖舌”指中裂片中大、椭圆形，平伸而微下倾，但不后卷。舌缘隆起，舌面下凹的舌态。

蕙兰中的‘丁小荷’是其典型之代表种。此舌态也甚少出现，仅占分类统计率的1.5%。

128. 什么样的舌态可称为“雀舌”？

雀舌即舌体狭长，端长尖，舌缘紧缩、增厚、隆起，故虽略有下倾，但不易后卷的舌态。

雀舌，在瓣型花名品分类统计中，未曾发现。笔者曾在建兰和墨兰中发现过。

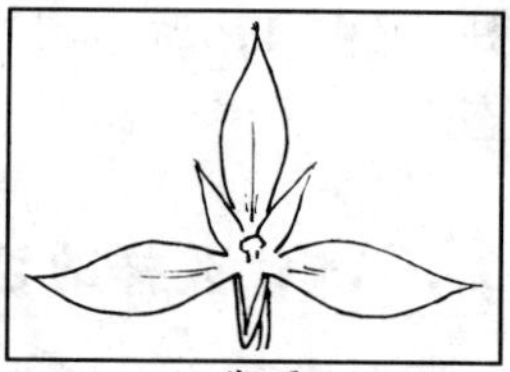
雀舌

129. “辣椒舌”常出现于哪类兰中？

“辣椒舌”即唇瓣的中裂片异样狭，基粗而逐渐收尖，下挂而微后倾，形似辣椒状而为名(此为笔者新增“舌型”)。

辣椒舌，常见于寒兰和与寒兰杂交的诸类地生兰中。其中以冬寒兰的红辣椒舌和建兰‘鲜红素’的辣椒舌，最为形象，正式登录号(031)的夏寒兰名品‘墨

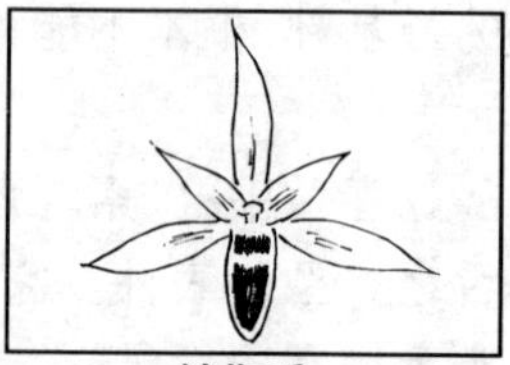
辣椒舌

神’堪为辣椒态舌的代表种之一。

130. “葫芦舌”常出现于哪类兰中？

唇瓣中之中裂片超长，在下挂延伸中，裂片缘有对称的2处收缩缺裂，片体又顺序增大，端缘大而圆，构成葫芦状。依形而为名(此为笔者新增“舌型”)。

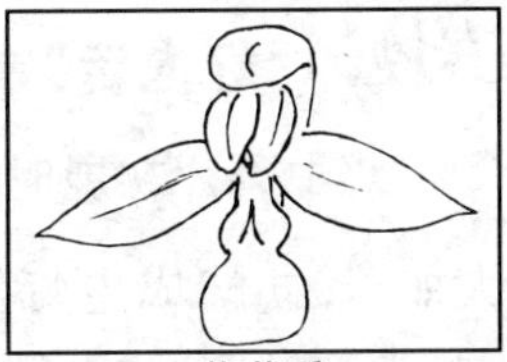

葫芦舌

据初步观察分析，此葫芦舌，出于莲瓣兰与春兰之杂交品种之中。四川刘世渡先生的《会理兰花》中的会理春兰，其舌态颇似葫芦舌。

131. “冬瓜舌”常见于哪类兰中？

唇瓣上之中裂片超长延伸，基圆而阔。顺延缩腰后又膨大，端角钝圆，端尖呈倒“V”字形缺裂，整个中裂片，形如冬瓜状而为名(此为笔者新增“舌型”)。

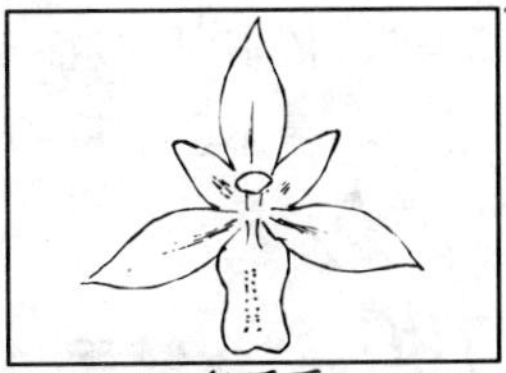

冬瓜舌

冬瓜舌常见于蕙兰、建兰之中。正式登录号(064)的滇产蕙兰‘银河霞’堪为该舌之代表种之一。

132. “心形舌”常见于何类兰中？

唇瓣上的中裂片先阔渐窄，其端钝尖，呈心脏形下挂，既不翘起，也不后卷。形象逼真，寓意深长(此为笔者新增“舌型”)。

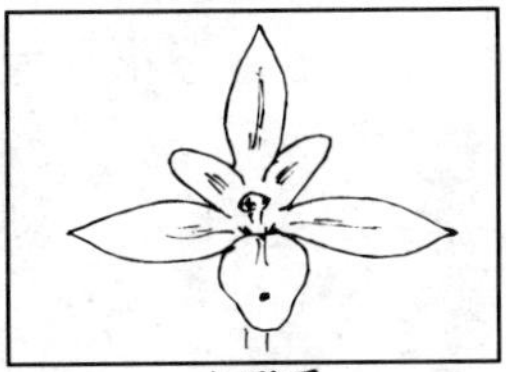

心形舌

心形舌几乎各类兰中都有出现。建兰中的‘仙女’是比较典型的代表种。阔叶寒兰也常有此态舌出现。

133. “梭标舌”常见于何类兰中？

此中裂片略前伸就呈横向膨大，起宽方角后，逐渐收尖。形成了一个矛(又称梭标)状的前裂片,其缘收缩有紧边样,其面下凹,虽下挂,但不后卷。墨兰中的'紫红舌奇花'便是此态舌之代表种。

梭标舌

134. "灯泡舌"常见于哪类兰中?

此中裂片初展时细而长,继则先端膨大如球,共构成电灯泡状。依其形似而为名(此为笔者新增"舌型")。下山建兰中常可遇见此种舌态。

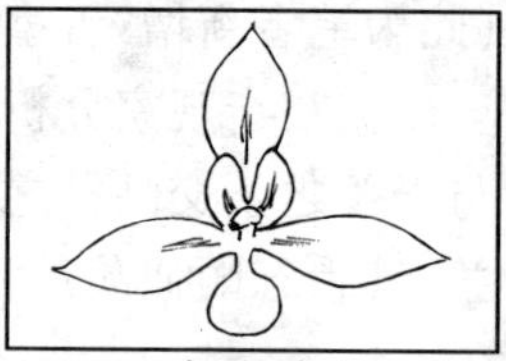
灯泡舌

135. "笔架舌"常见于哪类兰中?

此中裂片先端二深裂,形如倒立的古代笔架。依其形似而为名(此为笔者新增"舌型")。春蕙兰、建兰中的荷形花,时有出现此种舌态。

笔架舌

136. "齿缘舌"常见于哪类兰中?

此中裂片阔大而下挂,其双侧缘和端缘常有不规则的缺裂,形如锯齿状。依其形似而为名(此为笔者新增"舌型")。春蕙兰、莲瓣兰中的奇态花常为此态舌。

齿缘舌

(三)花姿鉴赏

137. 花姿指哪些内容?

兰艺中的花姿专指除瓣型花之外的婀娜花姿,如像形花姿、奇态花姿等。

在我国传统的国兰鉴赏观念中,以顶正(主萼端庄昂立)肩平(两侧萼平展),捧瓣抱心或合盖蕊柱,使其仅露出些许柱头者,或蕊柱昂立,唇瓣不后卷者,为正统的美兰花。将它列为上品。侧萼向上飞翘的称飞肩,被列为奇品,其余皆不入品。

138. “蕊尖”是指什么?春兰共有几种“蕊尖”态?

“蕊尖”是指花含苞待放时,花蕾伸出苞片,露出花蕾尖的形态。

①莲子形。上下部分的形状相似,形如莲子状。这种形态的蕊尖、萼片、花瓣质厚,其端缘镶有宽而厚的白缘,捧瓣起大兜,唇瓣圆大,多为梅瓣花。

②花生米形。蕊尖较小,中部大,形长。如果其紧贴花蕾的苞片细糯,多开梅形水仙瓣、大铺舌花;如蕊尖有大的白缘兜,多开梅瓣花。

③机梭形。花蕾的两端尖圆,形如织布机梭状。瓣缘有紧边,苞片和筋粗而硬者,多开硬捧花,常为小如意舌水仙瓣花或梅瓣花。

④橄榄形。花蕾形如机梭,但中部特别阔大。如是苞片筋细糯者,常开小如意舌水仙瓣花。

⑤瓜锤形。即花蕾顶部平,其下部明显缩小。如是苞片稍硬者,多开分头合背梅瓣花;如是筋络细糯,花蕾基部大者,其花瓣和舌都会阔大的。

⑥灯笼形。花蕾较长而呈圆形。其苞片筋络细糯而条条筋透达

片瓣尖者，多开梅瓣花或水仙瓣花。

⑦净瓶口形。花蕾形较长，三萼片紧边，形态似略张之瓶口状。此形花蕾如是苞片筋络细糯、色彩艳丽者，多开水仙瓣花。

⑧石榴口形。花蕾圆球形，三萼尖微向外翻，形如石榴蒂口状。如是苞片筋络粗而直，筋色鲜艳者，常开彩心水仙瓣花。

⑨龙眼形。龙眼即桂圆。此型花蕾浑圆、结实，形如龙眼形。如萼缘无镶白，苞片彩色不艳者，多开短圆瓣花，或开中下档次的荷瓣花。

了解蕊尖之形与苞片的质和彩，有助于看花蕾选花种。

139. 蕙兰蕊尖的“五门八式”，各是什么形态？

(1)巧种门

①蜈蚣钳式。花蕾上的两侧萼片合拢成钳形。花蕾微绽时，可看到萼片质厚而有紧边，花瓣合背硬捧，此常开小如意舌梅瓣花。

②太平切式。萼片没有紧边，但萼质厚实。常开大舌、分窠捧心花。

③小平切式。萼片稍长，萼片没有紧边，但萼端钝圆。也是常开大舌分窠捧花。

(2)皱角门

④瓜子口式。萼片边宽而有皱纹。常开水仙瓣花，个别可开一般品级之梅瓣花。

⑤石榴头式。萼片边宽而有粗皱纹。常开飞捧、方缺舌梅瓣花。

(3)官种门

⑥官种式。捧兜浅而厚。

⑦滑口式。微有浅而薄的捧兜。

⑧杏仁式。宽边萼片，蒲扇捧，舌小。常开水仙瓣花。

(4)瘫放门

俗称油灰块。花蕾含苞待放时，先见捧瓣，且有整体粗合僵硬状。即使能开梅瓣花或水仙瓣花，也是该瓣型花中的劣品。

(5)行花门

凡花蕾端尖、尖锐、形体狭长者,花蕾绽开后萼片、花瓣多呈尖长而狭的鸡爪状。隶属粗花。

此外,蕙兰的蕊尖,还有其它一些形式,但多开行花,不再赘述。

140. 兰花也有"武瓣花"之称吗?

兰花尚没有见到明确的"武瓣花"之称。因为它没有像"梅瓣花""荷瓣花""水仙瓣花"等那样明确的定义。只是在蕊尖的形态上,有粗略的提及。现摘录其有关描述如下,以供参考。

在对春兰的蕊尖形态中"石榴口形"的描述中有:"花蕾圆短,三瓣瓣尖微向外翻。箨筋粗而挺直,筋色鲜艳者,必开武瓣水仙。"

在蕙兰蕊尖形态的"五门八式"中对皱角门的"瓜子口"的描述有:"宽边文皱,……";对"石榴头"的描述中有:"宽边武皱,……"(前者指细皱,后者指粗皱)。

141. 兰花的哪个地方称为"凤眼"?

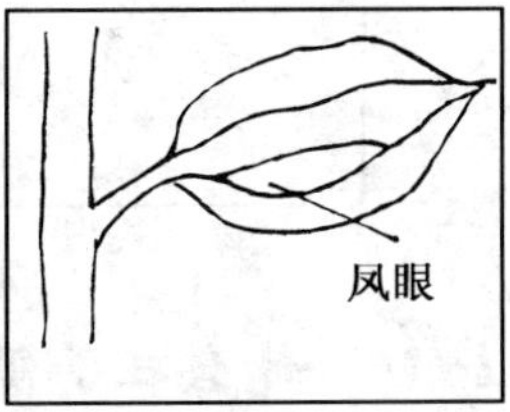

兰花花蕾在含苞待放时,唇瓣一侧是朝天的,其中萼片与两侧萼片的端尖是相互搭盖的。当花蕾发育膨大时,主侧萼被发育了的捧瓣与唇瓣挤压隆起,主侧萼间上露唇瓣与捧瓣的一部分,下露舌根。使这个膨胀的花蕾基部,酷似鸡眼状,而被称为"凤眼"。

如果凤眼大,上搭深,其花瓣必定阔大而有起兜,侧萼也不会下垂,多为好花或奇花。

142. 何谓花蕾的"上搭与下搭"?

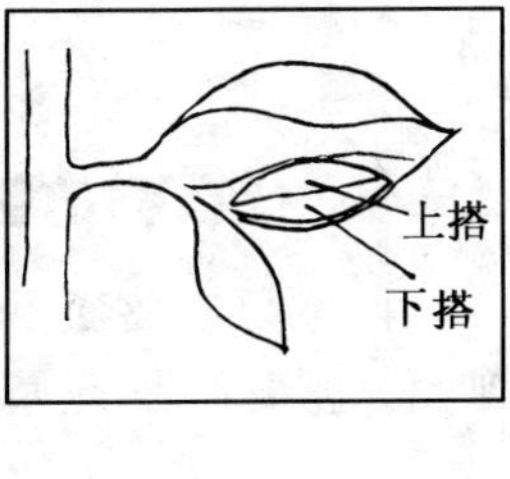

兰花蕾露出"凤眼"时,可看见花瓣(捧心瓣)在唇瓣双侧顶部相互搭盖的侧面。花瓣的端部,称为"上搭",其基部,称为"下搭"。

143. 何谓“中窠(kē)”?

兰花的“中窠”,是指捧瓣与合蕊柱的整体造型关系。它们的结合,以相互紧靠为佳;与三萼片基部的结合,也要求紧凑为好;如过分张离分散和零乱,其花姿就显得不协调。

144. 何谓“鸡嘴”?

兰花花蕾在未开放前,蕾尖合拢紧贴,随着发育,逐渐就有微分、稍张状。这些姿态,被称为“鸡嘴”。

145. 什么样的侧萼姿态称为“飞肩”?

两侧萼上斜伸展,使肩萼下方大于 180°,上方夹角小于 180°。要有明显的上翘状态,才能称“飞肩”。这种花姿态优美,似大鹏凌空飞翔。按传统的看法,飞肩花是奇品。

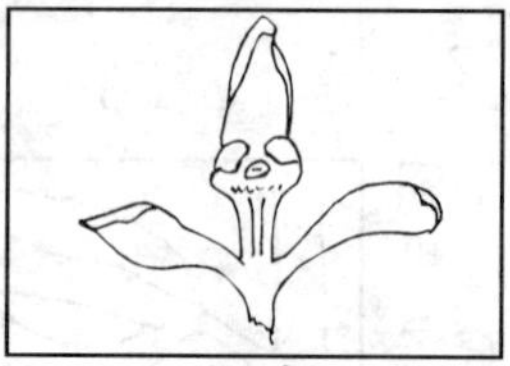

飞肩

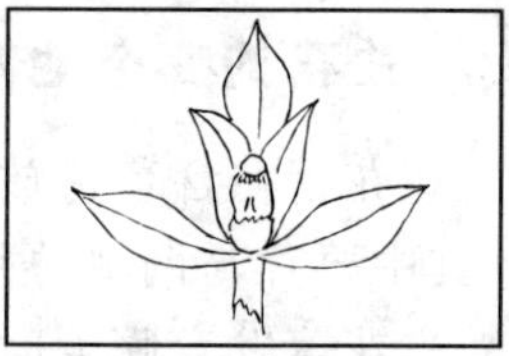

飞肩

146. 什么样的侧萼态叫做“平肩”?

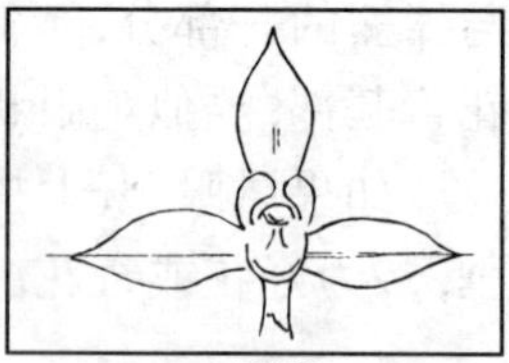

平肩

两侧萼片向相反的方向水平伸展,构成夹角约 180°的直线姿态,称为“水平肩”,简称为“平肩”或“一字肩”。传统认为,平肩属佳品。

147. 什么样的侧萼态可称为“燕尾肩”?

两侧萼在唇瓣下方交叉成 X 状,名为“燕尾肩”。这种花姿造型独特,也属罕见,应属佳品。

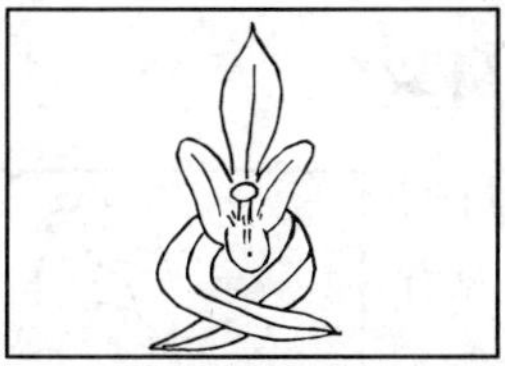
燕尾肩

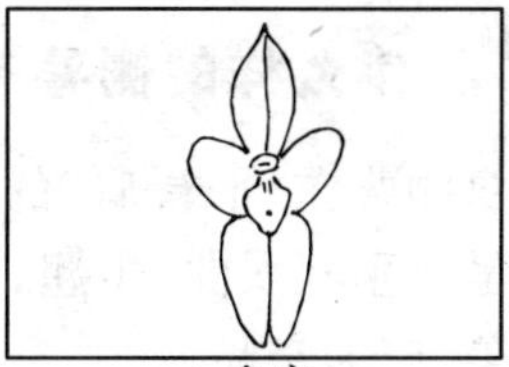
合肩

148. 什么样的侧萼态称为“合肩”？

两侧萼片的内侧缘紧靠、粘合成一体，或重叠成一体的为“合肩”。此肩态，不仅造型独特，而且寓意深长，堪为高雅之吉祥物。应属奇品之列。

149. 什么样的侧萼态称为“落肩”？

花朵的两枚侧萼片(肩萼、副瓣)之主脉所构成的下方夹角小于180°，显现微下垂直状至双侧萼接近合并成一体者，统称为“落肩”。一般双侧萼的下方夹角小于180°～160°的称“微落肩”；160°～120°为“小落肩”；小于120°的为大落肩，属次品。

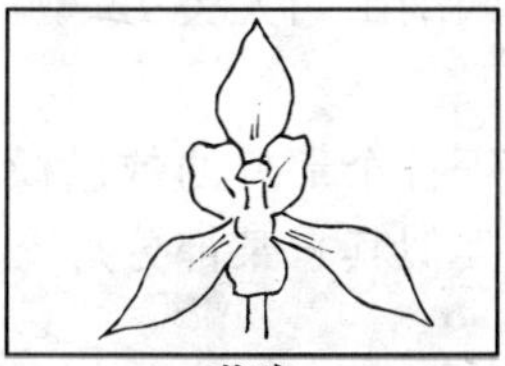
落肩

微落肩

150. 什么样的侧萼态可称为“平行肩”？

花朵的两枚侧萼片大下垂，如人直立之双腿状，称为“平行肩”。此花姿虽属大落肩范畴，但落得有序有格，确也不多见，应为佳品。

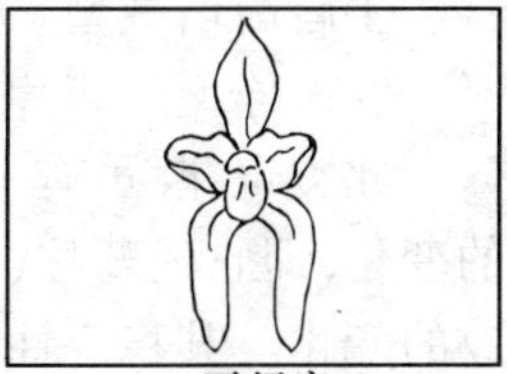
平行肩

151. 什么样的侧萼态称为"垂翘肩"?

双侧萼在"平行肩"的基础之上,各自向外侧呈弧垂状反曲、飞翘。姿态别致,洋溢着艺术美,应为奇品。

垂翘肩

152. 什么样的侧萼态称为"马步肩"?

兰花花朵的两枚侧萼片呈近似90°弯垂,构成马步(或曰弓步)状态。习惯称其为"马步肩"或"弓步肩"。

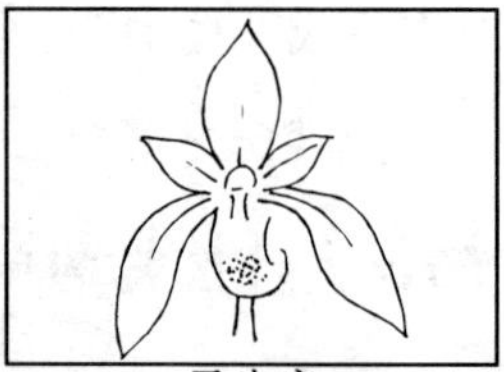
马步肩

153. 何谓"奇花"? 兰花的奇花可分为哪几类?

凡花朵中的某个部分,或几个部分,或全部数目、形态离宗别谱而生的花朵,都属于"奇花"。

兰花花朵的变异千姿万态。大致可归纳出四大类13型:

(1)初级类

①拟态型。花朵的花萼、唇瓣、花瓣等各个部分的数量没有什么变化,仅是着生姿态有显著的变化,常呈类似其它某部分形态状。此类奇花,难有朵朵如一,也不甚稳定。

②萼片增减型。仅是萼片数量增多或减少。

③花瓣增减型。仅是花瓣数量增多或减少。

④唇瓣增减型。仅是唇瓣(舌)的数量增多或退化。

⑤多样型。萼片、花瓣、唇瓣,两项或三项同时增多或减少。

此类奇花,虽有一定的变化,但仅是外部的变化,尚未有实质性的变化,即它的蕊柱(花芯)尚无明显的变化。多数没有朵朵相应一致的变化。其稳定性尚差。

(2)中级类

除具有初级类型的变异外,又有花药的裂变。具有花蕊的早期变异特征，其稳定性相对较高。

(3)高级类

①萼捧唇瓣化型。即蝶花。

②唇瓣花瓣化型。即唇瓣(舌)演变成与花瓣(捧)的形、色一样的花朵。

③蕊柱花瓣化型。即蕊柱裂变成许多与花瓣同色的小花瓣，或蕊柱裂变成花椰菜样。

④复变型。又称多变型。蕊柱与花瓣、唇瓣、萼片之中具两项以上奇变的多变奇花。

此类奇花，多朵朵如一或相近似，性能稳定。

(4)超级类

①丛头花型。此型奇花的合蕊柱高度裂变，连同蕊柱基部、甚至连同子房一同分生，演变成多朵聚簇丛生型。

②重台花型。此型奇花的合蕊柱拔节裂变，形成花上花。有二重台和三重台之分。

③分茎花型。分茎花，又称为分莛花，即花莛分生，如竹、树杈状，成为伞状花序的奇花。

此类奇花观赏面立体化，稳定性高。

154. 具备何种特征的兰花，可称为“鹤瓣花”？

凡侧萼细狭而略垂，似鸟展翅状；主萼昂立，端前折如鹤之长嘴；花瓣在合蕊柱前交叉，状如剪刀，名曰“剪刀捧”或“燕子捧”的兰花称为“鹤瓣花”。

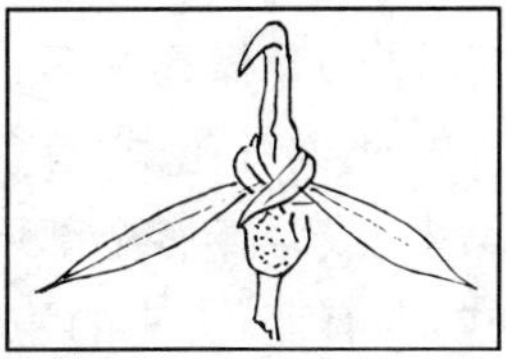

鹤瓣

鹤瓣花在传统花姿中并无专列一类，多与鸡爪瓣相提并论。为避免误指，特增辟之。

155. 何谓“多瓣奇花”？

天然的兰花本来只有外轮的3枚萼片、内轮的2枚花瓣(捧)和

1枚唇瓣(舌)及其中心的合蕊柱。当花朵上的某个部分或几个部分,或全部的数量增多时,就称为“多瓣奇花”。

多瓣奇花早已有之。1919年清芬室主人编写,永福村农校订,上海四马路国华书局出版发行的《艺兰秘诀》中的品格一章曾记述奇品数种,八瓣双舌者,谓之《重舌水仙》。1923年出版的,吴恩元编写的《兰蕙小史》也记述了春兰奇种‘绿云’。随后多瓣奇花引起了兰界的重视,筛选了不少名品,如菊瓣、牡丹瓣等。

156. 多瓣奇花可分为哪几个类型?

通常的多瓣奇花(不包括重台奇花和丛态奇花)大致可分为五类:

(1)药帽裂变奇花

药帽裂变常引起其它部分的变化:常见的有萼片、花瓣的形状、姿态的变化,或唇瓣变小,或某个部分的数量增多。

(2)捧蕊一体化

捧瓣硬变成珠捧、拳捧时常会有花瓣或萼片的形态变化或数量增多。也增强了稳定性。

(3)捧瓣雄性化

即花瓣唇瓣化引起萼片数量增多,唇瓣也同时增多。

(4)蕊柱唇瓣化

蕊柱裂变、分化成小唇瓣,常出现花上花的奇观。

(5)萼捧唇增多

此类奇花,常有单一性的部分增多(多萼或多捧,或多舌)或萼捧增多,或萼捧唇全部增多,惟独蕊柱没增多。此类奇花,由于花心(蕊柱)没有变化,它的稳定较差。往往不是同一花莛上的其它花朵并没有相应的增多,就是下次开花,不会再开多瓣奇花。

157. 何谓“丛态奇花”?

“丛态奇花”是指合蕊柱高度裂变分生,在各个蕊柱基部着生唇瓣化花瓣，形成多朵并联或并蒂花。还有一种是蕊柱裂变的因子格外活跃，不仅蕊柱基部已完全裂变呈分生状态，甚至导致蕊柱基部以下的子房也裂变分生，而形成了多朵蝶花，群聚于莛顶或群集于各个花柄基部的丛态奇花。‘飘逸’（登录号 010），就是丛态奇花之代表。

158. 何谓“重台奇花”？

合蕊柱高度变异呈节状增生依次拔高，每节基着生萼片和花瓣或多个花蕾，形成了花上花再上还有花和花上多花再上又多花的奇观。这二重三重台奇花，被称为“重台奇花”。此类重台奇花，通常有三种情态：

①台单花。每节基部仅着生萼捧的相对较简单的花上花。

②台多花。每节基部分生若干个子房、子房上开花。

③台多蝶。萼捧有不同程度的唇瓣化，蕊柱拔节，在节基着生3～4个蝶花蕾。待其开放后，蕊柱再次拔节，再开若干朵蝶花。

159. 什么叫做“蝶化”和“蝴蝶瓣花”？

兰花的萼片、花瓣发生奇变，幅度变宽，边缘有不规则的缺裂，形状如唇瓣样略有皱卷，其上多缀有异色点斑块的奇变现象，被称为“唇瓣化”，俗称“蝶化”。

凡萼片、花瓣的部分或全部唇瓣化的花，称为“蝴蝶瓣花”，简称为“蝶瓣花”或“蝶瓣”。

160. “蝴蝶瓣花”可分为哪几个类型？

蝶瓣花依其唇瓣化的部位可分为三类：

(1)萼片蝶

此类蝶瓣，一般多是肩萼(副瓣)的下半片些许、近半或过半唇瓣化。但近几年已发现了中萼(主瓣)全部唇瓣化，如登录号 063 的‘苍山奇蝶’。也曾发现，侧萼半唇瓣化与中萼同时唇瓣化的和三萼片全部唇瓣化的外蝶化。

此萼片唇瓣化的蝶瓣花，传统上称为“外蝴蝶”。

(2)花瓣(捧)蝶

此类唇瓣化，通常是靠唇瓣一侧的些许、近半或过半唇瓣化和整个花瓣唇瓣化两种。近几年，发现了靠中萼一侧的些许、近半或过半唇瓣化，如登录号 039 的‘碧龙奇蝶’。

此类捧瓣唇瓣化的花朵，总称为“内蝴蝶”，仅捧瓣之捧缘唇瓣化的，称为“捧缘蝶”；整个捧瓣唇瓣化的，称为“蕊蝶”“三舌”“三星蝶”。

(3)全蝶

全蝶又称“内外蝶”“萼捧蝶”。可有如下几种性状：

①全半蝶。侧萼片、捧瓣的下半部分唇瓣化。

②半全蝶。侧萼片下缘和整个捧瓣唇瓣化。

③大全蝶。三萼片、两花瓣全部唇瓣化。

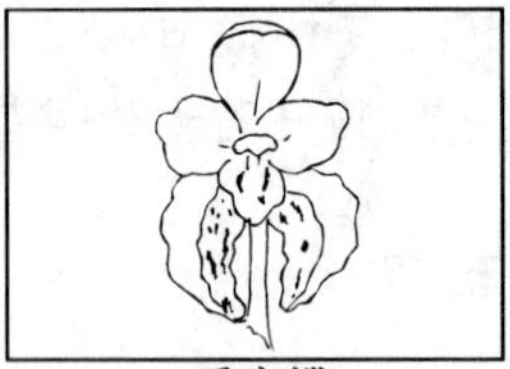

垂肩蝶

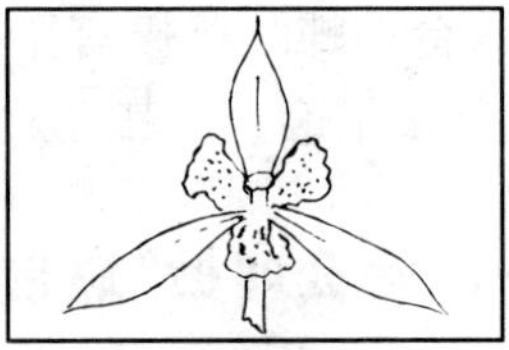

捧蝶

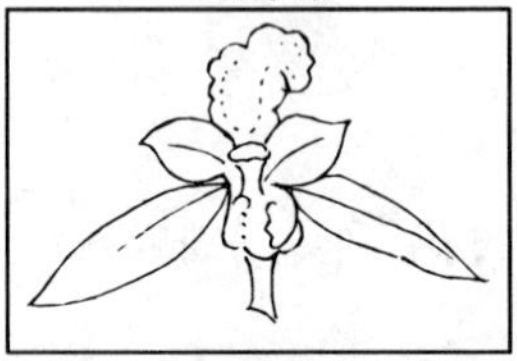

主萼蝶

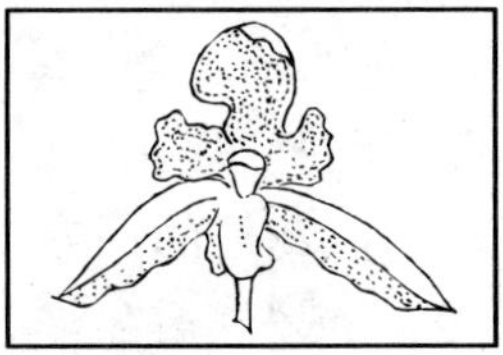

全蝶

161. 奇蝶花有何观赏价值?

奇蝶花的观赏价值，主要有两个方面：

(1)增加了观赏面

兰花是单子叶植物中最进化，也是最高级的花。可是从观赏角度来看，常有人嫌兰花花朵的结构过分简单，有单调感。由于萼捧唇瓣化，或某个部分、或几个部分、或全部的数量增多、增大了，观赏的层面自然增加了，内容也更丰富了。能寄寓社会的繁荣昌盛，生活的丰富多彩，启迪人热爱大自然，热爱生活的情感。

(2)丰富了花的内涵

兰花本来就是世间所独有的人格化花。它似乎蕴藏着某些人类的灵感和智慧，而有灵活的多变性，能给人一定的启迪。主要表现在下面四个方面：

①适应性奇花。一些细瓣品种观赏面小、色彩不艳丽，较难招引昆虫来义务传粉。产生唇瓣化或增加花瓣、萼片数量，可以增加显眼度和香气量，以招引蜂、蝶。这就在启迪人，要适应社会的变化而求得生存和发展。必须改变思维方式，更新活法，变革劳动方法。

②进化性奇花。花朵上的一个或几个部分形态的多样性和数量的增多从观赏角度上看，是进化了。这也似乎在告诉您，“发展才是硬道理”。人家发展、进化了，你止步不前，就意味着落后和倒退。这也就在启迪我们绝不能墨守陈规、固步自封，而应解放思想、打破陈规戒律，立足于闯，在闯中求生存、求发展。

③拟态性奇花。那些千奇百怪的花朵，花姿有的像辛勤的蜜蜂，如纷飞的蝴蝶；有的像慈祥的菩萨，如乘风破浪的渔翁；有的像舞池中的倩女，如门前的迎宾小姐；有的像伟大的手，如搏击长空之神雕；有的像梁祝的情侣，孪生的兄弟，有的像遨游星空的人造卫星，似相继腾飞的松鹤……难怪兰花会如此令人着迷！

162. 品评蝴蝶瓣花品位的艺术标准是什么？

品评蝴蝶瓣花品位的艺术标准是对称、统一、协调、靓丽、内涵等五个。

传统认为，只有对称才能有协调。只有对称和协调，才能保证统一。在对称、协调和统一的基础上，再加上色彩艳丽和花姿有内涵的蝶瓣花，品位自然就高。

那么，这五个标准，各针对哪些具体对象呢？

(1)对称

①唇瓣化的幅度要对称(幅度越大越好)。

②唇瓣化部分之外缘必须有不规则的细缺裂。而这种缺裂也要对称。

③唇瓣化部分的红彩点要对称。

④唇瓣化部分的红彩点要近似舌瓣上之红彩点的一半。

⑤唇瓣化的飞卷部分要求能对称。还要求飞卷要适度。过分卷曲,减少了观赏面;没有飞卷的,能对称张开也不错。

(2)协调

有上述五个方面对称的同时,便包含着自然的协调。

(3)统一

一莛双花至多花的,要求每朵花的性状、形态基本一致,看不出有明显的不同。这才能表明可变因子是稳定的。

(4)靓丽

唇瓣化部分与未唇瓣化部分的边界分明、色彩对比要鲜明,着色要有规律、不杂乱。

(5)内涵

蝶花内涵的具体体现在中萼片。要求中萼片前倾于合蕊柱之上,近似平伸、呈盖帽状态。包含有护卫花的核心——合蕊柱;侧萼也要有略前扣状,不后翻。

能基本达到这五个标准的蝶花品种品位就高,离标准愈多的,其品位就愈低。

163. 何谓"狗舌蕊蝶"?

如唇瓣化的二片花瓣圆大(蕊蝶),原来舌瓣显得狭长,犹如狗之长舌,则称为"狗舌蕊蝶"。这类蕊蝶的三萼片,多数也是狭长的。因此,其品位不高。

164. "绿三蕊"与"红三蕊"如何区别?

兰花的捧瓣在全部唇瓣化的变异过程中残留在变化的捧瓣(蕊蝶)上的少许绿色色彩与白底、红点斑块三种颜色并存,增加了色彩美。这种具有三种颜色(其中有绿色的)的蕊蝶,称为"绿三蕊";那些没有残留绿色的蕊蝶,仅有红、白二色的,称为"红三蕊"。

165. "猫耳蝶"与"猫耳捧"有何区别?

仅捧瓣的前缘部分产生唇瓣化,但边缘无不规则的缺裂。此种仅捧缘部分唇瓣化引起呈放射状向后翻的小蝶化捧,称为"猫耳蝶"。而猫耳捧,仅是瓣先端部分挺翻,状似猫耳般。它们同样有捧瓣后翻的瓣态,所不同的是前者有部分唇瓣化,后者没有。

166. 何谓"草蝴蝶"?

凡鸡爪瓣、竹叶瓣花中的三萼片和捧瓣都细狭而长尖。此类细瓣花的唇瓣化程度多不高,且其中萼片常呈挺直或后仰姿态。此类蝶花,一般不列入名品中,被称为"草蝴蝶",简称为"草蝴"。

167. 什么叫做"晕蝴"?

唇瓣化部分之上缀有红色点、斑、块的蝶花,称为晕蝴蝶。简称为"晕蝴"。

168. 什么叫做"素蝴"?

唇瓣化部分,没有缀上红色(包括其它色)点、斑、块的蝶花,称为蝴蝶素。简称"素蝴"。

169. 什么叫做"全蝴"?

唇瓣化部分涉及萼、捧体纵向占五分之二以上的,唇瓣化程度高,被誉为"全蝴"。此类蝶花,多为荷形蝶。被视为珍品。如春兰中的'彩蝴蝶''渊蝶''冠蝶''迎春蝶'等。

170. 什么叫做"半蝴"?

仅是在萼、捧下缘呈细狭的、断断续续的些许唇瓣化的唇瓣化花，兰界称其为“半蝴”。这是蝶花的初级品。

171. 何谓“菊瓣花”？

花瓣与萼片形色相似，数量增多，如菊花样呈辐射状平展；合蕊柱、唇瓣退化或残变成细而短的小花瓣，聚生于花芯部。其小瓣端上尚有细微的浅兜，其上有些微小的花粉。此类花隶属于无蕊柱的多瓣奇花。由于它的花形酷似菊花而名为“菊瓣花”。

菊瓣

菊瓣花依其花瓣之众寡和形态的不同，可分为3种。

①单轮菊。萼捧增加不多，呈单轮辐射状排列，花容不复杂，排列有序。

②重瓣菊。萼捧数量大量增多，如重瓣菊花状，十分壮观。

③束形菊。由于不具明显的花莛，是在盆面开花，受丛株的局限，致使众多的花瓣成束状，犹似倒立的佛手柑状，形态别致。

172. 何谓“牡丹瓣花”？

萼片大量增多，花瓣唇瓣化，合蕊柱也奇变成唇瓣样。这种无蕊柱的捧蕊唇瓣化多萼奇花，被称为“牡丹瓣花”。

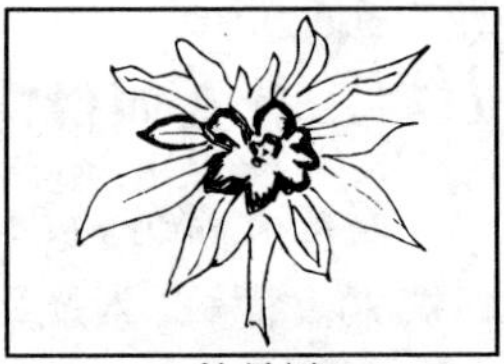

牡丹瓣

173. 何谓“少瓣奇花”？

在兰花花朵的3枚萼片、2枚花瓣、1枚唇瓣和1个合蕊柱中，有一个部分或几个部分的数量减少，就是少瓣奇花。常见的有少萼、少捧、缺舌、缺蕊和几个部分同时减少的5类少瓣奇花。

174. 何谓“巧种”和“官种”？

“巧种”是指花瓣(捧)尖部有白色的厚肉质之大兜状。花瓣尖没有镶白色头，或仅微有浅薄兜者为“官种”。

175. 在兰科兰属观赏植物中，何谓大花和小花呢？

众所周知，大与小是相对而言的，很难准确地划定具体的标准来。一般认为地生兰的花径多在4～6cm，而附生兰(洋兰)的花径多在7cm以上。所以就有花小形奇、色秀、味芳、韵雅的地生兰和花大色艳的洋兰之称。

其实，上述的地生兰花小，洋兰花大，也不是绝对的。如地生兰中的大花类兰，大花花径也可达10cm以上；大花寒兰的花径可达16cm以上，甚至有达20cm的。而洋兰中的大花卡特兰花径可达20cm以上；但小花卡特兰的花径，却仅是1～2cm。

一般认为：地生兰花径在6cm以上的为大花，4cm以下的为小花；附生兰花径在8cm以上者为大花，7cm以下者为小花。

176. 什么样性状的奇花较稳定？

一般认为，一莛花每朵的奇变性状一致，或相近的奇花，就算是稳定的奇花。而事实上，并不全是如此。那些初级、中级类的奇花，常有当年为每莛开一致或相近似的奇花，翌年或者第3年就会有不同程度的走样，甚至返祖成行花。只有一莛上每朵花的合蕊柱均高度裂变分生、拔节的各型奇花和萼捧唇瓣化之蝶花，其奇变的性状最为稳定，仅捧瓣唇瓣化的蝶花，其稳定性能也很好。

177. 有些传统名兰的花型也不够稳定？为什么？

被誉为春兰“四大天王”之首的‘宋梅’，有时开出的花，也不够梅瓣标准，仅是梅形水仙瓣，有时也开出荷形水仙瓣。被列入春兰梅瓣行列优良品的‘西神梅’所开出的花，常不及梅瓣标准，而多为梅形水仙瓣花，经常有变异现象出现。

被列为蕙兰老八种的‘泮绿’之捧态，多为中等品位的“分头合背”；有时也能开出上等品位的“五瓣分窠”。被列为蕙兰新八种的‘老极品’‘荣梅’之捧态，常为上等品位的“五瓣分窠”，有时也开出“分头合背”的中等品位捧态。

那么传统名兰的花型,为何也会有不够稳定的现象呢?

这是因为兰花的栽培品种是从野生种中选育出来的。其本质上就存在着品种退化和杂交变异的两面性。它们的性状遗传是相对的,而变异却是绝对的。变异又可分为:遗传物质发生变异的可遗传之变异和环境条件的影响而引起的,只影响当代性状的不遗传变异。如是因品种不纯引起的后代性状分离,属于可遗传的变异。不遗传的暂时性变异,多由于生态环境条件的变化所致。如因光照、气温等自然条件的变化和水肥、植保诸方面管理不当而导致植株长势衰弱,株体养分欠缺,使其花形变小或变形。

(四)花色鉴赏

178. 花艺中的花色指哪些内容?

花艺中的"花色",一指除最常见的绿、乳黄、乳白色素心花外的秀丽素心花;二指色彩秀雅或艳丽的彩心花;三指五彩斑斓的复色花。

179. 兰花的花色是如何分类的?

兰花的花色,大致可分为:

(1)素心花

素心花是指除药帽与花色难一致之外,全花只有一种基本色,偶泛有些微的粉异色,但全无异色点、条、斑的花。它们又可分为:

橙素、金黄素、白素、绿素、粉红素、鲜红素、黑素、蓝素(地生兰中尚无缘见到,附生兰中则有)等。

素心花中以晶莹洁白为上品;以嫩绿光洁为中品;以金黄为贵;以鲜红为珍;以黑色为稀。

(2)泛晕花

泛晕花,是指花本色之上,浮泛云雾状的色晕,并非点、条彩。有利于衬托本色。最常见是泛绿晕,次为泛红晕,再次为黄晕,蓝晕、紫晕、黑晕、灰晕少见。以黄晕为珍;红晕为贵;绿晕为上;蓝晕为下;紫黑晕为劣。

(3)彩心花

①段色花(如虎斑线艺状分节同色或异色)。

②间彩花(披异色筋纹,撒异色点斑块)。

③复色花或套色花(在一主色之上,浮泛或间泛多种异色)。

(4)嵌艺花

①爪艺花。

②边艺花或覆轮艺花。

③缟艺花。

④斑艺花。

⑤线艺花。

⑥晶艺花。

⑦画艺花。

嵌艺花,不仅艺形多样,艺色也是多样的。其艺色,不仅有如常见线艺兰样的、黄、白、绿色,还有深浅各异的红、赤、紫、黑等色(赤色即红与黄的配合色。像叶边被火灼烤伤而未焦黑的深黄色)。

180. 何谓素心兰?

凡萼片、花瓣、唇瓣及合蕊柱均色泽单一而纯净,全无异色筋纹、点、斑块的兰花,为标准的素心兰。也称“素花”或“全素”。

181. 传统因何崇尚素心兰?

不论哪一类兰花,原生于自然界时,开素心花的个体数量均十分稀少。物以稀为贵,所以养花者以培育出素心兰为自豪。素心花淡雅、宁静,给人以纯洁、高尚的感觉,因而文人墨客借其素雅高洁以表白怀才不遇之清高脱俗;王侯富商借其淡雅,表示自己是尊礼敬贤的仁人雅士。封建破落户和略识文采者,也借其素雅,以显示清高;平民百姓便用淡雅来表现自己的朴实忠厚。采兰养兰农和兰贩更是随声附和,盛赞素心兰之奇香,素心兰的高雅。再加上帝王的敕封、贡兰的延续、兰著的推崇。因是,素心兰为上,一直沿袭至今。

182. 现代人因何也酷爱素心兰呢?

素心建兰的栽培历史最悠久,蕴藏量也最大,种养者甚为普遍,几乎凡是养兰者,必养素心建兰,因而素心兰就成了素心建兰的代名词。现在不仅是福建、岭南的养兰专业户大批生产素心建兰,而且连主产春兰、蕙兰的江浙地区,主产春剑、莲瓣兰的西南地区,也有批量生产素心建兰的专业户,甚至连酷寒长达半年的东北和海外诸国,也有人培育素心建兰,这里面的原因除了是受传统观念的影响而效仿外,也因为素心兰(包括其它种类地生兰中的素心兰)的芳香程度确实比彩心兰好,株叶也较为秀雅,魅力确实不凡。也许还有一点就是,如今处于激烈竞争中的人们,在红红火火的拼搏之余,若能与素心兰小聚片刻,确可有效地缓解一下紧张,调整一下心态,从中得到慰藉,遂油生爱心!

183. 何谓"桃腮素"?

惟独唇瓣中的侧裂片(俗称腮帮)有浓淡不一的异色晕彩或点斑,其余各部,全无异色筋纹、点斑块的兰花,称为"桃腮素"。

184. 何谓"艳口素"?

惟独唇瓣上之中裂片中央有些许异色晕斑,其余各部分全无异色筋纹、点斑块的兰花,称为"艳口素"。

185. 何谓"艳口桃腮素"?

仅唇瓣上之侧裂片(腮帮)和中裂片中央处有异色晕斑,其余各个部分全无异色筋纹、点斑块的兰花。被称为“艳口桃腮素”。

186. 何谓“彩鞘素”“麻壳素”“赤壳素”？

全朵兰花的各个部分均色泽单一、纯净，全无异色筋纹、点斑块，仅花莛鞘(即苞片)上披挂有红色或紫红色筋纹的兰花，被称为“彩鞘素”或“麻壳素”或“赤壳素”。

187. 何谓“赤芽素”？

花莛、萼片、花瓣、唇瓣、蕊柱，均色泽单一而纯净，全无异色筋纹、点斑块，惟独牙鞘(俗称叶裤、甲)和花莛鞘(俗称苞片或苞叶)上，洒披有紫红等色筋纹、沙麻点的，被称为“赤芽素心兰”简称“赤芽素”。

188. 何谓“绿苔素”“白苔素”“黄苔素”“红苔素”“黑苔素”？

兰花的萼片、花瓣、蕊柱、唇瓣均纯净无瑕，惟独唇瓣的中裂片上浮泛有或绿、或白、或黄、或红、或粉红、或黑色晕的，分别称为“绿苔素”“白苔素”“黄苔素”“红苔素”“粉苔素”“黑苔素”。

189. 何谓“素唇花”或“素舌花”？

在彩心兰花中，惟独整个唇瓣(舌)没有异色点斑块点缀的被称为“素唇花”或“素舌花”。

舌色纯白的，称为白舌，美其名曰‘笑玉’或‘白玉’；舌色纯红的，称为红舌，美其名‘红玉’；舌色纯绿的，称为绿舌，美其名‘翠玉’；舌色纯黑的，称为黑舌，美其名‘墨神’；舌色纯黄的，称为黄舌，美其名‘黄玉’。

190. 何谓“半素舌”？

在彩心兰花中，惟独前半截唇瓣是纯净的单一色，无异色点斑块，而后半截（舌根）却有异色点斑块的舌，称为半素舌。

此类各色之半素舌，在兰艺上一般不入品，但可增进观赏价值，在品种描述时，当加以描述。也许将来大家会认为半素舌有一定的观赏价值，把它列入品评品种优劣的一个附带条件，那它就有一定的意义了！

191. 何谓“草素”？

春天开花的地生兰如春兰、春蕙等中，如开萼片和捧瓣尖狭如鸡爪似的鸡爪瓣素心花，则被鄙视为下品素心兰，而被称为草素。但因其是素心兰，还属于细花的行列。但在寒兰中，鸡爪瓣素心兰仍属上品兰，其株价几乎高于绝大部分的素心兰。

192. 何谓“竹瓣素”？

“竹瓣素”是竹叶瓣型的素心花。其萼片形似竹叶形，捧瓣较狭，瓣质也薄。这种瓣型在春花类兰花中的品位，比草素略高一筹。其代表品种有松鹤素、寅谷素、天童素等。

“竹瓣素”在建兰、墨兰、寒兰的夏、秋、冬花类兰花中的品位，属中级品。

193. 何谓“荷形素”？

“荷形素”花形酷似荷瓣形，但不及荷瓣花标准。由于它的花瓣丰丽素静，在素心兰中名列高品位之一。如春兰中的‘杨氏荷素’‘月佩素’谢氏荷素’‘云荷素’‘张荷素’‘龙素’‘魁荷素’‘翠荷素’‘文团素’‘文艳素’‘香草素’‘俞氏素’‘国庆素’等。建兰中的‘建荷素’、‘荷花素’等。

194. 何谓“梅形素”？

三萼片形似梅瓣之萼片，但不够标准（长宽比例失调，或萼端不够圆结，或萼缘没有明显的紧边），捧瓣起兜，基本符合梅形水仙瓣标准，名为“梅形水仙瓣素”，简称为“梅形素”。如‘蔡梅素’‘玉梅素’‘素西神’等，建兰的‘珠圆素’等。

195. 何谓“刺毛素”?

兰花花朵上仅唇瓣面上有隐约的淡红晕，其余各部分均纯净无瑕的，被称为刺毛素。

196. 何谓“苔”? 如何评价?

苔，即唇瓣上的绒状附着物。传统认为，以匀细色糯为上品；粗而色暗者为劣品。以绿色和白色为上品；微黄色为次品。以往传说中的红苔珍品，现在已有之。稀品黑苔也已出现过。

197. 何谓“缀点”? 什么样的缀点好?

“缀点”是指点缀在舌面的红点。传统认为，其颜色必须鲜艳，分布必须匀称，对比度要鲜明，方能称为上品。总而言之，要能唤起人的美感。

舌上仅有一圆点、块的，称为元宝舌；横排二圆点块的，称为双喜舌；正三角形排列圆点块的，称为品字舌；竖排对称两行红点的，称为珠链舌；舌端面红点构成马蹄形的，称为“V”字斑；舌面上有排列有序的五个圆点斑的，称为“五福临门”……这些恰到好处的点缀，能为素舌增辉，丰富韵味，升华花的品位。色花之舌，有了如上的点缀，能映衬得更加绚丽多彩。素花之舌有了画龙点睛般的点缀，能使素花格外秀雅别致，使其品位更上一层楼。

除此之外，舌面上的缀点，如是汇聚成某种图案或吉祥物的造型的，也甚为珍贵。至于那些杂乱无章、色彩晦暗的，自然不足取。

198. 复色兰花为何那样受青睐呢?

复色花禀天地之灵气，红、黄、白、绿、橙、兰、紫错落有致，融为一体，色彩对比鲜明，相映成趣，是经济繁荣、生活富裕的象征。尤其是那镶嵌覆轮的复色花，犹如晴空之彩霞，鲜艳夺目，预示了美好的明天即将到来。正符合喜欢热闹、繁华生活的当代人的情趣，因而赢得了各界人士的青睐。

199. 哪一类兰花的色彩最丰富？

自然花期在寒流到来之后的寒兰，常因产地的气候各异，花期超前或错后，得以有机会与春季或秋季开花的各类兰分别进行自然杂交。再者，当它所处的地区生态条件格外优越，特别是温度高时，便有了一年二度或三度开花的品种产生，这样与各类兰自然杂交的机遇便更多了，因而有了冬寒兰、春寒兰、夏寒兰、秋寒兰。由于终年有花开，自然杂交的机遇相当多。因此寒兰的花色就成了地生兰中最丰富的种类。

素心兰的花色，到目前为止，还是建兰最丰富。白素、红素、绿素、金素、乳黄素、粉红素、黑素等，应有尽有(不过黑素仅曾有所闻，尚无缘一睹)。

200. 迄今已出现哪些复色花佳品？

以下聊举的复色花佳品仅是笔者有缘见到，或仅在案头之资料中查到的部分。自然是挂一漏万，谨请诸君谅解之。

(1)春兰

‘翡翠梅’1:(17)、‘玉彩肩蝶’1:(38)、‘粉彩菊’1:(48)、‘多瓣矮荷’2.16:(16)、‘蜀宫蕊后’4:(15)、‘银鳞’4:(14)、‘天元珠光’4:(30)、‘千金笑’4:(77)、‘天女舞’5:(18)、‘三星蝶’6:(15)、‘玉女含香’7:(87)、‘龙珠’8:(13)、‘桃山锦’9:(137)、‘万寿’9:(138)、‘东源’9:(140)、‘光悦’9:(141)、‘南纪’9:(143)、‘越后狮子’9:(144)、‘天红香’9:(154)、‘鲸波’9:(159)、‘三舌蝶’8:(100)。

(2)春剑

‘雪岭霞’4:(77)、‘红嘴剑’2:(4)、‘梁祝’1:(89)、‘中华奇珍’1:(90)。

(3)蕙兰

‘绿彩蕙’1:(77)、‘银河霞’(登录号064)。

（4）莲瓣兰

‘点苍梅’3:（封二）、‘粉彩梅蝶’1:（121）、‘五彩肩蝶’1:（122）。

（5）建兰

‘翡翠鸟’10:（2—5）、‘五彩全奇’10:（6—41）、‘重台彩蝶’10:（4—3）、‘彩霞荷’10:（8—51）、‘五彩台蝶’10:（4—17）、‘竞艳’1:（182）、‘绮彩’1:（181）、‘嘉州秀梅’2:（35）、‘玉彩捧蝶’2:（34）、‘仙女’2:（1）、‘四季玉妃’7:（51）、‘牡丹点香’7:（88）、‘彩带玉女’7:（98）、‘玉如娇’11:（113）、‘宝玉爱’12:（168）、‘雄狮荷’12:（54）、‘荷瓣复色花’12:（54）、‘四季复色花’12:（52）、‘铁骨复色花’12:（52）、‘岭南第一梅’12:（44）、‘翡翠梅’12:（32）、‘荷晶奇蝶’12:（11）、‘蓬莱狮子’12:（10）、‘阿里山奇蝶’12:（8）、‘玉山奇蝶’12（封面）;‘荷瓣复色花’12（54）。

（6）寒兰

‘红线女’2:（42）、‘淑女姬’7:（71）、‘奇色花’11:（129）、‘花朝蝶’4:（89）、‘巴图蝶’4:（45）、‘母子花’8:（121）、‘桃映’9:（197）、‘桃大郎’9:（178）。

（7）墨兰

‘翡翠’1:（282）、‘玛瑙’1:（281）、‘五彩飞龙’2:（46）、‘玉松’7:（39）、‘翠环宝’7:（40）、‘钻石’13:（53）、‘松鹤图’11:（78）、‘圣玉’11:（81）、‘大胜奇花’（瑶池一品）14:（25）、‘大石门奇蝶’5:（33）、‘福禄寿’14（41）、‘石门奇花’8:（37）、‘馥翠’8:（25）、‘大屯麒麟’8:（22）、‘文山奇蝶’8:（27）、‘国香牡丹’8:（21）。

（注:花名之后的数字,为参考资料之顺序号。括号里的数字,为各书中的彩图序号或页码。）

附:本问参考资料:

1. 许东生 .2000. 中国兰花栽培与鉴赏 . 北京:金盾出版社

2. 许东生 .1999. 家养兰花 100 问 . 福州:福建科技出版社

3. 中国兰花杂志社 .2000. 中国兰花专辑(碧龙兰苑). 广州:中国兰花杂志社

4. 何清正,陈心启 .1990. 中国兰花(1). 成都:四川美术出版社

5. 何清正,陈心启 .1990. 中国兰花(2). 成都:四川美术出版社
6. 吴开元 .1992. 中国兰花精品 . 成都:成都科技大学出版社
7. 张丰荣 .1991. 国兰新品精华 . 台湾冠伦出版社
8. 卜金震 .1983. 国兰花艺专辑 . 台湾中国兰杂志社
9. 集体编辑 .1977. 新养兰学 . 台湾雷鼓出版社
10. 许东生 .2000. 中国建兰名品赏培 . 北京:中国林业出版社
11. 张丰荣 .1991. 国兰铭品特集 . 台湾冠伦出版社
12. 谢鸿猛 .1999. 四季兰铭品集(3). 台湾四季兰协
13. 李宗侯 .1988. 名花集锦 . 台湾宝桥出版社
14. 王怀银 .1988. 国兰技艺 . 台湾国兰天地杂志社

201. 什么样性状的花花色相对较稳定？

素心兰，如包括子房(花柄)、药帽在内的各个部分色彩都一致，没有披挂、浮泛异色淡晕筋的花朵，色彩较稳定。一般情况下，药帽多为黄色或淡绿色或白色，很少与花色相一致，就是有相一致时，其色彩也较淡得多。其花柄色与花色相一致的，则更少。像建兰赤金素的色泽几乎完全一致。可以说是难得的最稳定的金黄色素心种。

至于花器的某个部分或全部之端缘或基部有镶嵌或浮泛异色晕彩的，其花色多难稳定。

彩心兰，合蕊柱向下一侧之色彩如能与花色相近似，它的花色就相对较稳定。唇瓣上的镶斑，凡是洒斑杂乱的，多不稳定；凡是错落有致而又呈块状的，多较为稳定。还有就是萼、捧、唇有镶边的，其花色也相对较稳定。

202. 何谓“沙晕”？

在兰花苞片上筋络间散布有细如粉尘样之微小点状彩，被称为沙；如点极细微而密集成浓烟重雾状者，被称为晕。

苞片上沙晕并具者，多开梅瓣花或水仙瓣花。如苞片上的沙点格外密集，花蕾逐渐抽长蕾尖部又呈现浓绿色者，多是开梅形水仙瓣花；如苞片色绿或白，沙晕又柔和者，多开素心花。如苞片筋络细糯，且筋络透达片顶，其间又沙晕密布者，常能开出好的瓣型花。

203. 何谓“麻”？

麻，即苞片上与筋并列之短而小的筋络。麻之粗细、长短不匀，排列紧密，被称为麻络。如相互之间空阔稀疏，又布满异色沙晕的，多会开奇瓣花。如是青麻、白麻，也有可能开素心花。

204. 何谓“筋”？

筋，即苞片上细而长之筋络。

筋有长、短、粗、细，也有平伏与凸出之别；分布又有疏密之分；颜色也有深浅、鲜晦之别。

筋以细长、透端、软润，疏而不密，又有光泽者为佳，较常出瓣型花。如是筋络粗而透达苞片顶端者，花瓣必阔，易开荷瓣花；如是绿底浮绿筋络，或白底浮绿筋络，其筋络又达顶，苞片有半透明感者，可能开出素花。

梅瓣、水仙瓣花的苞片筋络较细糯，筋间布满雾状晕点。

205. 何谓细花和行花？

传统的赏兰观念认为：凡符合梅瓣、荷瓣、水仙瓣、奇花、蝶花（唇瓣化花）的标准的兰花和全素心花，被称细花，即高品位之花。凡三萼片、二花瓣的形态呈尖而狭的鸡爪形或竹叶形的花朵，都称为行花或俗称粗花，即平凡之低品位花。

从现代的赏兰观念看，细花固然品位高，但细花之中的正格瓣型花，有时也会有色泽晦暗等不足之处；奇蝶花，有的也会奇得怪异令人反感，或色彩不协调等不足，不一定都是高品位的细花。素心兰的瓣形大多欠佳，色彩也单一。因此，凡素心兰都是细花，实是一俊遮百丑的观念。应该把瓣形较阔或较椭圆的，或有画龙点睛般的艳色点缀的素心兰，称为细花，较恰当。至于鸡爪瓣、竹叶瓣形的花朵，都列为低品位的粗花，也不够客观。像竹叶瓣花中，也有不少色彩秀丽的复色花；鸡爪瓣花的寒兰中常出平肩花、特大唇瓣花、花径达16cm以上的超大花等，色彩也最为丰富，不应统称为行花。应该说，普通的鸡爪瓣、竹叶瓣花是行花。

笔者认为，不论哪类兰花，也不论哪类瓣型的兰花，都有其细花和行花之分。衡量细花与行花的标准，应就形、香、色、韵四个字客观而全面地衡量，不能偏废，不能主观片面。其形，应包括瓣型和象形；香，自然是具有清香；色，对比鲜明，忌晦暗；韵，要有内涵，富有寓意。

206. 如何品评“花莛”？

“花莛”，也称花箭、花梗。传统认为：花莛的形状以细圆为好；姿态以挺直为好；高度以出架（高出叶丛面）为好；莛色与花色相称为好。惟独墨兰以紫杆青花、建兰以赤杆素花、寒兰以紫杆素心，为奇珍品。但这些也不是绝对的，而是相对而论的。应该具体情况具体分析：

比如，春兰的花莛，本来就是矮的，但太矮便不利于观赏，有碍风姿。所以要求直径在2mm，高度要有10cm以上为优；蕙兰要求直径要有3mm，高度起码要20cm以上，才能称为优品。

普通蕙兰要求花大梗细（俗称灯草梗）为贵，若小花粗梗（俗称木梗）则为下品；但赤蕙却要求花梗粗而直为好。

春兰以青梗青花为上品；蕙兰中的大一品则要求梗色白绿如玉为好。

《广群芳谱》上说："墨兰的梗色，以紫梗青花为上，青梗青花为次，紫梗紫花又次之，余不入品"。

至于花莛的颜色，应该和花的颜色一样。还是以白底为佳。因为白色的花莛上不管浮泛何种色彩的花朵都能衬托得清晰而自然。以白、红、绿为主花色的，其梗色最好也相应为白、红、绿，比较协调、秀艳。其余的彩心兰，最好是莛色与花色不同，才能起到交相辉映的作用。

（五）兰叶鉴赏

207. 如何鉴赏兰叶？

明代诗人曾盛赞兰花之秀叶"泣露光偏乱，含风影自斜，俗人那解此，看叶胜看花"。其意是，看花一时，看叶经年，花时看花，无花看叶，也胜看花，并非花不如叶之意。

赏兰叶，包括叶型（形）、叶姿、叶质、叶色和叶艺。

叶型（形）有授露型、带形、线形、鲫鱼形、长椭圆形、箭形、弓形、浪翻形、皱卷形等。

主要叶艺示意图

授露型寄寓志向远大，富有进取精神；带形，取其善于伸缩，长于沟通之寓意；线形虽细小，具有情意浓厚之寓意；鲫鱼形肚大，具有宽宏大量，善解人意之美德；长椭圆形，寄寓进取圆满成功；箭形、弓形，寄寓奋力拼搏、风火潇洒；浪翻形、皱卷形，富有曲线美，如龙似凤，寄寓吉祥如意。

叶姿有直立挺拔、斜立弧曲、婆娑弧垂、环卷如轮、旋粗如龙、斜伸反翘，弯勾后扣等。

直立挺拔，有刚劲潇洒、意气风发之寓意；斜立弧曲，其态既如倒立的“人字”，也似倒立之八字，寄寓人人大发，又有四面开拔的拼搏进取的精神；婆娑弧垂，洋溢着曲线美，既有上天揽月、下海捉鳖的豪迈气概，又有柔媚的浪漫色彩；环卷如轮，既能使人联想到神话中的哪吒脚踩风火轮，奋勇直前，所向无敌的英雄气概，又寄寓家庭幸福团圆，事业圆满成功；旋卷如龙，既寓灵活善变，又有条条盘龙呈祥兆瑞之寓意；斜伸反翘，饱含智勇双全，前程似锦；弯勾后扣，大有敢抓、敢管、把握机遇之寓意。

叶色有黄绿、青绿、墨绿，还有新出现的红绿等。绿主清新自然、充满生机。黄绿寓财道飞黄；青绿主生机旺盛，一路顺风；墨绿浓重，给人宁静感，足以调人心绪；红绿寓意吉利永存，鸿运常在。

叶艺(包括线艺、水晶艺、图画斑艺)有金色艺、银色艺、绿色艺、红色艺等等。

金艺、银艺,均寄寓财神显灵、富丽堂皇、富贵万千之意;绿色艺,绿中之深绿也,大有生机无限旺盛,条条大路畅通无阻,马到成功之寓意;红绿艺为稀罕之叶艺,大有吉祥如意,万事胜意之兆寓。

型艺包括矮种、奇叶和多种奇特的叶形和拟态。如活化石、如龙似凤,堪为吉祥物。

208. 赏兰,因何只能眼观而不能手摸?

在兰展厅、兰花旅游景点、大型养兰场、高档兰室等地常出示“欢迎参观,请勿手摸”“请勿吸烟”等字样。这主要是为了力避污染和意外损伤。

因为兰之幽雅情调,既凝聚于花,也依托于叶。赏花旬日,观叶经年。特别是那些线艺兰、水晶艺兰、图画斑艺兰、矮种奇叶兰、叶片品种特征明显之兰,更要珍惜。古代就有“惜叶犹如惜玉环”(玉环指杨贵妃)之说。赏兰时如用手抚摸叶片,手上的汗水和夹带的污垢,沾染了兰叶,既会影响兰叶的健康生长,又会义务传播菌虫害和病毒病害。也有可能直接擦损叶片上的品种特征或意外折伤兰叶,而造成巨大损失。这并非故弄玄虚,而确实是如此。高档兰之片叶,何止千金,甚至是万金、数万金,实不可等闲视之。

兰花园艺家,在检视兰叶时,每检视一盆,就用75%酒精消毒手指一次,或用洁净的纸卷托起叶片鉴别品质。而且托过兰叶的纸卷,要再托另一盆兰的叶时,要翻转一面。用过两次的纸卷便不能再用,只能丢弃或烧毁。

地摊上交易的兰株,大都用纸托兰叶鉴别品种的方法。比较讲究的,用手指背托兰叶。因经众手抚摸过的兰株病虫害较多,这种兰株需要加强清洗和消毒。

209. 什么叫线艺兰?它必须具备哪些特征?

线艺兰简称“艺兰”。凡是叶片上除了叶脉之外,缀有色浓而明显的线纹或斑块的，称为线艺兰。

这些线纹或斑块的性状、出现的方式和所处的位置，均因品种的不同而不同。但它们都具有下列5种特征：

①线艺体色亮。除了株体完整、叶色亮绿、富有神气外，其线艺体晶莹明亮、色彩鲜明。

②艺体边界清晰。边界整齐而不扩散。

③叶正反面艺位相符。没有错位。

④叶鞘有相应的线艺。绝大部分的线艺兰，它的叶鞘（叶裤、叶甲）多有相应的线艺体可见，或有线艺的象征迹象可见。

⑤叶尖新鲜而不枯焦。相对而言，线艺兰比较珍贵，培育者也就格外精心，其叶缘、叶尾大多数油亮、新鲜而不枯焦。起码新叶之叶尖不枯焦。

210. 何谓先明性线艺兰和后明性线艺兰？

先明性线艺兰是指自叶芽出土，就崭露线艺特征，芽叶伸长至初展叶时，其叶片上的线艺性状和色彩十分显眼，但随着叶片的生长发育，其线艺的性状和色彩便逐渐隐匿，最后连一点线艺性状和色彩也见不到，如同非线艺一样。

先明性线艺兰的最大特点是，线艺的显现方式，为先明后暗，每代如是。其典型的代表种，有墨兰中的'凤妃''西施'。

后明性线艺兰是指叶芽露出土面后直至展叶初期，在叶面上全不显露，或仅微微露出些许线艺性状和色彩，随着株叶的生长发育，日益显露线艺性状和色彩的兰株。

后明性线艺兰的最大特点是，线艺显现的方式为先暗后明。显艺后的线艺性状和色彩基本稳定，代代相传。有的还可进化或突变。

在后明性线艺兰中，也有个别品种可因生态条件欠佳而导致退艺，退到无影无踪，与非线艺兰一样，全叶绿茵茵的。如果能早些觉察其有退艺迹象，针对致因，改善培育条件，采取适当的促艺措施，也可能阻止其继续退艺和逐渐复艺。如果觉察过迟，来不及阻止，还可以分析致因，改善培育条件和采取促艺措施，多数仍可在其下代或后代复艺。个别的,还可能偶现比原来更好的线艺。建兰中的‘金丝马尾素’就具有这种特性。

后明性线艺兰的典型代表种是墨兰中的‘鹤之华’等。

211. 线艺兰有哪几个类型和代表品种?

尽管线艺兰的艺性错综复杂,仍可把它归纳为 9 个大类:

(1)爪艺类

如墨兰中的‘旭晃’‘金华山’为此类之代表种。

(2)覆轮艺类

如墨兰中的‘日晃冠’为此类之代表种。

(3)鹤艺类

如墨兰中的‘鹤之华’;建兰中的‘锦旗’为此类之代表种。

(4)斑艺类

如墨兰中的‘黄玉之华’‘玉妃’;春兰中的‘守门山,‘安积猛虎’;建兰中的‘蓬莱之花’‘锦沙素’;寒兰中的‘丰雪’等均为此类艺之代表种。

(5)缟艺类

如墨兰中的‘金银顶’‘龙凤宝’为此类艺之代表种。

(6)中斑艺

如墨兰中的‘瑞玉’‘爱国’为此类艺之代表种。

(7)中透缟艺类

如墨兰中的‘金玉满堂’‘养老’为此类艺之代表种。

(8)中透艺类

如墨兰中的‘玉松’为此类艺之代表种。

(9)云井艺类

如墨兰中的‘金凤锦’为此类艺之代表种。

212. 何谓“爪艺”?

爪艺,兰界俗称为“鸟嘴”,简称为“嘴”,是指叶艺集中在叶端两侧缘。

通常依嘴艺之粗细、长短而分为大鸟嘴与小鸟嘴。墨兰中的‘旭晃’‘金华山’为此类叶艺之代表种。

爪艺的具体名称，常依爪艺的粗细与长短相结合而命之。

如：爪艺细如丝，长仅达叶长的 1/5 者，称为浅爪；爪艺粗如单线，长达叶长的 2/5 者，称为深爪；爪艺粗如双线，长达叶长的 1/2 以上者，称为大深爪，如墨兰中的‘新高山’；爪艺粗达 0.3～0.5cm，长达叶长的近 3/5 者，被称为“鹤”或“冠”。如墨兰中的‘汉光’‘养老冠’。

213. 何谓“垂线”？

“垂线”，是指爪艺内缘有线艺条纹，伸入爪内绿色叶体的短而细的线段艺。

214. 何谓“爪缟艺”呢？

“爪缟艺”即爪艺内缘的垂线粗如线，长达 5cm 以上的爪内粗长垂线艺。如墨兰中‘大勋’‘金凤锦’。

215. 何谓“覆轮艺？

覆轮艺是指线艺在叶的周缘，即自叶基至叶端的双侧，均有明显的线艺。俗称为“全边艺”。

边艺长达叶长的 4/5，尚未达叶基的，可称为“边”。

单纯的覆轮艺并不多见，多数都与其他艺性交错出现。如墨兰中之‘日晃冠’。

216. 何谓“鹤艺”？

“鹤艺”就是特大深爪艺。其叶端部起码有 2～3cm 长以上的全艺色，其叶缘的色边超过叶长的 1/2 以上。

鹤艺，多由爪艺逐渐演变而来。一般是在爪艺在向覆轮艺发展时，才会转变成鹤艺，但也有极个别品种，它的线艺因子，十分充盈而活跃，可直接由爪艺突变成鹤艺。如原为爪艺的‘金华山’突变成‘鹤之华’。

217. 何谓“不转色鹤艺”?

自新芽萌发直至株叶发育成熟,它的艺色始终不变,十分固定的鹤艺被称为不转色鹤艺。如墨兰中的‘金华山’之突变品‘太阳’即此类鹤艺的代表种。

218. 何谓“转色鹤艺”?

“转色鹤艺”是国兰线艺中,独一无二的多变色艺品,被誉为“变色龙”。这种叶艺兰风采独特、神韵非凡,令人爱不释手。

“转色鹤艺”,也称“多变色鹤艺”。

它的新芽桃红色,叶片展开后变成绿覆轮白中透艺;叶片发育成半成熟时,其白中透艺又变成灰绿色;叶片发育至完全成熟时,其叶端粗大的绿覆轮艺就转为象牙色鹤艺。墨兰中的‘鹤之华’是转色鹤艺的著名代表种。建兰中的‘锦旗’,也为类似转色的鹤艺。

219. 何谓“斑艺”? 它可分为哪几类?

兰之叶片上镶嵌或浮泛着白、黄、翠绿、象牙色、赤色、褐墨色、桃红色等异色点、块或细线段的异色体,被称为“斑艺”。依其形状、色泽的不同,而有许多不同的称谓。一般可分为:虎斑、锦沙斑、蛇皮斑、苔斑和全斑。

220. 何谓“虎斑”? 它又可细分为几种?

“虎斑艺”依其叶片上斑纹的形状与色泽极似老虎皮的斑纹和色泽而借喻之。通常又以其形状和色泽而细分为 5 种:

①大虎斑。斑形长而粗,斑块几乎占全绿叶面积的一半以上。如墨兰中的‘黄玉之华’‘不知火’;春兰中的‘守门山’‘安积猛虎’。

②小虎斑。斑形明显比大虎斑小而短,且常呈零星分布。如建兰中的‘蓬莱之花’。

③流虎斑。由无数大小不一的小艺斑连缀成串状,分布也欠规

则。如墨兰中的‘瑞宝’。

④曙虎斑。叶面上的线艺斑犹如曙光，常呈大片状。如墨兰中的‘大雪岭’。

⑤切虎斑。叶面上的斑艺布满叶片整段，其斑色与绿叶的界限几乎似刀切一样整齐。如春兰中的‘三笠山’。

221. 何谓“锦沙斑”？

斑形细如沙粒状，满叶皆是。如墨兰中的‘圣纪晃’；建兰中的‘锦沙素’。

222. 何谓“蛇皮斑”？

细小的线艺点密连成线，又由线构成棱形艺斑，极似蛇皮的花纹者，被称为蛇皮斑。如墨兰中的‘白扇’；春兰中的‘锦皱’‘守山龙’‘群千岛’。

223. 何谓“苔斑”？

在叶片上线艺斑之上，浮泛有绿晕，或绿斑块的绿色体。在兰艺上，称之为苔斑。像墨兰中的‘大雪岭’，具有曙虎斑艺，其上泛有的绿晕或绿小斑，就被称为曙苔斑。

这种苔斑艺，除了可为线艺斑增加一艺，成了艺上加艺的艺术效果之外，尚具可弥补叶片因出大量的艺斑而减少叶绿素面积减弱生长力；且又可避免因光照过强而导致线艺斑被灼焦的双重作用。因而深得兰艺家的赞赏。

224. 何谓“全斑”？

整株所有叶片或叶片先端一整段或近叶柄的部分或叶柄以下的叶基部分，呈现全白、或全黄的艺色，其艺色之上，全无任何异色点、线、块斑存在，呈现一大整段艺色者，称为全斑艺。如墨兰中的‘玉妃’‘凤凰’‘喇叭’‘玉桃’，均为全斑艺。

全斑艺虽壮观，但多数具有先明后暗性的特点。即新芽是全斑艺，随着植株的发育而逐渐转为与绿叶同色，与非线艺兰无异。不过全斑艺所开的花多数为红花系。仅寒兰中的‘丰雪’之全斑艺是开白花的。

全斑艺并非都是先明后暗性的。本人曾育有不少是后明性的全斑艺品。

225. 何谓“缟艺”？

“缟”，即线条之意也。缟艺是指自叶的基部直到叶尾尖端出现纵向条纹的艺性。如墨兰中的‘蓬莱山’‘桑原晃’。

226. 何谓“斑缟艺”？

叶片上不仅有自叶基透达叶尖的纵向条纹之缟艺，而且在缟艺之中又间带有若隐若现的线段状斑纹的双重艺性，被称为“斑缟艺”。通常可分为 3 种艺向。

(1)纯斑缟艺

自叶柄至叶尖，均满布有线段状艺纹和明显的纵向线条艺，而且线段与线条纹又相互平行。如墨兰中的‘旭晃’。

(2)白爪斑缟艺

在黄色斑缟艺之叶端罩有小白爪。如墨兰中的‘汉光’‘唐三彩’。

另外，有一种十分罕见的白爪斑缟艺。即在雪白爪、覆轮之内，金黄色中透斑缟艺。此种极为难得，如登录名‘金银顶’，登录号028。

(3)绀爪斑缟艺

即斑缟艺之叶尖缘有绀绿爪，俗称“戴绿帽”。如墨兰中的‘金鼎’。

227. 何谓“爪斑艺”？

“爪斑艺”是指爪艺内缘仅有或黄、或白的点、块、或细而短的小线段的斑艺，而没有垂线的爪内斑艺。如墨兰中的‘金碧辉煌’。

228. 可谓“宝艺”?

叶片上既有自叶基至叶尖的纵向线条状缟艺，其间又夹带有与缟艺相平行的线段斑艺纹，且其斑艺纹多于缟艺纹的线艺兰，被称为“宝艺”。“宝艺”是斑艺中的最高艺者。墨兰中的‘龙凤宝’‘旭晃宝’是宝艺的代表种。

229. 何谓“绀帽艺”?

“绀”(音 gàn)，中文原意为稍微带红的黑色，也指深青带红的颜色。但线艺兰里所说的绀帽艺的“绀”是借用日文汉字，意为青绿色。绀帽艺就是“绿帽艺”。它的艺色正好与“爪艺”相反(即爪艺为白色或黄色爪的部分，它为绿色；爪艺内为绿色的叶色，它却为白色或黄色)。“绀帽艺”俗称戴绿帽。

230. 何谓“大石门”?

绀绿爪的爪基向下延伸至叶基，便成了绿嘴加绿线艺边。这种全叶缘均有绿线艺边的线艺，被称为“大石门艺”。如墨兰中的‘祥玉’‘天女’‘瑞玉’‘华山锦’‘瑞祥’等。

231. 何谓“中斑艺”?

“中斑艺”是指叶片上有两条以上的纵向线艺条纹自叶基伸向叶端部，但未达叶尖，其叶尖缘有戴绿帽。这种线艺性状称为中斑艺。如墨兰中的‘瑞玉’‘爱国’。

中斑艺，由于它的中斑线艺，未达叶尖，其叶尖有绀帽子，线艺性状最稳定。堪称最理想的艺性。

232. 何谓“中斑缟艺”

中斑缟艺即中斑艺之中夹有若隐若现的丝状线段艺纹者。如墨兰中的‘龙凤呈祥’‘天女’‘松鹤图’。

233. 何谓“中透缟艺”?

“中透缟艺”,即叶端有深绿帽、绿覆轮,缟艺集中在叶的中下部。如墨兰中的‘金玉满堂’‘养老’等。

234. 何谓“中透艺”?

“中透艺”即中透缟艺中,叶主脉透明者。如墨兰中的‘玉松’。

235. 何谓“松艺”?

“松艺”即中透艺中,叶主脉两侧有“行龙”(褶皱)者。如墨兰中的‘养老之松’‘筑紫之松’等。

236. 何谓“云井艺”?

“云井艺”即绿色的线艺由叶端向下延伸发展之艺性。此绿线艺之艺色,要比绿叶的绿色更深。如墨兰中的‘金凤锦’。

237. 何谓“冠艺”?

“冠艺”即原本是绀帽子(戴绿帽),转变为黄色或黄白色帽子的高级线艺品。譬如:墨兰中的‘养老’原为“绀帽子”(戴绿帽),转变了帽子的颜色,“绿帽”变成“黄帽”或“黄白帽”。为了与“绀帽子”区别,把它称为“冠艺”。如墨兰中的‘日晃冠’‘金冠’‘龙凤冠’‘黄道冠’‘养老冠’等。

238. 兰花叶艺中有否红色叶艺呢?

回答是肯定的。《中国兰花》杂志 1999 年第 1 期(总第 41 期)插页曾刊有下山墨兰红线叶艺“幸运星之一”和由红线叶艺兰进化为五彩、七彩、彩虹爪、斑缟的“幸运星之二”,及叶面有红色叶脉、红色沙晕的水晶寒兰矮种。

笔者也曾目睹过墨兰的红龙水晶和墨兰叶主侧脉间有一条如小蚯蚓大小的,5cm 长的红色线段。我们还经常可以看到,当线艺兰进化因子充盈时，幼叶上的线艺体之上，常浮泛有一层十分明显的深桃红晕。这些事实都说明，红色叶艺兰、水晶艺兰的存在，确实是事实。

239. 先明后暗的叶艺兰易开红花吗？

是的。先明后暗的叶艺兰在新芽展叶时叶艺很明显。随着叶片的发育，便逐渐消失，最后逐渐转为与绿叶同色。此类先明后暗性的叶艺兰多开红色花，但也有极个别是开白花的。

240. 何谓水晶艺兰？它与线艺兰有何异同之处？

在兰株的叶片上，镶嵌有不规则的点、条、块之白色透明或半透明体的兰株，兰界依其艺体色白而透明似水晶，而称其为“水晶艺兰”。

水晶艺兰与线艺兰的相近似点是：

①两者都存在于各种类兰株之中；

②水晶艺兰的艺形、艺色与线艺兰基本相似，以金银色为主；

③水晶艺兰与线艺兰一样，各种株形、叶态、花形、花色的品种中都有它们两者的芳容。

不过上述3点仅是某些表象上的相似而已，它们的本质是截然不同的。表现在：

①出艺后的株型、叶态不同。兰花的株型叶态，并不会因出线艺而发生明显的变化；而兰株叶，一旦出水晶艺，其艺位会增厚变硬，缩小或扩大，扭转或褶皱，株态变矮而婆娑。

(2)艺形不同。线艺兰的艺形，只不过是点或线的长短、粗细之别；而水晶艺的艺形，除了也有近似线艺兰的艺形之外，更多的是有多种多样的拟态形。

(3)对花的影响不同。线艺兰所开的花，一般不会有线艺镶嵌，仅是偶见而已；而水晶艺兰之花，多有相应的水晶艺镶嵌，其花姿花色也会随之变得多姿多彩；更为奇怪的是，有的叶片没有水晶艺，而它的花却先见水晶艺。

如此看来，水晶艺兰确远胜于线艺兰！

241. 水晶艺兰有哪几种类型?

水晶艺兰多姿多彩，依其艺形，可归纳成四大类:

(1)边缟类

此类水晶艺兰之艺体，多分布于叶缘和叶面。在水晶艺体的作用下，其叶形便会有所变化，如:有的水晶边艺，因其各个部分水晶成分众寡之异，多者可使叶缘扩大，少者叶缘变化不大，而使叶缘呈波浪形;有的水晶艺体在叶的中侧脉间，由于水晶含量之不同，作用力也就不同之故，而使叶脉弯曲，随之叶片也将出现或纵或横的褶皱，而使株型变矮，形如群龙漫舞。于是兰界称其为“龙形水晶艺”。

该类水晶艺的最大特点是:它的艺是由叶的基部先出现，然后逐步向上发展，直至叶尖。

此类水晶艺，依其艺态之不同，又可分为下列 4 种。

①水晶缟。其晶艺处于叶面间，从叶基开始出现水晶缟线，继而逐步向上发展。

②中透缟。其晶艺处于叶中脉间，使之呈现透明状，在水晶体的作用下，叶中脉连同叶体呈现弯曲状，株形也随之矮化。春剑矮种水晶艺兰‘冰心奇龙’堪为此类水晶艺之杰出代表种。

③水晶边。其晶艺处于叶片之双缘。由于边艺体粗细不一，作用力大小有异，艺大之处收缩得厉害，而使叶缘呈波浪形。建兰中的‘如意晶轮’堪为水晶边之代表种。

④边缟。由于水晶边艺不断增大，并向叶中发展，在叶侧脉间便出现了线状的水晶缟线，即形成了水晶边缟艺。

(2)拟态类

以水晶艺体之像形而名的水晶艺兰归并成一类，名曰拟态类。迄今，已出现了形似凤嘴、凤眼、海豚嘴、葫芦嘴、银锁匙等等。

此类水晶艺的特点是:它的出艺方式是自叶尖至叶基的。艺体多集中于叶端，形成某种形态。最早发现的拟态水晶艺是像鸡头鸡眼状，兰界就以鸡的美称“凤”，而誉为凤型水晶艺。正好与龙型水晶艺配套。此类水晶艺，依其形态，基本可分为下列 3 类:

①水晶嘴。晶艺处于叶尖部。有的地区称其为水晶尖;有的地区依水晶尖常向上或向叶心部勾兜,而称其为水晶兜。但多数地区还是统称其为水晶嘴。

如是壮实的植株,叶尖缘之水晶体常比原叶尖增大许多。看上去如同鸡头,两侧镶有眼珠,顶尖似鸡嘴状;鸡头下,水晶体还不断向下延伸。形象惟妙惟肖。墨兰中的'凤来朝'堪为水晶嘴艺之代表种。台湾和日本兰界视它为奇珍异宝。

此类水晶艺,已发现的有'眼镜蛇''海豚嘴''鹅头'等。

②爪缟水晶。水晶嘴(爪)不断向下延伸,有的沿着叶缘往下延伸,有的向叶面延伸,成了水晶缟,便有了爪缟水晶。

③变态爪晶。有的水晶尖水晶体小,没有增大的叶尖形状,与线艺兰中的线艺爪相似。但它在向下延伸时,常时断时续,便有了叶缘增宽和缩小的现象。这些含有水晶体的叶端缘,形态多样,有的形似葫芦,有的形似钥匙,有的形似鸟兽等。

(3)斑纹类

水晶体呈斑纹的形式呈现在叶片上的,称为斑纹水晶艺。斑纹的形态多种多样,虎斑类形的最早被发现,数量也很多。其称谓,为了与龙型、凤型相配套,就把斑纹水晶艺,统称为"虎型水晶艺"。

斑纹水晶艺的特点是:它的艺斑大部分集中于叶片中段。这可能是由于兰叶多有弯垂,受日光照射较多,艺变的原动力较强之故。

①虎斑水晶艺。它与线艺虎斑略同,所不同的是,线艺虎斑为片块状,而晶艺虎斑的艺形之片块中呈规则或不规则的网状斑纹。矮墨'晶棱'(登录号019)堪为此类之代表种。

②条斑水晶艺。晶艺呈不规则分布,长短、粗细不一之条形斑,呈纵向散在性分布。也称中斑水晶。建兰中的'旌晶凤冠'(登录号062)堪为此类水晶艺之代表种。

③网斑水晶艺。晶艺初现时呈现点状,然后逐渐横向发展而密连成片构成网状。有的状如珊瑚、地图等多种像形。

④山脉斑水晶艺:晶艺初为点状,然后逐渐斜向发展,常连结成抛物线状,形如山脉而得名。

⑤林木斑水晶艺。晶艺初为条状点，然后逐渐纵向推进而形成林木状，犹如银装素裹之林木，给人一种北国风光之美感。

⑥竹节斑水晶艺。晶艺常处于叶缘，呈横向长圆形之点状，然后，逐渐横向发展。有横向水晶斑之叶缘就收缩凹进。整个斑纹犹如国画中的竹节样斑，故而得名。

⑦其它斑纹水晶艺。斑纹水晶样式丰富，不胜枚举。

(4)综艺类

综艺类也称多艺水晶、兼艺水晶、聚合水晶。

水晶艺的续变性甚强，也如线艺兰一样会出现兼艺和综艺。水晶艺的兼艺，似乎比线艺兰更多见。据报道，已经出现的有：边缟+拟态，拟态+斑纹，斑纹+斑缟等。

242. 什么叫图画斑艺兰？

图画斑艺是当代著名兰花园艺家、广州市兰花研究会常务副会长谭福台先生经4年余的选育、观察、研究而开发的，继花艺、线艺、型艺、水晶艺之后的一种新型兰艺。

那么，什么是图画斑艺呢？

凡在兰花的绿叶上，能呈现形式、色泽多样的别致斑纹，犹如一幅优美的画卷的叶艺，便可称为“图画斑艺”。简称“图斑艺”。

243. 图画斑艺兰可分为哪几个种类？

图画斑艺兰，依其艺态和观赏价值，可分为3类：

(1)初级品——白花斑

此类斑艺，为圆形或近圆形的点、块状。呈散在、或密集、或团片状分布。艺色乳白或淡青黄。该类斑艺，多是先明后暗性，即新芽伸长展叶时，逐步显现艺斑，随着叶片的发育而日渐隐匿。

此类斑艺常呈流沙样、雨点样、云朵状和棉花团样。斑形单调、密集成团，根本构不成有意境的画面。且多数为先明后暗性，仅极少数的可以进化。

(2)中级品——图案斑

此类斑纹,多为弧曲线或近直线状斜向进展,可跨越叶脉组成多种形态的精美图案。如菱形斑、木纹斑、山形斑、龟纹斑、圆弧斑、绿三角斑、珠链斑、套矩形斑、方形斑、连环斑、发辫斑等等。

此类虽远胜于近似图斑艺的叶艺斑和白花斑,但斑纹仅是某种图案而已,还不能表达某种意境。艺色有青色、黄色、黄白色之别;品种有先明性和后明性之别。仅能为中级品。

该类斑,以斑纹是绿三角和斑纹中有镶嵌漩涡状的眼睛斑者,艺性较为稳定。

(3)高级品——画纹斑

该类斑纹纵横兼备,有单叶侧成画、双叶侧异形画和全片叶一景画 3 种。斑色较丰富,青、黄、绿、白、赤相间。多数含有水晶艺的成分,叶形、花态、花色常伴有变化,为多艺聚于一体之艺兰。是图斑艺之高级品。

该类画斑艺兰,迄今已出现了奇峰斑、山水斑、田园斑、云海斑、彩云斑、日出斑、佛光斑、鸟兽斑、器皿斑、人文景观斑等。

244. 图斑艺的艺向有哪几种形式?

图斑艺的形式,基本上可归纳为 2 种:

(1)平滑艺

尽管叶面上出现图画斑纹,但叶面仍然保持平滑,没有任何凹凸。艺纹彻底,艺色明亮。这种艺向,表面看来很不错,不会油生疑虑。而实际上,此艺向的稳定性还不够强。

(2)嵌入艺

即在艺纹密集处,常呈现有局部的微凹陷,或微浮凸,犹似画雕。但在它那凹凸处,同正常叶面一样,含有角质层,照样是光亮润泽(病毒斑之凹陷处仅剩一层如猪油膜那样薄的薄膜,没有润泽感)。这类艺向,如遇光照过强时易受日灼而变赤褐色而有微皱。曾被称为“皱纱艺”和“火烧艺”。其实是受日灼之故,经改善莳养条件后,可以自行好转。它的下一代,也不会有日灼样的赤褐痕迹。这是区别于病毒斑的本质之处。经多年实际观察，这种嵌入艺受日灼而出现焦斑之植株，与其它健康兰株一起陈列莳养，不像病毒兰一样会传染。且嵌入艺的艺性十分稳定，不仅从未出现退艺现象，而且还发现它的续变力甚强，有一代比一代更优美的可能。

245. 图画斑艺兰有哪些特点?

图画斑艺兰有如下 5 个特点：

①艺形多变。它除了基本形式相对稳定之外，常随着植株的壮弱而变化，也常有同片叶两侧不同艺形；同株不同叶而不同艺形；同簇不同株而不同艺形的变化。更有画纹越来越完美的变化。

②艺色多变。除了青、黄、绿、白、赤之外，常有混合色。株叶含有水晶成分的，其艺体也含有水晶成分，甚至其花也含有水晶成分的画斑纹。

另外，在水晶体的作用下，不仅会使叶形、花形起变化，其叶色、花色也会有所变化。常使叶色变浅黄、或黄白相间，而形成以黄色为底色，以绿色为斑艺色。花色也同样有如是变化。

③艺位多变。除了有全叶出艺、部分出艺、半片叶出艺和散在性出艺外，常从叶基先显艺，逐步扩展到叶的中段，直至叶端。

更为特殊的是，有的植株的下一代会退艺，退得仅剩叶基处有些许图斑艺，或全无艺，但它的再下一代，又必然会从叶基部开始出艺，并逐步向上发展，有的可有进化。这周而复始的退艺和复艺，有类似建兰金丝马尾一样的特性。

④株型叶态多变。凡含有水晶成分的图斑艺兰，在水晶体的作用下不仅会使叶斑艺和花的色、斑发生质的飞跃，也会使株叶含有水晶成分的部位收缩、褶皱、增厚、变硬、扭曲、缩短，而使株型、叶态、花形增添了型艺美。

⑤花态花色多变。凡是含有水晶体的图斑艺兰，它的花莛、花柄和花朵的各个部位均有可能出现变形和变色，甚至连花瓣也会呈现近似该类叶斑样的斑形。

246. 图斑艺与线艺比较，有何不同之处？

线艺兰中虽也有淡青黄底、绿色纵横线组成的先明性花格兰，黄白色的横切或斜切的块片状虎斑艺，黄底绿纹或绿银白纹，密集如鱼鳞状的蛇皮艺，绿底黄色横切条状的琥珀艺，不规则、密集型流水状条形斑的瑞宝艺等线艺斑纹，有一定的观赏价值，但它们的艺色单调、艺形呆板，仅是简单的、不规则的图案斑。而图画斑艺，不仅艺色有青、黄、白、绿、赤，交相辉映，而且它的艺形异常丰富，变化无穷，如诗似画，能给人诗的意境，画之高雅。含有水晶成分的图斑艺，常在水晶体的作用下，使株形叶态多姿多彩。

247. 什么样的兰株是型艺兰？它可分为哪几类？

标准的矮兰、奇叶兰小巧玲珑、株型典雅，犹似艺术造型，被称为型艺兰。通常可分为10类：

①线艺矮兰。如‘达摩’‘狮王’‘如来’等。

②青叶矮兰。如‘青叶达摩’‘玉皇’‘金帝’等。

③圆叶矮兰。如‘娇艳公主’等。

④奇姿矮兰。如‘蟠龙’‘文山龙’‘金龙帝’等。

⑤奇叶矮兰。如‘黑珍珠’‘文山佳龙’‘天霸龙’等。

⑥皱皮矮兰。如‘玉龙’‘皱皱’‘慈龙’等。

⑦尖叶矮兰。如‘麒麟’‘天’等。

⑧水晶矮兰。如‘如意晶轮’‘晶棱’‘冰心奇龙’。

⑨图斑矮兰。如‘天山雪’‘黄山云海’等。

⑩综艺矮兰。如‘旌晶凤冠’等。

248. 矮种兰必须具备哪些特征？

矮种兰简称为“矮兰”。不论哪类兰，都会有矮种兰。但并非凡是植株矮小的兰花，都可称为矮兰。真正的矮种兰，必须具备下列7个条件。这7个条件，可用7个字加以概括：

(1)短

短的要求,分3个方面:

①株叶短。自叶基至叶端的总长度,要求在20cm之内;

②叶柄(叶柄环以下至假鳞茎之上的部分)短。长度要求在叶长的1/10许;

③叶鞘短。要求鞘长为叶长的1/7许。

(2)圆

圆的要求,也有3个方面:

①假鳞茎球圆或短椭圆;

②叶尾钝圆或肥尖;

③叶鞘钝圆或肥尖。

(3)阔

叶的长与宽之比为5:1。越宽,品位越高。

(4)厚

与同种类、同规格、同株龄相比较而言。能给人一个“厚”的感觉。

(5)粗

叶面粗糙。看起来如猪皮样起疙瘩,也称撒珍珠粒。俗称“粗皮”“皱皮”“蛤蟆皮”。

(6)龙

“龙”的要求也有3个方面:

①叶姿有轻度扭转,似龙腾;

②叶形呈龙船肚样,即叶中部格外增宽,似鲫鱼形,俗称龙船肚叶;

③要有龙根。“龙根”为实生苗所独具的。能证明是地道种。龙根处于假鳞茎底部正中,形圆而弯曲,柔嫩而晶亮,其表面依附着粒状之根瘤菌,与众根的形、色不同,也特短。

(7)起

是指有显著之叶柄。其形态,似瓷器汤匙柄与匙体连接处的形状。

这7个条件(即7个衡量标准),缺一不可,不可偏废。如果其中某一二个标准达不到,或不那么具备,其品位就低得多,甚至不能称为矮兰。

三、品种辨识篇

249. 什么是兰花的种、变种?

种是生物界最基本的分类单位(或称层次)。它是由大多数性状极为相似的个体组成的。一般来说,除性状相似外,种内的不同个体之间应能够通过自然交配繁殖后代,也就是说能够相互交流遗传物质,进行有性生殖。兰花中的春兰、墨兰、卡特兰、蝴蝶兰等都分别是一个单独的种。

每一个种的个体都不会完全相同,它们之间也会存在一些差异,如瓣型、花色、花期等等都会有不同。根据这些差异,又可以划分为不同的变种、品种等。

变种是种以下的分类单位,同一种的不同变种之间虽有某些差异,如花色、形态、叶的宽窄等,但差异还不够大,主要是不具有独立的遗传机制,即变种之间是可以自然杂交的,仅由于地理或自然条件的原因,长期与其它变种出现自然生殖隔离,而选择保留出了自己独特的性状。随着生殖隔离条件消失,变种会逐渐融合,只保留种的特征。

250. 兰花的品种与变型有何区别?

品种又叫栽培(或养殖)品种(Cultivar)。它是人类长期选择性定向繁育的结果。植物的栽培品种通常指单一植株无性繁殖所产生的直接后代,也就是说,指在遗传上完全一致的一群个体。当然了,不是所有不同性状的植株都会成为一个品种。人们在定向繁育时是有选择性的,通常是达到或趋近某个人们所预期的性状的植株被繁育为一个品种。如株形、抗病性、产量、花期、花色等等性状优良的植株在农业或园艺上就有可能被人为地选择并定为一个品种。选定一个品种后,人们就会用科学的方法去大量地繁育它。

变型是自然界中产生的性状变异的最小分类单位。它的性状特点与其它个体的差异与品种之间的差异相似,但它不是人工无性繁殖的,而是自然界繁殖的,因此性状并不稳定。在国兰中的寒兰就有青寒兰、红寒兰、紫寒兰等变型。但许多植物学家并不赞成设立变型,认为这样太繁琐。

251. 科学上的兰花栽培品种、集体杂种和兰家常说的品种有何异同?

前一问已经提及,栽培品种一般是指变异后的某一株植物经无性繁殖选育出的后代群体。科学上所指的兰花品种虽不一定绝对要求是无性繁殖的后代,但至少也是某有性后代经多代无性繁殖、筛选后所形成的遗传性状基本稳定的后代群体。

对于栽培品种,如是在人工或野生状态下有性繁殖杂交、变异而选择、繁育出的新的具有相同独特性状的兰花群体在科学上则称为集体杂种。集体杂种与栽培品种的区别在于前者是有性繁殖产生的后代群体,后者是无性繁殖产生的后代群体。或者说最初杂交产生的后代群为集体杂种;多代选育后则成为新品种。

而兰家常说的品种的概念较科学概念的范围更宽一些。因此,无论是栽培品种还是集体杂种都须按一定程序向特定的组织机构递交申报材料,并经审定通过后才能真正确立。而兰家平时所论及的"品种"或"名品"常常是刚选育出的具有某种特定性状的植株个体或群体。有的尚未经多代繁育观察其性状是否稳定;有的从未想到过要进行什么申报(国兰中的传统名品均是先于申报制度产生的);有的仅是性状与其它个体不同,并未见得有突出的优点,品味并不高,不具备作为品种的观赏价值或尚未经人们认可并可能广泛流传等等。

252. 中国兰花的栽培品种如何登录?

中国兰花的新栽培品种应向"中国兰花品种登记注册审查委员会"登记注册。该委员会由中国兰花学会与中国兰花协会共同领导,总部设在北京,在成都、广州、无锡等地都分别设有分部。申请人可自由选择就近方便申请。

申请时,申请人必须准备好以下资料,提交给"审查委员会":

①申请新品种的品种名称、命名人姓名。

②新品种的产地、发现时间、培育人或引种者姓名。

③品种的主要形态特征、已知亲本、授粉日期和首次开花日期描述。

④品种彩色照片。

此外,还需交纳一定的申报费用,野生品种还需要在栽培2年并证实具有相同特征时方可注册登记。

253. 何处可查到已发表的兰花集体杂种的名称及其亲本?

已发表的兰花集体杂种名称必须在国际性文献上才能查找到。

其权威书籍是国际"散氏兰花杂种名录"。该名录于1946年首次出版,1946年至1960年共出版了3集。1961年后每5年出版1卷。

此外,英国出版的《兰花评论》杂志每年都会公布当年新登录的集体杂种,一般每年约有250~300个。到年限后这些名称也将被收集到国际"散氏兰花杂种名录"中。

254. 怎样给新培育出的兰花品种起名?

要起好一种兰花名,并非易事。它要求起名者从如下几个方面努力,方能如愿。

(1)概括出品种的特色

要概括出品种的特色,首先要细致地观察品种的根茎、鞘柄、株形、叶态、叶色、艺形、艺色、艺态;花期、花莛、花量、花型、花姿、花色、花香等方面的特点,进而与同类或异类相比较,便可归纳、概括出与众不同的特色来。

(2)查阅兰籍兰刊,吸取佳名的营养

兰书兰刊上的兰花名,虽不是个个都很好,但总有其某个方面的特点,好的兰名也不乏其中。复习一下,既可从中吸取营养,得到启发,又可避免雷同。应该说,复习、鉴赏一下已有的兰名,是命好兰名的重要一环。

(3)开拓思维、拟出雏名

根据归纳出的品种特色,推敲其应有的内涵、寄寓和象征义,大胆联想,借助比喻、夸张等修辞手法,进入典型创造,拟出数个雏名来。

(4)反复对比,精心筛选

把初拟出的数个兰名,逐个分析,列出其优缺点,然后通过反复对比,或与兰书上的兰名比较,便可筛选出相对较好的兰名来。

255. 怎样才算是一个好的兰花名?

一个好的兰花名,应是既有该品种的独特风采,又不过分夸张;既有美的升华,而又不落入俗套;既名如其花,又不全如其花。

给兰花起名最忌含有以下成分:

(1)名不副实

不及瓣型标准,随意张冠李戴;胡称色泽,颠倒黑白;不顾有否相关的联系,任意比喻夸张而弄巧成拙。

(2)贬低品格

兰花本为高雅的观赏植物,不加思考地把它蒙上愚昧、迷信、庸俗的色彩,贬低了它的品格。

(3)冠人姓名

兰花是大自然的杰作,并非某人所能造出。冠以拥有者之姓名,实不顺理。买者厌之,卖者连名也卖掉,甚至连自己的祖宗也卖掉。不知命名者意识到否。

(4)固步自封

敝帚自珍,是爱之过切之故,但也应理智些,不要贸然冠以“××绝”“××第一”……因为历来山外有山,楼外有楼,珍品往往深藏不露头。随意滥封,未必好。

256. 古人采用哪些方式给兰花命名,有何特点?

广大兰花爱好者,对美妙的兰花名字的来历,颇感兴趣。特别是在品种交流和给新品命名时,更需要借鉴它。与此同时,了解兰名来历的过程，本身就是一种美的陶冶和享受。为了方便于大家对古代兰花名字的粗略了解，现试归类如下：

(1)以产地名来命名

如建兰的‘永福素’‘温州素’‘仁化白’；春剑兰的‘隆昌素’等。

(2)以培养地名来命名

如据传‘骏河兰’原产于福建，由秦始皇的使者徐福携带至日本，种于骏河县，日本的后代人，不知其来历，就以当地地名而命名。

还有买来的野生兰，在命名时，也常以培养地名而为名。

(3)以采集者之姓氏来命名

如春兰‘高荷’是一位姓高的采兰农采得，而命为‘高荷’。

(4)以选育者之姓名来命名

如春兰名品‘宋梅’是宋锦璇选出培育的。因该花是标准的梅瓣花，取其瓣型“梅”与选育者之姓“宋”命为‘宋梅’。

(5)以被发现地的地名来命名

如‘荡字’是在由苏州至荡口的船上，偶然选出的名品，而以被发现地荡口之“荡”，又饱含着在木船上的“晃荡”意，而命为‘荡字’。

又如‘团子荷’是在上海宝山的团子村中选出的，就以村名与花瓣型结合而命为‘团子荷’。

(6)以交易、品评之轶事来命名

如‘小打梅’是在交易中，几个买者争购，发展至斗殴。就以此“小打”与瓣型“梅”结合而为名。

又‘江南新极品’是杨氏买得后，请名家评定时，断为必出佳品，而命为‘江南新极品’。

再如‘蜂巧’因花主不卖，买者唆使盗卖，引起诉讼，双方均向官府行贿，导致逐级上诉至康熙皇帝，引起皇上的好奇，传令将花送呈，当皇上赏花之时，恰巧有蜂恋兰香而至，当即被封为‘蜂巧’。

(7)以怀念、纪念之意来命名

如‘后翠蟾’原种不幸夭折，后选出类似品，为怀念原种而命为‘后翠蟾’。

又如‘胜利大荷’原苗将枯，经名家沈渊如先生精养，重现生机，荷瓣品位又高。那时正值抵抗日本侵略胜利，在为庆祝抗战胜利而举办的兰展会上，把原系曹、荣二人共选出的‘曹荣大荷’更名为‘胜利大荷’。

(8)以花主色名来命名

如‘绿云’‘翠盖’‘绿英’‘白墨’‘大雪素’等。

(9)以花的形态来命名

如‘端梅’(花容端庄秀雅)。

(10)以兰代税和进贡官府之意来命名

①‘大贡素’，古代三年一次进贡朝廷。

②‘官花’，古代台胞以建兰‘观音素’顶替钱物纳税，而命名为‘官花’或‘官兰’。

(11)组合式命名

①产地、花主色、花瓣型组合。如‘秦准绿荷’。

②花主色、花瓣型组合。如‘翠荷’‘红荷’。

③花主色、叶态加比喻。如‘鱼鱿兰’‘凤尾素’‘铁骨素’等。

④花产地、培养地与花主色组合。如‘永安素’‘处州素’‘永福素’等。

⑤以花产地或培养地与花瓣型组合。如‘上海梅’‘松江大荷’。

⑥以莛花朵数加借喻。如‘十三太保’‘十六罗汉’‘十八学士’。

⑦以线艺性状加借喻。如‘金丝马尾’。

⑧以线艺加政治色彩。如‘银边大贡’。

⑨以花品第与花主色组合。如‘大魁素’‘大绿荷’‘绿魁’‘翠一品’等。

⑩以产地、花期、种类组合。如‘峨眉春蕙’。

虽然古代兰花名的内涵不够丰富，但并不单调。古人已在求实的基础上，采用多方面的组合方式和借助于文学修辞手段。这种不远离具体，不玄乎，就是最可宝贵的精华，它闪烁着兰花超脱的品格，为认识、交流品种，起到易认快记的作用。是值得借鉴的宝贵财富。

257. 近代人用哪些方式给兰花命名?

(1)继承古人给兰命名的方式

①以产地名为兰名的。如'昆仑''蓬莱山'。

②以拥有者、培育者加花主色来命名的。如'酒氏素''王氏素''五福临门'(五人共有)。

③以花主色加借喻来命名。如'白玦''雪山红''白牡丹''黄金宝''红玉''绿峰''双十字'。

④以花形态来命名的。如'翘肩''望天''望月''日月轮''一举飞''七夕巧''喜菊''玉蜻蜓''望天笑''吻生花''鳗鱼尾''腼腆'。

⑤以花主色与花瓣型组合。如'紫荷''白梅'等。

(2)创新的命名方式

①以叶态命名。如'双凤辇''慈龙''蟠龙''卷蛟龙''宋门龙''奇巧'等。

②借用名人之名来命名。如'杨贵妃''貂婵''小神童''武松''皇后''红娘''黄帝''贵夫人''天祥''梁祝'等。

③借用吉祥物名来命名。如'真鹤''鹤之华''丹鹤''海星''龙凤冠''玉麒麟''玉龙''仙女'等。

④借用神名来命名。如'财神''千手观音'等。

⑤借物名来命名。如'金冠''圣玉''黄金宝''太阳''黑松''日月轮''大石门''风火轮'等。

⑥用吉祥词来命名。如'福禄寿''代代红''富贵红''大富贵''圣光''万代福''日进''瑞祥''万贯'等。

⑦用学衔来命名。如'状元红'等。

⑧用情感词来命名。如'爱国''慕情''吻生花'。

⑨用词组来命名。如'金碧辉煌''国宝献瑞''龙凤呈祥''金玉满堂''招财进宝'等。

⑩以叶色来命名。如'黄道''金叶墨''富翠''琥珀金龙''不知火'等。

⑪多种组合命名。

a. 花朵数、花主色、花形态、叶态组合。如五彩龙(莛五朵花、复色花、瓣态叶态如龙)。

b. 花瓣数加比喻。如‘离谱’(仅有两瓣)、‘二垒’(重舌)、‘大屯麒麟’(比喻花瓣数成倍增加)。

c. 花产地、种属、花主色组合。如‘马关雪素’‘仙殿白墨’等。

d. 叶态、线艺性状、花色、种属组合。如‘企剑金嘴白墨’。

e. 产地与花品组合。如‘安积猛虎’‘文山仙蝶’等。

f. 种属与瓣型组合。如‘春荷’‘圆头四季梅’。

g. 花色、瓣型、花品位组合。如‘紫荷之王’。

h. 产地、线艺性状、种属组合。如‘粤北虎斑春兰’‘广东金边丫兰’。

i. 花主色、瓣型、种属组合。如‘荷瓣红墨’。

258. 近代兰花名有哪些主要的特点?

近代的兰花名,不仅继承了传统命名的精华,而且已有很大的创新。主要特点是大量地运用了联想、借喻、夸张等文学修辞手法。但也存在着有些不够务实、过分牵强附会和落入俗套之不足。

259. 哪些兰名比较优秀?

古今优秀的兰花名字不少,这里只能聊举部分,仅供参考:

(1)春兰类

‘绿云’‘望京梅’‘四喜蝶’‘环球荷鼎’‘月照’‘楼台会’‘群艺争辉’‘东方佛兰’‘飞泻’‘一派春’。

(2)蕙兰类

‘蜂巧’‘荡字’‘厉志’‘瑞华’‘腾飞’‘银河霞’‘神雕’。

(3)春剑类

‘群蝶争春’‘天龙蕊蝶’‘翠玉梅’‘冰心奇龙’‘秀圆荷’‘四喜奇荷’‘五彩麒麟’‘梁祝’。

(4)莲瓣兰类

‘点苍梅’‘黄飞佛’‘瑞雪’‘碧玉素’‘玉狮蝶’。

(5)建兰类

‘如意晶轮’‘旌晶凤冠’‘彩凤报春’‘玉彩梅仙’‘重台彩蝶’‘兰碑’‘蜻蜓戏梅’‘红角雪梅’‘一展才华’‘春华’‘渔翁’‘风火轮’‘欢聚’‘顺发’‘玉雪天香’‘千手观音’‘佛手素菊’‘金丝马尾’。

(6)寒兰类

‘轮雪’‘铁面冰心’‘仙鹤鸣翠’‘舞仙’‘丹鹤慕情’‘寒珠’‘花彩蝶’‘翠玉奇’。

(7)墨兰类

‘五彩飞龙’‘十八娇梅’‘凤来朝’‘神鸟飞扬’‘飘逸’‘九州彩球’‘恋’‘东方巨龙’‘金银顶’‘神州奇’‘闪电’‘江山多娇’‘东方明珠’。

260. 春兰“四大天王”因何能久盛不衰?

春兰“四大天王”能久盛不衰的原因,大致有3。

(1)花品着实高雅

‘宋梅’和与‘宋梅’极其相似而独特的‘集圆’,均有株型典雅、花瓣质厚而糯,瓣型圆阔,花容端庄,结构严谨,是高标准的梅瓣型花,能给人以蓬勃的生机、令人热爱生活,堪为最具人类精神的“人格化”花。被誉为“二乔”。

‘龙字’花容端庄而丰丽,为典型的荷形水仙瓣花,素与‘宋梅’合称为“国兰双璧”。其叶态婀娜多姿,有英姿焕发的昂首挺立者,有翩翩起舞的翻转扭曲者,有毕恭毕敬的弧曲俯首者,真令人心旷神怡,流连忘返,赞叹不已。

‘万字’叶姿洋溢着秀颀的曲线美,花容端庄、秀雅,花色绿中泛黄,色彩对比鲜明。它那蚕蛾态之捧瓣,宽如人之上嘴唇与微露之小如意舌,好比“笑口常开”,逗人喜爱。

(2)生命力旺盛

春兰“四大天王”,虽原产于江浙,不仅鄙人引种的生长茂盛,繁殖力强,着花容易,而且电访、信访各地兰友,都众口一词。

(3)历代兰家推崇备至

据广查古今兰著,都盛赞之,连日本兰家也把它们推崇为春兰

"四大天王"。

由于确有上述三优，不仅老兰友视为珍宝，而且连初涉兰门者也梦寐以求。

261. 江浙一带称为"春兰四大名花"的是哪些？

被江浙兰界称为"春兰四大名花"的，即是春兰典型之水仙瓣花的'汪字'，取代了被日本兰界誉为"春兰四大天王"之一的'万字'，而成的。即为'宋梅''集圆''龙字''汪字'四个品种。

至于为何要以'汪字'取代'万字'呢？鄙人未见有关资料，只能试猜一下：

首先，在日本兰界有"春兰四大天王"之称前，江浙兰界早就有了"春兰四大名花"的约定俗成。

其次，在自然界里，符合标准的水仙瓣兰花也和梅瓣、荷瓣花一样稀少而难得。不过水仙瓣花的标准比荷梅瓣花之标准要低得多，相对与水仙瓣花相近似的花，也就不少。为了避免滥称水仙瓣而引起的混杂，有用意地把典型水仙瓣花之'汪字'去取代'万字'。

再者，春兰四大天王中的'宋梅''集圆''万字'都是梅瓣花，仅'龙字'是荷形水仙瓣花。这样未免有梅瓣花过多，而荷瓣、水仙瓣花似有若无之嫌，所以用以取代之。

于此，笔者还有一点不成熟的意见：春兰四大名花中，为何没有典型之荷瓣花？是否能用荷瓣之典型代表种'大富贵'取代'集圆'，让四大名花中荷、梅、水仙瓣俱全呢？

262. 传统是怎样对春兰进行分类的？

春兰，历来是按花瓣的形状进行分类的。传统把春兰分为5大类：

（1）梅瓣类

以'宋梅'为梅瓣花的典型代表种。玉梅为白唇梅之代表种。

（2）荷瓣类

以'郑同荷'和'盖荷'为典型代表种。它又按花形之大小分为3

个型：

①小型。每瓣径宽 0.8cm 许，长约 1cm，以‘盖荷’为代表种。

②中型。每瓣径宽 1～1.2cm，长约 2cm，以‘高荷’‘端秀荷’‘环球荷鼎’‘绿云’为代表种。

③大型。每瓣径宽 1.5cm 以上，长约 3cm 以上。以‘郑同荷’‘大魁荷’‘福田大荷’为代表。

(3)水仙瓣

以‘汪字’‘方字’为代表种。其变种有梅形水仙和荷形水仙。

①梅形水仙瓣。它的萼片近似梅瓣的萼片，大多稍长些，主萼收根细，侧萼收根较粗；捧瓣有兜或微兜。以‘西子’‘西神梅’‘翠文’‘蔡梅水仙’为代表种。

②荷形水仙瓣。三萼较阔，近似荷瓣之萼片，但萼端无明显的放角，捧瓣有轻兜或微兜。以‘龙字’为荷形水仙瓣之冠，与‘如善荷仙’‘水仙大富贵’‘翠薇’为典型代表种。

(4)素心瓣

全花的各个部分，纯净无瑕，没有间洒异色点斑块者，为素心瓣。即素心花。

素心瓣又按唇瓣色泽分为‘绿苔素’‘白苔素’‘黄苔素’‘桃腮素’(唇瓣基部有红晕)‘刺毛素’等，以‘绿苔素’为贵。

素心瓣又以萼片和花瓣的形状，分为 4 种：

①草素。即鸡爪瓣素心兰。

②竹瓣素。即竹叶瓣素心兰。

③荷形素。萼片短阔而又略呈棱形，但多数未及荷瓣花标准。

④梅形素。三萼片形似梅瓣萼，捧瓣有微兜，但多数未及梅瓣标准。

素心瓣还以苞片的色泽分为：白筋绿壳素和赤壳素。

(5)奇瓣

凡萼片、捧瓣唇瓣化，或花朵的某个部分、多个部分增多、缺少，都统称为奇瓣。

①蝴蝶型。即萼片、捧瓣唇瓣化。唇瓣化部位有红斑为晕蝴蝶；

没有的称蝴蝶等。又以唇瓣化的程度，分为全蝴、半蝴、草蝴和捧唇形（花瓣内侧唇瓣化）。

②多瓣型。萼片、捧瓣数量增多或花形重叠。

③多唇型。即唇瓣数增多。

263. 哪些传统梅瓣春兰最负盛名？

最负盛名之传统梅瓣春兰有：被誉为春兰“四大天王”之首的杰出名品‘宋梅’；“四大天王”之一，极似‘宋梅’且流传最为广泛的‘集圆’；“四大天王”之一，春兰上品‘万字”。

除上述3个极品之外，还有被历代兰家公认为花姿、风采足与‘宋梅’相媲美的‘养安梅’；春兰流传较广泛的品种‘绿英’‘瑞梅’。还有萼姿独特的飞肩梅——‘贺神梅’；梅瓣桃腮素之‘玉梅素’；被誉为居万字之上的‘吉字’。

此外，还有‘逸品’‘天章梅’‘天兴梅’‘小打梅’‘桂圆梅’‘秦梅’‘永丰梅’‘发扬梅’‘西湖梅’‘绿英’‘梁溪梅’‘荣祥梅’‘太原梅’‘畹香’‘宜兴新梅’‘翠文’‘元吉梅’‘老代梅’‘翠云’‘笑春’‘翠桃’‘无双梅’等等。

264. 传统著名的绿花梅瓣春兰是哪几个？

传统著名的绿花梅瓣春兰品种是‘冠姚梅’‘元吉梅’‘发祥梅’‘冠春’。

265. 哪些传统梅形水仙瓣花最著名？

最为著名的传统梅形水仙瓣兰有‘西神梅’‘萧山蔡梅’（开梅形水仙瓣居多，又称‘蔡梅素’）‘苏州春一品’‘天绿’‘长字’‘西子’‘大金钱’‘奇峰’‘春雨’‘东莱’‘琼仙’等。

266. 哪些传统荷瓣春兰最负盛名？

最负盛名的传统荷瓣春兰以‘郑同荷’和与此极为相似的‘大富贵’为典型代表种；以花瓣和唇瓣明显增多之荷瓣奇种‘绿云’为最名

贵的稀珍品种；以叶态直立、叶形长阔，先端钝兜而扭曲、莛高、花雅、色艳的‘环球荷鼎’最受宠爱；以荷瓣素心之上品的‘杨氏荷素’以荷瓣素心之名品‘月珮素’为不易多得之荷瓣素；以叶形最短小的‘翠盖荷’为案头观赏之佳品。

此外，还有‘张荷素’‘文团素’‘文艳素’‘如意素’‘寅谷素’‘虎山绿云’等。

267. 春兰有哪些传统著名的荷形水仙瓣花？

传统著名的荷形水仙瓣春兰有：被日本兰界列为“春兰四大天王”之一，且为最艳丽的‘龙字’，为荷形水仙瓣之冠。

此外尚有‘太极’‘翠薇’‘富贵仙’‘西子’等。

268. 哪些传统春兰水仙瓣品种最著名？

传统春兰最著名的水仙瓣品种以四大名种之一，又流传最广泛的‘汪字’为名种。‘春一品’为水仙瓣春兰名品。‘逸品’亦为水仙瓣春兰最广泛流传的品种之一。此外，还有‘宜春仙’‘杨春仙’‘翠一品’‘蔡仙素’‘嘉隆’‘姚石仙’等。

269. 传统春兰皱角水仙是哪个品种？

传统春兰皱角水仙品种甚少，以‘翠一品’因唇尖端不残缺为最好。

翠一品三萼阔大，收根，萼前端微呈飘状，软浅兜捧心，圆舌，舌上所缀红点特别鲜艳。花莛细长，花肩平、色翠。老叶半垂，叶尖尖锐，叶质较薄，苞片浅红色。

一般兰蕙中，凡属皱角水仙瓣形者，唇瓣尖端部位必有微缺，独有此品不缺。

270. 春兰有哪些著名的传统蝶花？

春兰著名的传统蝶花有：

①‘四喜蝶’。外轮 4 瓣对生，呈 x 形；内轮 3 瓣演变成半截白色

唇瓣化。为蝶瓣中之异品。

②'和合蝶'。外轮4瓣成"x"形，长阔，放角收根，紧边；内轮3瓣荷形，2蕊柱，2唇瓣。

③'素蝶莲'。3萼片长而阔，剪刀捧，2个素唇瓣。为我国双唇素瓣中之稀珍品，填补了我国传统兰蕙瓣型中缺少双舌瓣之空白。

④'蕊蝶'。捧瓣演化成唇瓣状，为无捧瓣，多唇瓣之奇品。

⑤'里蝶'。为无唇瓣，多瓣型花。即唇瓣部位由2片花瓣分列，并有部分唇瓣化。

⑥'迎春蝶'。为大荷瓣型花，肩萼半唇瓣化。

⑦'彩蝴蝶'。3萼片短而阔，肩萼半唇瓣化，缀有鲜红点斑和条纹。

⑧'杨氏素蝶'。3萼宽阔，肩萼半唇瓣化素色，大圆舌，全花翠绿色，宛如绿粉蝶飞舞，被视为珍品。

⑨'渊蝶'。荷形彩蝴蝶。

⑩'冠蝶'。荷形彩蝴蝶。

⑪'梁溪蕊蝶'。捧瓣唇瓣化。

⑫'余蝴蝶'。为多瓣化蝶花。花瓣不规则排列，多达20～30片，偶有唇瓣化。易开并蒂花。

271. 改革开放以来，新发现的春兰名品有哪些？

①'金鸡啼晓'。为20世纪80年代，四川发现之春兰荷形竹叶瓣型全金黄色花。其形似晨鸡啼晓，大方而雄伟，为不可多得之佳品。

②'叶梅'。又称二七梅。20世纪80年代，由浙江绍兴棠棣乡渚二七选出，叶志庆分种，以姓氏命名，得以流传之荷形梅瓣春兰佳品。萼片略呈放角收根，紧边，平肩；花瓣圆润，有兜；刘海舌。可与'宋梅''西神梅'相媲美。

③'庆梅'。1982年由浙江绍兴漓渚人叶志庆在嵊县对溪山采得之梅瓣春兰。萼片端圆、收根，色翠，蚕蛾捧，如意舌，花容端正，香气浓。

④‘舞姬’。1985年由贵阳市园林研究所在贵州省易水县选出，为荷形竹叶瓣春兰。萼片长棱形，中萼昂立，侧萼卷边垂直下伸；花瓣长三角形向左右伸展，唇瓣色白，长而后卷；花被有披红条，缀紫红斑，花容酷似舞女在起舞。

⑤‘金筑’。1986年贵阳市园林研究所职工采得之金黄色荷形竹叶瓣春兰。萼片长圆形，大落肩，花瓣短阔合抱蕊柱，唇瓣长而后卷。红脉紫斑，错落有致。

⑥‘东神梅’。1987年由浙江省绍兴市园林处选出的春兰梅瓣新品种。萼片端圆，紧边；花瓣短圆，半硬有兜；刘海舌。与‘西神梅’有相似之处，故而为名。

⑦‘虞山奇蝶’。1987年由江苏省常熟人沈德尧栽培之春兰畸形蝴蝶瓣。花大多瓣，花瓣、唇瓣各4片，紫红、绿白相间，花容恰似2只小蝴蝶聚在一起，形质俏丽，实属难得。

⑧‘龙荷素’。1990年由鲁水良在浙江余姚县选出之荷形素心。萼端放角，但无收根；蚌壳捧，大卷舌。全花无异色点、条斑，素雅大方。

⑨‘春菊’。1990年，由云南蔡大章选出之春兰多瓣畸形花。萼片5枚，花瓣十余枚，大小不一，形态各异，犹如盛开的菊花。

⑩‘翔字荷’。1990年自浙江舟山市选出之春兰荷瓣花。

⑪‘闻蝶’。1990年由上海闻金坤选出之春兰水仙形蝶瓣花。

⑫‘锦梅’。1990年由上海马锦荣选出之梅瓣春兰。萼片卵形、平肩至飞肩，大圆舌。

⑬‘江南第一仙’。1985年选自浙江舟山之标准的水仙瓣春兰。

⑭‘南海观音’。20世纪90年代由谷杨丰登录之荷形水仙瓣春兰，蕊柱似佛像(登录号052)。

⑮‘皖晶梅。20世纪90年代，安徽李仁韵自大别山选出之春兰梅瓣素心品种。

⑯‘天龙蕊蝶’。20世纪90年代由四川郫筒县廖家发从沐川县选出。花瓣唇瓣化，蕊柱突变成数朵小花，色彩艳丽，为难得之春兰珍品。

⑰‘风扇梅’。20世纪90年代，由四川省名山县代福志选出。为堪与‘宋梅’相媲美的标准梅瓣春兰。

⑱‘桃源梦蝶’。为多萼片、多花瓣、多唇瓣、多色彩蝶化花。瓣形奇而有序，对称性好；色彩红、白、绿相间，俏艳可爱。为四川省宜兴市张学友栽培。

此外还有四川邓少康的‘泸梅’，李昌寿的‘翡翠梅’，廖家发的‘胭脂梅’‘十字蝶’‘卷萼捧蝶’，周家长的‘圆梅’，林元洪的‘东方佛兰’，周丛林的‘圣母’，刘光福的‘福梅素’，贾学成的‘墨素奇蝶’‘彩粉菊’；浙江朱晓阳的‘素大富贵’‘长萼梅’‘玉荷素’‘五彩肩蝶’，朱人一的‘少捧飞蝶’，钱宝芳的‘钱蝶’‘水平舌蝶’，王其浩的‘覆轮捧蝶’，周玮琦的‘周氏蝶’‘四喜荷’‘翠彩波’，叶张启的‘仙桃梅’；江苏胡王伦的‘x萼捧蝶’‘分茎重台菊’‘金荷蝶’，赵俊的‘平肩素’；云南尚明贵的‘多肩奇’‘单捧蝶’‘粉红素’等等，不胜枚举。

272. 春兰有哪些线艺名品？

①‘国宝’。叶短阔肥厚、斜立叶态，授露型叶端；绿覆轮，大中斑缟艺。

②‘三笠山’。叶短阔，斜立弧垂；黄色长条形狭小斑之黄色虎斑艺。

③‘群千鸟’。斜立弓垂叶态，黄色蛇皮斑艺。

④‘大雪岭’。近平展叶态，淡黄色覆轮中斑缟艺。

⑤‘静观’。阔叶弧垂，不规则的长条虎斑艺。

⑥‘圣晃’。中大斜立叶，银色覆轮艺。

⑦‘守门龙’。阔叶弧垂，叶端翻扭，黄色蛇皮斑艺。

⑧‘旌旗’。斜立叶，覆轮中斑缟艺。

⑨‘锦波’。斜立叶，黄白蛇皮斑与虎斑混合艺。

273. 春兰有哪些叶和花均有线艺的名种？

①‘王氏双绝’。为1990年浙江绍兴红十字医院王致祥医师发现培育的春兰竹叶瓣、叶花双线艺品(登录号036)。

②‘康缟蝶’。为1988年自浙江省舟山群岛选出之春兰畸形蝴蝶，花叶兼有线艺的珍品。叶有黄色缟线，花被多处有粗大的白色缟线。

③‘银河蝶’。为1990年在浙江绍兴园林处兰苑选出的黄色覆轮叶，花被白缟蝶化花。

④‘金边玉衣’。为1980年绍兴李志亭选出之叶有黄色覆轮艺，花萼、花瓣端部有阔大的金色爪艺的双艺春兰。

⑤‘银边翡翠’。为1989年绍兴马性远、漓渚镇叶华良选出的白覆轮叶艺，水仙瓣白爪花艺的双艺春兰。

⑥‘曙光’。为1990年漓渚镇叶华海选出的白覆轮叶艺，黄爪艺花之双艺春兰。

⑦‘一点红’。为1991年绍兴王金先选出的唇瓣上缀有一红点，5瓣镶粗大黄线艺（有线艺部分占叶面的2/3）或块斑艺，叶面也有黄色缟艺的水仙瓣平肩春兰。

⑧‘群艺争辉’。浙江王其浩选出的叶、花多种线艺性状之春兰。

⑨‘富水春’。又名富水仙。叶、花均有黄色阔深爪艺。

274. 怎样识别春兰“四大天王”？

（1）‘宋梅’

‘宋梅’以品种发现者宋锦璇之姓与花之梅瓣相结合而为名。它叶鞘淡红色。叶长15～25cm，宽0.7～1cm。叶质肥厚，嫩叶浓绿，富有光泽，叶端钝尖，老叶弓垂。花莛淡紫红色，一般高出叶丛面，也有与叶丛面等高的。莛花单朵，也有一莛双花的偶然性。花径4cm许。为春兰中的典型梅瓣花，被推为春兰“四大天王”之首。中萼端庄，呈华盖状；两侧萼平展或略下垂。萼片短阔、圆钝、质厚、紧边，端缘里扣呈兜状，萼基收细；花瓣卷曲成蚕蛾状，分立蕊柱两侧（可惜花瓣上缘不合拢而呈开天窗状），花瓣缘白覆轮，薄而微内卷起兜。唇瓣短阔圆正，隶属刘海舌范畴。唇瓣上，还有恰到好处的红点点缀，绿、白、黄、红四色对比鲜明，错落有致。

(2)‘集圆’

萼片基部汇合处，着根集结成圆球形而得名。

‘集圆’新芽赤绿色，叶片中阔而厚，叶脉沟深，叶先端微钝，老叶斜垂，常间有格外细小似韭菜叶状的垂姿小叶。花莛高出叶丛面，苞片绿中挂淡红筋。花态与‘宋梅’相似，但花径较小，萼片较长圆，花瓣有兜，合抱蕊柱，属蚕蛾捧。唇瓣为小刘海舌，舌面缀有鲜红斑。花瓣端部各有一淡红点，犹如绿叶托红花，似画龙点睛，格外雅致。

本品花色嫩绿，肩平、瓣肉厚，花容端庄硬挺，花期长。因其花与叶极似‘宋梅’，兰商常以此替代‘宋梅’。但我们只要抓住如下4个特征，就不难辨准。其一，兰丛中斜垂的老叶间，夹有一二片格外细小的垂叶；其二，萼基着根圆结；其三，花瓣部各有一个淡红点；其四，唇瓣为小刘海舌，明显比‘宋梅’之唇瓣小。

该兰长势旺盛，繁殖快，容易着花，故在“四大天王”中，为流传最广的珍品。

(3)‘龙字’

本品产于浙江省余姚县高庙山之“千岩龙脉”，花又为荷形水仙瓣之冠，故而命为‘龙字’。又称‘姚一色’。

‘龙字’叶绿而有光泽，叶基狭窄，叶中段较宽，先端尖锐；叶态多姿；花径大达7cm；萼片长阔而端钝尖，质厚而有紧边，浅翠绿色，略现透明状，双侧萼多平展，少微垂。花瓣起兜，合盖蕊柱，为观音棒；白色的唇瓣大而长，略后卷，为大铺舌，舌面缀有倒品字形的三个鲜红点，犹如福星拱照，呈祥兆瑞。花容端庄而丰硕，为“四大天王”中的最艳丽者，常与‘宋梅’合称为“国兰双璧”。

(4)‘万字’

本品为浙江省杭州万家花园首先栽培，故而被命为‘万字’。后又因在清代同治年间，浙江嘉兴的鸳湖畔，也发现了与此相同之原生种，而被称为“鸳湖第一梅”。

该兰新芽浅绿泛紫晕，叶长25～30cm，富有光泽，叶态斜立，间或叶姿半垂，曲线优美，姿态万千。叶质厚，叶脉沟深，3叶刚健。

‘万字’花莛高约20cm，莛色暗紫，花径5～6cm；苞片暗绿色；三萼短阔、端圆而有微突，紧边微兜；两侧萼平展；花瓣肉质，质糯，起兜，瓣端洒有微红点，紧贴于蕊柱之上，为蚕蛾捧；唇瓣为小如意舌，中裂片稍露而不下垂。为高标准之梅瓣型花。

据说真‘万字’兰存量甚少，常以‘瑞梅’代之。

不少人建议：最好别用日本的称誉“四大天王”，应改用“春兰四大名品”。

275. ‘红宋梅’是否宋梅之变种？两者有何异同？

《绍兴兰文化》一书中刊有‘红宋梅’彩照，内文介绍它花形极似‘宋梅’，惟除舌尖外，舌头全红。有些兰友来函问：‘红宋梅’是否‘宋梅’之变种？

‘红宋梅’不是由‘宋梅’变异而来的。据报道：此花是于 1987 年由浙江绍兴漓渚镇三社村徐红跃在宁波紫桥山野上采得的。当时以采集者之名与花梅瓣型相结合而命为‘红跃梅’。后来又认为此花与‘宋梅’相似，唇瓣基部呈深紫红色，就更名为‘红宋梅’。随后反复与‘宋梅’比较，觉得此花与‘宋梅’迥然，故又再更名为‘天华梅’。

‘天华梅’与‘宋梅’相近似的有：

①叶片长宽而厚。

②花莛的高度与色泽均相近。

③萼片紧边、收根，主萼上盖状，侧平展。

④花瓣蚕蛾捧。

其不同处有：

①‘天华梅’叶姿斜立、直立性较强；而‘宋梅’老叶弓垂。

②萼端蛋圆，而‘宋梅’之萼端较圆而有小尖凸。

③萼体较长些，而‘宋梅’较短些。

④‘天华梅’侧萼平展，有时呈飞肩态；而‘宋梅’多平展，有时有微下垂。

⑤唇瓣不同，‘天华梅’为小如意舌，基部满布深紫红色；而‘宋梅’为刘海舌。

276. ‘郑同荷’与‘大富贵’是同物异名吗?

不是。它们是两个具有不同特征的品种。久负盛名的权威兰花专家吴应祥先生,已分别在 1995 年 2 月出版的《国兰拾粹》和 1998 年 11 月出版的《兰花》两书中作了介绍。

以往有些花卉报刊和兰花书籍,曾把它们合二而一地记载为郑同荷,又称大富贵。如有位兰友据年已古稀的老兰家说,1909 年,一采兰农挖得一丛荷瓣春兰,双林郑同梅与余姚王叔平两人,平分种植,各自命名,实同出一源,应为“同物异名”。而绍兴市的孙胜利先生在《中国花卉报》“名兰谱”栏目中介绍说,‘大富贵’于 1909 年在上海花店中选出,1908 年双林郑同梅选出同样的品种。两者说法不一。查阅自此兰发现后的 4 年许,浙江人士吴恩元在其《兰蕙小史》中说:“双林郑同梅植的,形式与大富贵仿佛,惟有时开落肩花……,姑并存之,以质高明”。此说肯定了两个品种的存在。吴应祥先生也许就是根据吴恩元之说,而遍访兰友,仔细考察,确认它们并非同物异名,而在新近的著作中,纠正了前著之误,分别作了介绍。笔者为了弄清这个问题,查阅了大量的资料、彩照、核对实物,认为它们是两个不同的品种。为了让兰友们便于识别,现把核对的结果列表附后(个人观点,仅供兰友们参考、商讨)。

春兰典型荷瓣‘郑同荷’与‘大富贵’叶、花、形、色对照表

项目	内容＼品种	郑同荷	大富贵
叶	叶态	阔厚、呈弓形弯曲	直立、翻扭
	叶色	深绿	黄绿
	叶基	明显收细	收根不明显
	叶端	钝圆,呈授露形	较尖
	叶面	较平展、叶脉青色	略中折、叶脉黄亮
花	花芽	圆大,鲜紫色	粗大,淡紫红色
	莛鞘	狭长,紧箍;筋晕深紫红色	短阔、松裹;筋晕鲜红色

（续）

项目	内容 / 品种	郑同荷	大富贵
花	花莛	(短8～12cm)而略弯曲，披深紫红筋纹	较长(10～15cm)，笔直，披鲜红筋纹
	苞片	深紫红色	鲜红色
	莛花数	常开双朵	单朵
	花径	4.5～5.0cm	5.0～5.5cm
	萼片	短圆。放角、紧边不明显，先端有小尖	较长。放角典型，有紧边
	花肩	侧萼稍下垂	平肩
	花瓣	短圆，紧边，似蚌壳。挨盖蕊柱，微露药帽	阔大，右瓣半盖左瓣，微露药帽
	唇瓣	刘海舌，舌面上有马蹄形鲜红斑	大圆舌，舌面有对称珠链状深红斑
	花色	净绿	黄绿

277. 梅瓣春兰名品之‘集圆’与‘十圆’是否异名同物呢？

‘集圆’与‘十圆’，在吴恩元《兰蕙小史》和沈渊如、沈荫椿《兰花》中，均作为同一品介绍。不过在沈氏父子的《兰花》一书中，却列出‘十圆梅’与‘集圆’的两幅有明显区别之兰照。这也许是沈荫椿先生在其父沈渊如重病之后，整理书稿时找不到原有资料，只好暂以吴恩元先生之说为依据，把两者归为异名同物，但又有存疑，只好把两种照片并列刊出，以供兰友参考。

从株形、叶态、花形、花色的对比中，二者有明显之差异：

①叶的软硬有别。‘集圆’叶厚而软，夹有狭细叶；而‘十圆’叶硬，也无夹细小叶。

②芽色有异。‘集圆’芽色淡绿而有淡紫脉纹；而‘十圆’芽色红而略带紫脉。

③莛鞘与苞片色泽不同。‘集圆’莛鞘绿带红彩，苞片翠绿，基部紫红；而‘十圆’莛鞘淡紫红，缀绿彩，苞片深紫红，端带绿彩。

④花莛色泽不同。集圆莛色淡紫红；而‘十圆’莛色深赤红色。

⑤萼片形异。‘集圆’萼片短而阔；而‘十圆’侧萼较长，且似有放角状。

⑥唇瓣斑形不同。‘集圆’唇瓣有较紊乱的红点；而‘十圆’唇瓣红点少。

⑦花瓣型稳定性不同。‘集圆’梅瓣花型欠稳定，有时开出梅形水仙瓣；而‘十圆’的梅瓣花型却十分稳定。

鉴此，笔者认为‘集圆’与‘十圆’应是两个不同的品种。

不过，还有争议。浙江陈德初先生曾撰文发表于《中国兰花》杂志 2000 年第五期上，详细地介绍了它们之微妙差异，正是该品具有魔术般变幻之特异性。实为“一家人”。这种多变性的观赏植物，肯定是有的。春兰中的‘宋梅’、‘绿云’，不也具有类似的多变性吗？因此，这个问题还待兰家进一步考证认定。

278. 传统春兰典型梅瓣花‘万字’与‘瑞梅’有何异同？

看了上海史校山先生发表于《兰》2000 年第 3 期上的‘万字’你在哪里？一文后，激起了写此问之兴趣。

史先生在文中提到：在翻查兰书时，得知‘万字’花容花姿别具一格，乃地道的国兰一珍。多少兰友，盼望一睹芳容。可是能看到的，都是真‘瑞梅’，假‘万字’！查阅了好几本兰书的彩照，与日本株式会社平凡社 1995 年 2 月出版的《春兰名品集》中的‘万字’彩照对照后才知道，日本兰书中的‘万字’彩照，才是真‘万字’。文中还提到，“据说，前不久举办的杭州十届兰博会上，所展出的‘万字’，也有人说，展出的基本上都是真‘瑞梅’，假‘万字’。”

为了让大家对‘万字’和‘瑞梅’有个较清楚的认识，笔者查阅了多种资料，并核对了多种彩照后，认为这两者实有较明显的区别（并列表对照附后）。

①从叶片看。虽两者的老叶态均为弓形，而易混淆；但‘瑞梅’的叶态直立性较强，有所不同。‘万字’的叶鞘暗紫色；而‘瑞梅’的叶鞘却为暗绿色，也易区别。

②从花朵看。花容虽都很端庄，但只要细看，便可发现，‘万字’

的萼片卵圆；而‘瑞梅’的萼片呈钝放角状。它们的花瓣，虽均为蚕蛾捧，但‘万字’的蚕蛾捧十分典型，上侧泛红晕；而‘瑞梅’的蚕蛾捧较勉强，蚕头不显著。更突出的是‘万字’的舌为小如意舌；而‘瑞梅’却是刘海舌。

由此可见，要认准一个名品，需查找资料，核对彩照，理出它们的异同后，才会少失误。

春兰典型梅瓣花‘万字’与‘瑞梅’对照表

项目	内容＼品种	‘万　字’	‘瑞　梅’
叶	叶态	长叶半垂，老叶弓形	直立性强，老叶弓形
	叶色	色绿，稍有光泽	暗绿，少光泽
	叶端	稍钝	稍尖
	叶鞘	稍低、暗紫色	高、暗绿色
	叶脉	深	浅
花	花莛	高约 20cm	高约 20cm
	莛鞘	暗紫色	浅紫色带绿
	苞片	暗绿色	浅紫色带绿
	花径	5～6cm	5～6cm
	萼片	短阔、端圆、紧边、基窄，肩平、稍垂、偶开飞肩	短阔、放角状、端圆、有尖峰、平肩
	花瓣	标准的蚕蛾捧，上侧泛红晕	不很典型的蚕蛾捧，蚕头不显著
	唇瓣	小而圆，不下垂，小如意舌	刘海舌
	花容	端庄	端庄
备注		为春兰“四大天王”之一	为春兰中流传广泛品种之一

279. 蕙兰的传统分类是怎样的？

蕙兰除了和春兰一样按梅瓣、荷瓣、水仙瓣、素心瓣和奇瓣等 5 大瓣型分类外，还依据苞片的色彩，再行具体分类。现将分类的类型分述如下：

(1)绿壳类

苞片的颜色绿,又披挂绿色筋纹。如‘上海梅’‘潘绿’‘荡字’‘仙绿’等。

(2)白绿壳类

苞片白底泛绿晕,基部绿晕淡,端部绿晕也淡,中部却较深。如‘大一品’等。

(3)赤转绿壳类

即苞片基淡绿色,中部红色,端部泛绿紫晕。如‘涵碧’‘端梅’‘崔梅’‘荣梅’等。

(4)水银红壳类

即苞片的基部微白色,其余呈淡红色。苞片上的筋纹之红色更浓些。如‘万顷含翠’‘叶梅’‘瑾梅’等。

(5)赤壳类

即苞片呈紫红色,筋纹较粗大,色泽也较深。如‘程梅’‘关顶’‘元字’等。

除了上述5类外,尚有深绿壳、淡青壳、竹叶青壳、竹根青壳、青麻绿壳、荷花色壳、深紫壳、猪肝赤壳等较难规范而也不甚典型的分类。

(6)奇瓣类

蕙兰的奇瓣类,除了与春兰同样之外,还有独特的小分类:

①猫耳捧。如‘蜂巧’。

②扭瓣形。两侧萼呈扭曲状。如‘海鸥’。

③波瓣形。萼片呈波浪状,捧瓣波曲,端尖呈猫耳状。如‘朵云’‘蛾蜂梅’。

④莲花形。所有的花朵聚缩成一朵,犹如复瓣莲花状。如‘蕙莲’。

⑤杂样锦。同一莛花中,既有梅形花、荷形花、水仙形花,又有竹叶瓣形、鸡爪瓣形花。如‘杂样锦’。

280. 哪些是传统蕙兰的老八种和新八种?

传统春蕙兰老八种是:‘程梅’‘上海梅’‘关顶’‘元字’‘染字’‘大一品’‘潘绿’‘荡字’。据报道,其中‘染字’已失传。

传统春蕙兰新八种是:‘楼梅’‘翠萼’‘极品’‘庆华梅’‘江南新极品’‘端梅’‘崔梅’‘荣梅’。据报道,其中‘极品’‘翠萼’‘庆华梅’已失传。

现把老八种和新八种,各选介一品:

①‘大一品’。为绿壳类大荷形水仙瓣,居传统老八种之首位。由清代乾隆时浙江人胡少海选出。在苏州展出时,曾有一富豪以千金购得。本品叶质厚实,环垂叶态,富有光泽;花莛粗壮,高出叶面,花大,淡翠绿色,两侧萼平展,如意舌。

②‘崔梅’。本品于20世纪30年代,由杭州崔怡庭选出。以他之姓与花属梅瓣相结合而为名。本品为龙吞舌,被列入春蕙兰新八种之中。

281. 传统蕙兰蝶花品种中的空前佳品是什么?

彩蝶。又名翠蝶,乃于1936年,由江苏无锡市沈渊如选出。本品属绿壳绿花荷形蝶瓣类。叶态直立,花莛高出叶丛面,三萼形阔质厚,两侧萼下半幅唇瓣化;剪刀捧,大铺舌。本品填补了春蕙兰蝶瓣中荷形蝶之空白,被誉为“空前佳品”。

282. 蕙兰有哪些近代发现的名种?

①‘洞庭春’。绿壳梅瓣花。唇瓣下挂不卷。

②‘虞顶’。绿壳梅瓣花。唇瓣下垂反卷。

③‘留春’。赤转绿壳梅瓣花。唇瓣短圆。

④‘朵云’。绿壳畸形瓣。萼、捧、唇全都呈波浪式皱卷。

⑤‘海鸥’。赤转绿壳梅瓣花。侧萼扭曲状。

⑥‘常熟新梅’。绿壳梅瓣。花绿白色泛黄晕。

⑦‘翠迪’,赤转绿壳梅瓣花。花除最底层一朵外,其余的均成双

紧挨或相对而生。

⑧‘银河霞’。银色覆轮叶艺，萼片、花瓣均有超宽银色覆轮艺，唇瓣白缘，彩斑红绿赤紫交相辉映，十分琦丽。为滇产蕙兰。郭崇实登录(064)。

⑨‘双艺玉蕙’。为叶、花双艺珍品。叶为大中斑缟艺，光彩夺目；宽绿覆轮黄花，在红花柄、红彩筋纹的映衬下，更显得秀丽。花色近似墨兰‘玉松’。为苏州金阊区法院胡王伦栽培。

⑩‘翔聚’。为红花蕙兰。侧萼似鸟翔聚栖息，情趣非凡。福建许东生栽培。

此外还有江苏胡王伦的‘奇梅’‘上捧蝶’‘齿舌素’；四川贾学成的‘神雕’‘腾飞’；四川刘世渡的‘金花素’；云南尚明贵的‘剪捧素’，周云芳的‘穗蕙’等等。

283. 莲瓣兰有哪些主要名品？

①‘碧龙菊’。细叶种，株叶6～7片。全花集菊瓣、蝶花、多蕊柱、多舌于一体。多姿多彩，妙趣横生。登录号053，登录者云南李映龙。

②‘碧龙奇蝶’。花瓣短、阔、圆，耸立，唇瓣化，镶有片状红斑。李映龙登录，登录号(039)。

③‘碧龙蝶’。全花集萼、花瓣唇瓣化、多舌于一身，色彩丰富，鲜艳多姿。李映龙登录，登录号(061)。

④‘点苍梅’。标准梅瓣花，花色秀雅。李映龙登录，登录号(067)。

⑤‘苍山瑞雪’。白莲、白花小雪素，为云南传统名兰。李映龙登录，登录号(026)。

⑥‘剑阳蝶’。萼片、花瓣短阔，白色披紫筋，肩萼过半唇瓣化，彩斑醒目。李映龙登录，登录号(05)。

⑦‘贵妃’。荷形花，全花桃红色。李映龙栽培，曾获第九届全国兰花博览会金奖。

⑧‘宽叶金黄荷’。荷形花，全花金黄色。李映龙栽培，曾获第八

届全国兰花博览会金奖。

⑨‘一捧雪’。荷形水仙瓣花，花色雪白底披绿筋。四川会理县刘世渡登录，登录号(038)。

⑩‘大云荷’。标准荷瓣花，大圆舌，白底披淡紫筋，泛红晕。云南何惠登录，登录号(068)。

此外，还有云南张志宗的‘端秀荷’‘绿筋荷’‘粉绿荷’‘赤嘴荷’‘粉彩梅蝶’，石纯尧的‘苍山奇蝶’，陈贵的‘四喜玉蝶’‘玉彩肩蝶’，四川吴长光的‘黄珠梅’等。

284. 春剑兰有哪些名品？

①‘翠玉梅’。标准梅瓣花，大圆舌。花被翡翠色，有白覆轮。为四川梅章宏登录，登录号(011)。

②‘白玉姣’。萼片短阔，端蛋圆，捧瓣起兜，白大圆舌镶大鲜红色元宝斑。花被白泛青黄晕。为四川梅章宏登录，登录号(015)。

③‘血莛春剑’。花蕾、花莛、鞘、苞片、花被全为血红色，白唇下挂不后卷，镶大彩点斑。为龙杨源登录，登录号(042)。

④‘余氏奇星’。花瓣与萼片几乎等长，与白唇成六角状排列，蕊柱退化，花为紫青色。余荣登录，登录号(043)。

⑤‘群蝶争春’。萼片菱形，短阔，唇瓣起兜半硬捧，多蕊柱，顶花并蒂似群蝶飞舞争春。为四川郫县廖家发登录，登录号(055)。

⑥‘绿锦’。为荷形春剑素。萼捧短阔，色青绿，捧瓣紧边，大卷舌纯白。为四川廖家发登录，登录号(059)。

⑦‘中华奇珍’。为复瓣蝶花。复色鲜艳，顶花并蒂，宛如一对绣球。为四川郫县梅章宏登录，登录号(012)。

⑧‘梁祝’。复色蝶花。一箭双花，一上一下如雌雄相对，复色鲜艳，两朵花之唇瓣宛如情侣相吻。为梅章宏登录，登录号(013)。

⑨‘弥陀佛’。春剑畸形花。花大、直立，花形奇特，酷似佛端坐于莲座之上。为四川都江堰李温泉采得。

⑩‘牙黄春剑’。牙黄素心春剑兰。

⑪‘元洪素’。红花春剑素。由四川省内江市农科所林元洪栽

培。

⑫‘冰心奇龙’。水晶中透叶艺矮种。为四川徐公明栽培。

此外还有四川廖家发的‘神剑’‘双喜梅’‘齿剑’，梁建国的‘鹰嘴梅’‘蚕蛾素’‘紫彩燕’，贾学成的‘向阳红’‘白彩肩蝶’‘四孝奇蝶’‘圣诞老人’，李正宣的‘梅肩蝶’，代福志的‘覆轮红剑’，李文全的‘双艺红剑’‘珠捧仙’，刘光福的‘飞红箭’等。

285. 素心建兰有哪些富有特色的名种？

(1)传统珍种

(1)‘鱼魫兰’。株型潇洒、莛花多达12朵，花被洁白晶莹。早在762年前，我国最早的一部兰著，也是世界上最早的一部全面的兰花专著——《金漳兰谱》的作者赵时庚先生，就把‘鱼魫兰’推为白兰之奇品或品外之奇。随后，历代兰家都倍加推崇，因此，‘鱼魫兰’便成了传统素心建兰中首屈一指的珍品。

②‘永福素’。它曾被嘉庆皇帝敕封为宝花。为肥环叶态，汤匙叶尾。秋开乳白色微落肩水仙瓣形全素花。花莛出架，莛花7～11朵。

‘永福素’依叶态可分为汤匙尾、指印叶和弓垂叶三种。永福名雅，兆寓永远幸福。还由于它株俏、叶秀、色素、花香，倍受兰家珍爱，每每争相引种，流传海内外。

(2)传统佳种

①四季素。分为斜立叶态、立叶态、矮垂叶态3种。育壮，可年多次开花，香气丰富而醇正。

②‘龙岩十八开’。为素心建兰中莛花朵数最多的佳种。为半弓垂叶态，株体直立，叶端呈弓垂。弓形严谨，不偏垂、不扭转、不上翘，显得格外端庄潇洒。育壮后，可莛开18朵香白花。

③‘十六罗汉’。莛花朵数居素心建兰之第二位。叶幅阔，直立或斜立叶态，叶柄短，中部肥大，顺尖或钝尖收尾。育壮后，可莛开16朵香花。

④‘十三太保’。莛花朵数居素心建兰的第三位。叶柄较长，斜

立叶态，叶端先向下弯垂，然后再上翘。此为本品叶态之专有特征。育壮后，可莛开13朵香花。

(3)素心花艺种

①'红鼻素'。合蕊柱头上有两个鲜红小圆点。

②'峨眉奇素'。唇瓣花瓣化，有时开多萼花。

③'笑荷素'。萼片、花瓣酷似含笑花瓣样。

④'绿嘴素'。萼端翠绿，端缘镶深绿边。

⑤'赤金素'。全花色如赤金一样金黄。花萼、花瓣大而形态别致。

⑥'观音素'。萼片短阔，泛绿晕。

⑦'荷花素'。萼片短阔。分为企剑、软剑2种。

⑧'银白素'。花色格外洁白。分阔叶、细叶2种。

⑨'兜唇素'。自花开至凋谢，唇瓣微翘起兜。

⑩'鲜红素'。全花鲜红色。

⑪'绿仙素'。水仙瓣型，花被绿色。

(4)下山良种

①'三利素'。叶端叶齿十分锐利，端背中脉骨也长毛刺。花白香浓。

②'曲瓣素'。花被多处曲皱。

③'三度素'。年可3次开花。

(5)线艺素心

①'金丝马尾'。叶片镶嵌有多条黄色线艺。有素心种与彩心种之别。依线艺性状，又分为银嘴、银边、金嘴、金边之分。

②'银边菩提素'。花形大，白覆轮，桃形花瓣，似有多舌感。

③'银边大贡''金边大贡'。覆轮线艺。

④'银边龙岩素'。

⑤'银针'。即'银嘴铁骨素'。已有多种进化艺。如银边、覆轮中缟、银边加中透、水晶艺等。

(6)传统名种

①'龙岩素'。为素心建兰流传最广的品种之一。其变种多达

10余个。

②‘凤尾素’。叶姿多态，有‘日月垂’‘龙井素’‘三摇素’等美称。它为线艺兰的祖宗之一。‘金丝马尾’‘凤’等都是由‘凤尾素’进化而来的。

③仁化白。变种甚多，也为线艺兰的祖宗之一。

此外，还有‘朝天素’‘粉马素’‘永安素’‘大屯素’‘天台素’‘牛斗素’‘白云素’等百余种。

286. 建兰有否能与‘神州奇’相媲美的珍品？

能与墨兰‘神州奇’相媲美的建兰，迄今已有2种：

①‘重台彩蝶’。该兰一莛多花，每朵花之萼绽开后，其蕊柱成了花柄，支撑着3～4个花蕾，当这些花蕾之萼片绽开后，其蕊柱仍然往上伸，支撑2～3个花蕾。所开的花都是色彩琦丽的蝶花。实为兰中空前的稀珍品。

②‘玉山奇蝶’。该兰为多分叉莛全多蝶化花。花姿多态，着色艳丽。放眼看去犹如彩牡丹在盛开，令人流连忘返。

287. 建兰有哪些标准的瓣型花？

(1)梅瓣类

①‘雪梅’。高标准雪白底泛绿晕之梅瓣花。大如意舌两侧缘缀有对称之鲜红块斑1对。为四川黄吉海培育。

②‘金鱼梅’。高标准梅瓣花。捧瓣硬变成似金鱼之眼珠。萼片白泛绿晕，大刘海舌泛洋红晕。为四川唐体育培育。

③‘蜡梅’。为长萼型高标准梅瓣花。萼端圆起兜如勺状，硬捧似拳，大如意舌。乳黄色泛红晕。为四川郭建军培育。

④‘金秀梅’。萼端圆而起兜、硬捧，小如意舌彩点醒目，深黄色花。为福建许东生培育。

⑤‘蜀梅’。为高标准的金黄色彩梅瓣花。广东陈少敏、游宪猛培育。

⑥‘岭南第一梅’。为高标准梅瓣花。青黄底色，缘缀唇瓣化样

之洋红彩点。为广东陈少敏、游宪猛培育。

⑦‘一品梅’。为高标准之梅瓣花。蕊柱下龙吞舌上，色彩如熊熊之火焰，十分艳丽。为广东陈少敏、游宪猛培育。

⑧‘如意梅’。为高标准梅瓣花。萼片青黄色披红条、泛红晕；白大圆舌上红斑醒目。为台湾江元田等培育。

⑨‘飘门梅’。四川田永康培育。

⑩‘珍珠梅’。为白色不全绽开之小型梅瓣花。福建许东生培育。

此外还有‘彩梅’‘圣梅’‘玉梅’‘王子梅’‘红梅’‘鹦洲梅’‘小龙梅’‘蜻蜓戏梅’‘绿彩梅’‘嘉州秀梅’等。

(2)荷瓣类

①‘玉腮荷’。为高标准之荷瓣建兰珍品。萼片短阔、放角、收根、紧边，硬捧，龙吞舌，花为乳白底泛绿晕，蕊柱裂变为两个圆珠形，镶嵌小黑珠，其蕊柱又有顶带，十分别致。为四川唐体育培育。

②‘雄狮荷’。为高标准荷瓣花。黄红白绿橙蓝紫多色复色花，格外琦丽。为台湾江元田等培育。

③‘大圆荷’。为高标准荷瓣花。萼片长 2.5cm，宽 1.6cm。全花金黄底色披鲜红彩，十分鲜艳可爱。为广东李明培育。

此外还有：‘玉彩荷’‘金皱虹荷’等。

3. 水仙瓣类

①‘红条水仙’。萼片短阔、端圆，捧瓣紧边微兜，合盖蕊柱。花以雪白底披红彩条，鲜艳夺目妖娆动人。为贵州薛天民、姚国林培育。

②‘粉红仙’。萼片短阔、两头收根、中间大肚如长珠状，白底绿端红彩基，半硬捧白泛淡红晕合盖蕊柱，大圆舌鲜红点错落有致，十分秀雅。为四川向友湘培育。

③‘小凤仙’。荷形萼端黄泛绿晕基披紫彩，半硬捧金黄泛紫红晕，大圆舌红斑错落有致。为广东陈少敏等培育。

④‘红仙’。短圆萼，起兜捧、刘海舌。萼片鲜红色挂深红条纹，十分艳丽。为四川张必才培育。

⑤‘瓜子仙’。萼片瓜子形，起兜捧，大卷舌，花色秀雅。为广东古明仲培育。

此外还有‘彩仙’‘荷仙’等。

288. 建兰有哪些高品位的蝶花？

除了足与‘神州奇’相媲美的‘重台彩蝶’‘玉山奇蝶’外，建兰中还有许多高品位的蝶花，再选介数品如下：

①‘玉彩捧蝶’。此为标准矮种全捧蝶花。3 萼片，为白底披细红条纹，泛绿晕，形宽端蛋圆；捧瓣为异常短阔的三角状，白底洒短红条斑；大圆舌，红点排列有序。形态端庄，着色秀雅。为四川罗文俊培育。

②‘阿里奇蝶’。白底披红条泛绿晕之萼片增多，形态各异，有的四面开拔，有的在子房处兜圈翻卷；多蕊柱，多唇瓣化的花瓣，多唇舌，如拳似球。镶红披绿泛黄缀紫，异常艳丽可爱。

③‘荷晶奇蝶’。荷形艳彩荷之萼片与花瓣周边镶晶白块、洒红斑。为苏武雄培育。

④‘飞凤奇蝶’。萼片绿色，趋向退化，变细而翻卷；花瓣半边淡绿，半边唇瓣化。全花造型别致，鲜艳可爱。台湾陈七雄等培育。

⑤‘复兴奇蝶’。3 萼绿色，圈卷于子房处；花瓣与唇瓣同为金黄色洒鲜红大斑块，十分艳丽。为台湾林盈竹等培育。

⑥‘文君奇蝶’。萼片翠绿，有的依旧，有的向子房处卷攀；双捧有 2/3 唇瓣化，唇瓣 2 长 1 短呈一字形排列。花瓣和唇瓣均为白底缀鲜红大斑块。为广东陈少敏等培育。

⑦‘胭脂奇蝶’。肩萼过半唇瓣化，中萼缘也初现唇瓣化，花瓣下缘也有唇瓣化迹象。色彩对比鲜明。为广东陈少敏等培育。

⑧‘三元奇蝶’。本品为标准梅瓣型肩萼蝶。翠绿底泛黄晕洒紫红彩条点斑块。为广东陈少敏等栽培。

此外还有四川廖和平、梁光全的‘东方狮’，贾学成的‘多萼奇蝶’，唐体育的‘圣光’；广东何建国的‘金菊’，古明仲的‘戴花蝶’等等。

289. 建兰有哪些高品位的奇花？

①‘雄狮’。主萼阔长，侧萼增多；主唇阔长，其上间有多个小舌；花瓣和蕊柱也奇变增多。堪称全奇之兰。花色黄绿披紫红条纹。为四川黄健培育。

②‘佛手素菊’。本品为矮种素心建兰菊瓣奇花。全花萼、捧、唇、蕊柱全增多，且向上伸展，花形似倒置的佛手柑状。为浙江叶张启培育。

③‘猫鹰’。两花瓣硬变成一体，眼、鼻、耳、口俱全，似猫头鹰状，肩萼似搏击猎物状。为四川吴长光培育。

④‘多瓣奇花’。萼片2～3层，花瓣、唇瓣增多，造型别致。花色白泛绿晕。为广汉、吴道高培育。

290. 建兰有何高品位的复色花？

①‘绮彩’。花大瓣阔，白镶边，挂红条、泛紫晕、洒绿点，唇镶红块。五色交相辉映，为罕见的绮彩花。为四川向友湘所培育。

②‘竞艳’。花大瓣长阔，各色的条、点、块、晕，相互映衬，清新而自然，各瓣着色同中有异，争奇斗妍。为四川向友湘培育。

③四季复色花。萼片粉白，中脉挂淡红条，萼缘绿覆轮泛黄晕，花瓣青黄镶白边，唇瓣白底镶鲜红块。素中有艳，艳中有素。为广东陈少敏、詹永舟等培育。

④铁骨复色花。全花粉白底，蓝覆轮泛青绿晕边，其余泛紫红晕，素雅而娇艳。为陈少敏等培育。

291. 素心寒兰有哪些独具特色的品种？

①‘紫杆素’。叶芽、花芽、花莛为紫红色，其花被却为一尘不染的乳白色全素花。福建许东生培育。

②‘淡绿素’。花被仅是淡绿色。福建王仲霖培育。

③‘雪白素’。花萼、花瓣、花径都比普通寒兰大许多，花被雪白泛粉。广西吴能新培育。

292. 素唇寒兰有哪几类？

凡除了镶边之外，整体色泽单一，全无间洒异色点斑块的唇瓣，称为素唇，也称为素舌。如白色的，称白舌；……寒兰在地生兰中，最易出现素唇的品种。现举例如下：

①白舌。常名为'白笑玉'。它花被常为翠绿色，唇瓣全白色，无它色镶边，心部常有淡绿筋纹或淡绿晕。

②红舌。常名为'红玉'。花被黄绿色，唇瓣深红色，白镶边。

③黑舌。常名为'墨神'。花被淡翠色，唇瓣墨黑色，白镶边。

④黄舌。常名为'黄玉'。花被常为红色或青黄色。唇瓣黄色，红花被的黄舌略泛红晕，又有白镶边；青黄花被的黄舌略泛绿晕，无镶边。

⑤绿舌。常名为'翠玉'。花被多为青色或复色。青色花被的绿舌多无镶边；复色花被的绿舌常有白镶边。

293. 寒兰有哪些高品位的奇花和蝶花？

(1)蝶花类

①'飞蝶'。肩萼唇瓣化程度高，萼姿多态，有交叉的，有弯曲并排的，有外弯翻扭的。花姿如大鹏展翅，花态别致，色彩秀雅。为江西李卫平培育。

②'捧缘蝶'。花被绿色，花瓣外翻，双捧缘色白变薄，洒朱红斑。为远东国兰有限公司栽培。

③'花朝蝶'。花被红镶黄边，猫耳捧唇瓣化。花径达16cm。

(2)奇花类

①'翠玉奇'。萼捧数量增多，姿态多样，合抱卷曲，高昂斜展，平展翘飞。构图别致，耐人寻味。为福建许东生培育。

②'绿彩全奇'。花被翠绿，披紫红条纹。萼、捧、蕊柱、唇瓣全部增多。为福建许东生培育。

③'寒珠'。花被翠绿色。花莛粗，花蕾硕大，呈棉桃样。绽开后萼捧短阔，捧上镶白珠。为四川黄吉海培育。

294. 寒兰有哪些富有特色的花艺品?

①'仙鹤鸣翠'。花被色黄。中萼片端前折 90°角,呈鹤嘴状。为江西李卫平培育,登录号(022)。

②'淑女姬'。花被粉红色。萼端、捧端常呈扭转、圈卷、翻翘,形态别致。

③'五彩寒兰'。萼片蓝绿色泛桃红边,披紫条纹;花瓣为猫耳捧,鲜桃红色,披紫条纹;蕊柱头绿镶白托黄帽;唇瓣洁白疏洒红块斑。为江苏陈士友培育。

④'白娘子'。花被雪白,唇瓣白上缀鲜红斑。为云南周云芳培育。

⑤'金铃'。花被金黄披紫红条纹,花朵朝上而呈半开样之铃状。为福建许东生培育。

⑥'红翅鱼'。为花格黄叶寒兰。萼片全鲜红镶白边,花瓣色白,唇瓣白缀红点。许东生培育。

295. 夏寒兰[注]有哪些富有特色的名种?

(1)素心类

素心类中最具特色的品种有:

'黄鹤''翠鹤''玉燕''雨燕''绿鹦鹉''归雁'。

(2)彩心类

彩心类寒兰中的特色品种有:

①'舞仙'。花姿如芭蕾舞演员腾空而起样。

②'紫妃'。萼片乳白泛淡绿晕,花瓣色与萼同,仅披一小段紫线;唇瓣中裂片和蕊柱基部为紫黑色,中段为萼片色。

③'墨神'。又名铁面冰心。黑唇中有一白花块。

注:夏寒兰主产于四川省会理县。

296. 墨兰的“五大奇花”是指哪几种?

墨兰的“五大奇花”是指:

①‘大屯麒麟’。为半垂叶态,叶面带有银斑。花开三层,属牡丹瓣型奇花,常有花上花的奇观。花瓣多达二三十瓣。确为花朵数多、花瓣多、花形奇、花型多、花期长、繁殖力强的珍品。本品可分为青紫莛和紫红莛两种。后者较佳。

②‘国香牡丹’。属牡丹瓣型奇花。具多瓣多舌。合蕊柱长近2cm,在1cm处增生一朵小花。唇瓣5~6片。本品花大色艳,清香四溢。近年来,本品已有叶艺品种问世。

③‘馥翠’。为唇瓣化奇瓣珍品。唇瓣2片。花瓣完全唇瓣化,乳黄底洒鲜红斑块,3萼片深紫色,色彩交相辉映,极为高雅迷人。

④‘玉狮子’。为多舌多鼻奇形花。花瓣宽阔,多个金黄色蕊柱与多片唇瓣相映成趣。花瓣浅翠绿色。花容宛如玉狮怒吼之气势,令人赏心悦目。

⑤‘文山奇蝶’。花朝天而开。花瓣婉约多姿,犹似蝴蝶欢舞。花瓣半唇瓣化,色彩和谐,全花十分雅致。

297. 传统素心墨兰有哪些名种?

素心墨兰又称白墨兰,简称“白墨”。这里所说的白墨是指全花没有任何异色的点、线、斑、块的全素心花。并非像西南地区说的“仅是花莛、花蕾是白色,而花开后萼片、花瓣,唇瓣均挂有朱红色线段,或密洒异色点、斑、块的所谓‘白墨’”。该地区所说白墨,实为白色彩心墨兰,并非全素心墨兰。

白墨栽培历史悠久,品种多达10余个。它叶态秀颀,叶色莹润,体态优美,花容素雅,幽香四溢,抗逆性强。

(1)企剑白墨品系

该品系在清代的《岭海兰言》一书中多有记载,并且大部分都能流传下来。该品系株叶紧凑而直立,叶与叶之间的开幅度小,叶质厚实。叶面青黄,富有光泽。叶片不下垂,仅老叶会有半弓垂。其主要代表种为‘仙殿白墨’。

除了‘仙殿白墨’之外，还有柳形叶的‘柳叶白墨’，苞叶先端内勾如爪状的‘李家白墨’(也称佛山盲公墨)，长剑叶的‘江南企剑白墨’；叶端如凤尾状的‘早花江南白墨’，叶长仅在40cm以内，花小而朵少的‘短剑白墨’，叶端微斜扭，花萼绿玉色的‘玉版白墨’，叶端上翘如匙的‘匙尾白墨’，叶面洒有长短不一白丝线段的‘银丝白墨’，叶端背部主脉骨有长茅刺的‘茅剑白墨’等。

(2)软剑白墨品系

该品系为近似弧垂叶态。大部分品种叶形宽阔，常宽达5cm以上，叶端有微扭，花莛也可有不同程度的弯曲，有的叶面有指印模。它的萼色青，瓣色白，莛花18～20朵。该品系的佳种是‘绿墨素’。它叶色深绿，呈斜立叶态，老叶中部开始弯垂。花萼、花瓣、唇瓣和合蕊柱均为绿色，故称为‘绿墨素’。

298. 素心墨兰有哪些新的园艺名种？

①‘绿云’。为斜立叶态。叶片富有云朵状浓绿斑纹。假鳞茎椭圆而有2～3环痕。花大瓣宽，为无鼻、舌之多瓣素心奇花。

②‘绿英’。为斜立叶态，叶端弧垂。假鳞茎椭圆形，环痕不甚明显。为绿色素心常花。

③‘玉兰花’。花莛青绿色，青黄花。萼片、花瓣、唇瓣端均有深绿嘴，花瓣萼片化，但比萼片短小。莛花朵数达10余朵。花色深绿，花不仅比‘绿云’小，也没有‘绿云’奇。

④‘易升锦’。为斜立叶态之全素花。花初开时，色仅略黄，尔后呈黄金色。花莛、花柄、花萼、花瓣同为淡青绿色。

⑤‘黄金宝’。为落肩花型。萼片青黄，花瓣浅黄；唇瓣和合蕊柱金黄。三层色彩对比鲜明十分可爱。

⑥‘黄玉’。为斜立叶态，近似平肩花。花色与‘黄金宝’相仿，只不过萼片、花瓣青黄色更暗些，蕊柱和唇瓣的金黄色更浓些。

⑦‘碧绿’。本品近似平肩花。花萼、花瓣为浅青绿色，蕊柱和唇瓣为黄白色。

299. 墨兰中的‘绿云’‘绿英’‘绿宝’有何异同？

三者惟一的相同之处，就是花色青绿。

它们所不相同之处是：

①唇瓣不同。‘绿云’‘绿英’的唇瓣都奇变成花瓣样而隶属奇花；而‘绿宝’的唇瓣为标准的大如意舌，白底泛红晕。

②蕊柱不同。‘绿云’的蕊柱奇变成众多的小花瓣；‘绿英’的蕊柱却裂变成白色的花菜样；而‘绿宝’的蕊柱仍是常态。

③瓣型不同。‘绿云’‘绿英’均为奇瓣花；而‘绿宝’却为正格平肩水仙瓣花。

④花莛、花柄色泽不同。‘绿云’‘绿英’虽为同色，但‘绿云’的莛柄色浓绿，‘绿英’的莛柄色为青绿；而‘绿宝’的莛柄色却为褐黑色。

⑤花径大小不同。‘绿云’最大，‘绿宝’为中，‘绿英’最小。

300. 墨兰有哪些超级多花名种？

墨兰莛花朵数，一般是7～13朵，14～17朵为多花品种。莛花朵数达20朵以上的称为超级多花品种。

①‘多花白墨兰’。莛花朵数少则28朵，多则达48朵，通常为38朵。全花金黄鲜亮，香味清醇。但由于花多，花莛负荷过大，常导致花莛有些弯曲或弧垂。花期在春节期间。产于闽西。

②‘帝墨兰’。为广西下山之中缟艺多瓣多花墨兰。叶姿如大鹏展翅。莛开40余朵银边多瓣花，盘旋而上(中透线艺称为“帝”)。为广西吴克坚培育。

③‘香报岁’。为淡黄彩花。莛花多达21朵以上。香气好。

301. 秋天开花的墨兰有哪些主要品种？

①‘秋榜’。叶幅阔，青黄色，有光泽。为斜立叶态，老叶弓垂。花紫褐色，9月下旬现花。香气稍弱。

②‘秋香’。新叶微中折，叶端缘色更浓绿，犹如有绿绀帽状，老叶弧垂。9月上旬开花。花莛色黄，常有弯曲，花萼较细，色黄而披

挂紫褐色条纹。有香气。

③‘秋白墨’。花莛、花柄、花蕾白色，萼捧披挂紫红条纹，唇瓣洒有红点斑。

④‘白粉墨’。叶阔、薄软。萼捧色白披挂洋红条纹，唇瓣色白，疏洒洋红点斑。花色秀丽，令人欣爱。

⑤‘榜墨素’。叶中阔，叶端呈授露型，色翠绿。9月开花。莛、柄、花蕾、花瓣与叶同为翠绿色；唇瓣白色泛绿晕。香气好。本品为近几年之下山品。填补了榜墨无素之空白。更可贵的是该榜墨素之花莛上分生支莛，成为分莛榜墨素。广西吴克坚培育。

302. 何谓“榜墨”?

花期在秋季(一般在八九月)的墨兰。因其常有黄色或青黄的花被，借黄色的皇榜(金榜)结合花期在金秋而喻之“榜墨”也称“秋榜”。以区别于春节前后开花的墨兰。

303. 墨兰有哪些档次较高的瓣型花?

(1)梅瓣类

①‘南国红梅’。属长萼型标准梅瓣花。萼片细收根，端圆、紧边、起兜；花瓣半硬成拳状；大如意舌。花容端庄，色彩橙红。为广州谭福台培育，登录号(025)。

②‘岭南大梅’。属长萼型之标准梅瓣花。萼片细收根，端圆、紧边、起兜；花瓣雄蕊化；长如意舌下挂不后卷，其褶片隆起拼合成一颗大绿珠，十分别致。为广东钟明斌等5人培育，登录号(041)。

③‘南海梅’。属长萼型标准梅瓣花。萼片长而细收根，端浑圆、紧边、起兜；花瓣阔而半硬合盖蕊柱，紧边、起兜；三角如意舌，舌端上翘兜勾。黄绿色花披挂紫红条纹。唇瓣红点醒目。为广东区迎金培育，登录号(045)。

④‘如意梅’。萼片短阔，端圆、收根、紧边、起兜；花瓣短阔，端圆，紧边起兜；龙吞舌。花色黄披紫红条纹，泛褐红晕。

(2)荷瓣类

①‘奇龙’。为墨兰最高标准之荷瓣花。萼、捧、唇均异常短而阔。萼片放角收根明显，紧边起兜；捧心蚌壳状。特大如意舌；蕊柱扁而宽。全花结构匀称，造型秀雅；色彩搭配清新自然。堪与春兰‘紫荷’相媲美。

②‘飘香’。萼、捧、唇短阔，符合荷瓣型花标准。大如意舌之侧裂片隆起如小舌。

③‘望月’。为矮种奇叶系墨兰。春开标准之荷瓣花。萼片、花瓣深墨紫色，红色镶白缘的特大圆舌与橙红蕊柱交相辉映。

④‘玉如意’。本品符合荷瓣标准，但个别朵花之某一瓣常会走样。萼片紫红色镶黄边；花瓣色金黄挂紫红条纹；大圆舌黄色，镶红大斑块。

⑤‘桂荷’。南海市郭铭权培育，登录号(023)。

304. 墨兰有哪些高品位的蝶化花？

①‘飘逸’。花莛直立。诸花为不同形态之蝶化花，群聚于花莛端，如擎天彩珠。橙红色与鲜红的条纹、斑块相映衬，十分秀丽。为墨兰中的奇品。何伟济培育，登录号(010)。

②‘花溪荷蝶’。为大型之肩蝶花。色红泛黄，十分鲜艳。为广东何建国培育，登录号(033)。

③‘文汉奇蝶’。平肩、多鼻、多舌，花瓣唇瓣化之奇形蝶花。

④‘喜菊’。合蕊柱退化；捧瓣完全唇瓣化，且顺向扭曲如同风火轮状独具一格，十分别致。色彩艳丽，十分可爱。

⑤‘钻石’。为多萼、多捧、多鼻、多舌之蝶化花。花容如同3朵花聚生。花姿别致，色彩秀雅，十分艳丽可爱。

此外，还有‘仙蝶’‘双蝶’‘兰阳奇蝶’‘文山奇蝶’‘邵氏奇蝶’‘玉麒麟’‘华光蝶’‘乾坤蝶’‘凤蝶’‘黄金蝶’‘彩虹蝶’‘文山仙蝶’‘龙泉蝶’‘三雄红蝶’‘蓝蝴蝶’‘奇香蝶’‘六合奇蝶’‘国光蝶’‘金鼎蝶’‘黄冠金蝶’等。

305. 墨兰有哪些非同凡响的奇花？

①‘神州奇’。花梗多分枝，花上有花，花瓣多样化，为兰花奇中之奇。登录号(006)。

②‘珠海渔女’。为多花粉块、多唇瓣之朝天开放奇花。登录号(003)。

③‘金菊’。菊瓣花。6 瓣同形，同为复色，辐射分开。登录号(032)。

④‘佛手’。花莛上每一层都轮生多朵花(3～8 朵)。紫红花色。甚为奇观。登录号(037)。

⑤‘石门奇花’。多萼、多捧、多舌之肩蝶花。

⑥‘九州彩球’。为花莛顶端簇生多瓣、多朵之奇花共构成彩球状，别具一格。

⑦‘子母花’。花莛上每支花柄基部又有一个花蕾，当母花将要凋谢时，其子房基部的子花就接着开放。

306. 墨兰有哪些格外秀丽的花？

①‘天赐锦’。花莛淡朱红色，花柄白而微泛粉红；萼捧白底挂深红条纹，端泛红晕，镶白缘；唇瓣全鲜红镶白缘。素中有艳，艳中又有素，十分秀丽。肩萼平展，端微翘；中萼与花瓣合盖蕊柱，花姿宛如大鹏在翱翔，惟妙惟肖。

②‘福禄寿’。花莛粗而弯曲，为飞肩大型彩花。3 萼片长而端前扣，捧心蚌壳状合盖蕊柱；唇瓣阔圆下垂而不后卷，侧裂片隆起。瓣色黄底染蜡红，瓣缘或瓣面挂粗绿条、褐红条；蕊柱黄色，蕊头红托黄；唇瓣黄底泛绿晕，侧裂片隆起黄托红。全花似油画般奇特，秀雅无比。

③‘桃姬’。20 世纪 80 年代就有“线艺有瑞玉，花艺有桃姬”之说。它曾荣获 1983 年在日本举行的第十三届世界兰展一等奖和三等奖。

‘桃姬’花色鲜明娇艳。雪白萼片、花瓣披有鲜桃红条纹；唇瓣大，白舌面上红点斑密排两行，十分对称。为平肩大花。

④‘玉松’。叶片有中缟艺。为斜立叶态，叶端部弯垂，叶缘多处放角后卷。花莛、花柄褚红色；萼片、花瓣端两侧均有青绿色，瓣心部乳白底挂朱红条纹；蕊柱朱红色，鼻头雪白；唇瓣白底泛绿晕，间洒朱红斑块。花瓣翻飞扭卷，多姿多态。色彩对比鲜明，五彩缤纷，堪为第一秀雅的艺花。

⑤‘双美人’。莛红、柄红，花萼、花瓣深鲜红挂白边，白如意舌，黄蕊柱，十分艳丽诱人。

⑥‘黄道’。为黄叶挂绿大嘴叶艺。花莛朱红色，为飞肩花。主萼棱形，黄底密挂鲜红条纹；侧萼、花瓣黄底挂细朱红条纹，镶浅蓝覆轮；蕊柱红色，柱头金黄；唇瓣黄底密布两行鲜红斑块。花姿花色别致秀雅。

⑦‘玉妃’。花莛、花柄乳黄色。平肩正格花。萼片、花瓣雪白而半透明，其上密挂丝细粉红条纹；蕊柱金黄；小刘海舌，白底洒淡红块斑。全花颇具文雅秀颀之美。

⑧‘金鸟’。为平肩中行花。花色金黄底，萼、捧缘均镶赤褐色边，捧瓣呈猫耳状；小卷舌与鼻头均为金黄色，唇面洒紫红斑。全花耀眼迷人。

⑨‘小红梅’。为白底密挂丝细鲜红条纹的飞肩花。金黄鼻头似佛像。唇瓣雪白底洒鲜红斑块。花姿秀丽，色彩娇艳动人。

⑩‘红玉’。这是白花墨兰与红花墨兰自然杂交而成的新品种。仍保留着白墨的特点，萼捧仍为浅绿色，基部挂短朱红条纹。唇瓣为大红舌镶黄边；蕊柱也鲜红色，药帽金黄色。花莛、花柄绿色。黄红绿三色交相辉映，秀雅而艳丽。

四、引种繁育篇

307. 我国的兰属植物是怎样分布的?

我国除了华北、东北和西北的宁夏、青海、新疆之外的各个省区都有不同种类的兰属植物。一般来说,地生兰多产于温带和亚热带地区;附生兰多产于热带、亚热带地区。

春兰和蕙兰多生长在靠北地区,北至甘肃南部、陕西南部、河南、安徽、湖北、湖南、江西、浙江、江苏、西藏等地。此外,台湾、福建、广东、广西、四川、贵州、云南及海南五指山尖峰岭,广东中山市的五桂山等地均有分布。

寒兰、台兰、兔耳兰则分布于稍偏南山区。如:湖南、江西、福建、浙江、安徽、台湾、广东、广西、海南、云南、贵州、四川等地。

建兰多分布于福建和与福建相毗邻之浙江、江西、广东和广西,四川、贵州、台湾、海南、湖南、云南、安徽等地。

墨兰多分布于台湾、福建、广东、广西、云南、海南和四川的部分地区。

附生兰(俗称洋兰)多分布于云南、西藏、海南、贵州、四川、广东和福建的部分地区。

上面所说的分布,是指某个省区的主产或主要兼产某些兰属植物。也有可能兼产其它种类的兰属植物,至于与此地区的结合部和相毗邻的地区,也完全有可能盛产和兼产与之相同的兰属植物和不同的兰属植物。只是未被考察人员发现,也未见报道而已。应该说,除了高寒地区外,都会有兰属植物分布,特别是与上述相毗邻的省区之结合部,更会有一定数量的相类似种类之兰属植物。所以说凡是亚热带、热带地区自然杂木林或竹和杂木混合林带,大都产兰属植物。

308. 对兰花野生资源应怎样保护?

兰花花、叶、形均美,国兰又有迷人的香气,因此成为爱花者的掌上明珠,当然也会成为某些唯利是图的人的"摇钱树"。养兰可以致富,而兰花的种苗来源可以是栽培的也可以是野生的,这就使得有些人将上山采兰当做“无本经营”的生财之道。当上山采兰的人过多,而采兰的人又不懂得赏兰、爱兰、养兰时,就会出现大面积的滥采乱挖,导致珍贵的兰花资源被白白地糟踏掉。如有些人不知道怎样识别可出艺的兰苗,也不懂得怎样栽培才有利于出艺,只好采取宁肯错杀一千也不放过一个的办法,成片挖采。梦想着“瞎猫碰上死耗子”“撞大运”使自己滥采的兰苗中“遇”上一株价值连城的“名品”。这种做法既累了自己,也害了国家和大家。

因此,从保护自然资源取之不尽,也从节省自己的劳力、财力的角度上讲都应学习掌握科学的采兰方法,并遵守国家的有关法规。

从政策的角度来讲,则最好是由专业人员和科学家、兰协组织共同建立兰花品种园。将兰花的良种繁育纳入科学批量生产的轨道。以满足广大生产者和爱好者对种苗的需求。同时对相对珍贵的兰花品质资源及产兰地立法保护。

309. 什么样的山野出产地生兰?

在产兰省区里,绝大多数的古老树林,都长有兰属植物。以杂木林、竹、杂木混合林盛产地生兰。靠北线地带的杂草丛生、地表水湿常润的毛草山和大块石星罗棋布、杂草丛生、灌木点缀其间之地表水湿常润的石草山,也产有细叶地生兰苗。

一般是,那些纯一的杉木林、松木林、樟木林、竹林和长满蕨类植物的山野,基本上不长兰花。

310. 什么样的山野较有墨兰苗可采?

由于墨兰的叶幅为地生兰之首,呼吸量大,蒸腾量也大,多生长于距溪流、泉水、沟壑20～200m的林荫下之岩石旁和腐殖土层深厚又有晨光(朝东南向)的林野里。凡是产墨兰的省区,在上述林野里,便可采到墨兰苗。

311. 什么样的山野较有建兰可采?

由于建兰叶面富有光泽,性喜较强的光照。坐东朝西的山地,树木稀疏或林缘光照充足处，较有建兰可采。

312. 什么样的山野较有寒兰和春兰类兰苗可采？

寒兰和春兰类，相对较耐旱、耐寒。虽因叶片粗糙不耐强光照，而需要较好的荫被，但光照弱，遮荫密度又高，如没有良好的通风条件，就难以长好。依其生长习性和多次实地采集所知，它们多生长于：

①坐西北朝东南的山地。以避刺骨的西北风。既能避火辣的西照，又喜得晨光的沐浴。

②处于半山腰以上的高度，和风常拂处。

③林荫需遮天蔽日，以避日灼，又有较充足的空气湿度以滋润。

值得注意的是，它不仅能长于浓荫密布的高山上，也能长于杂草丛生如林的泉水四溢的高山。偏北线产区常可在高大的杂草丛中找到春兰、蕙兰、春剑兰和莲瓣兰。

313. 什么样的山野较可能出产有线艺兰苗？

①金属矿区的杂木林野，多产线艺兰。在闽西南结合部，有一座铝矿山盛产爪斑艺兰，俗称扫尾艺。经常有成群结队的人前往采集。十几年来，凡曾到该山脉采兰者，都能采到扫尾艺兰苗，因而被誉为“扫尾山”。

②溪流、泉水潭边的古老杂木林中，浓荫蔽日，枯朽树枝为其提供了大量的有机磷肥，又有溪水、潭水反射日光。此处常出高档线艺兰。

③有花岗岩之悬崖峭壁，或有地下水常渗出的石壁，能把日光反射到的杂木林地，也常出线艺兰。

④出产稀土和高岭土（制造瓷器的土）石矿的杂木林野，也常出线艺兰。

314. 什么样的山野可能出产水晶艺兰、图画斑艺兰苗？

①常有雷电闪光涉及的古老杂木林野。如有被雷电击死的、仅

剩半边的,似被火烧去近2/3的枯朽木(俗称被雷公火烧焦的朽树),与此近邻的密林,常出水晶艺兰、图画斑艺兰。

②电磁波易涉及的杂木林野。如电讯、电视地面接收站、转播台附近的地方。也易出水晶艺兰、图画斑艺兰。

③放射性元素矿区(如铀矿区)的林野。

④火箭、卫星发射台,核电站附近的杂木林野。

⑤气温偏低的高山林壑。地貌复杂而多变之林野。

315. 上山采集野生兰,什么时间较适宜?

上山采兰,一要选择花期,以利于看花鉴别品种;二要避开雨天;三要考虑时间安排得开;四要有利于提高成活率。自然粗养的,冰冻天和酷暑天种植都会影响成活率;温室驯化的,当然不必有此虑。

总而言之,只要天晴,什么时间都可以上山采集。要借助花开选种采集的,自然应在花期上山;如是能从观叶选准品种,或只选采线艺、水晶艺、图斑艺、矮种奇叶兰,什么时间都可以上山。值得一提的是,春、夏、秋三季,不仅气候多变,常会有雷阵雨,而且易伤人的蛇常出没,要格外当心。冬季兰株休眠、蛇进洞休眠,也少下雨,可说是较佳的采集时间(但要对兰苗稍加防冻保护)。

316. 上山采兰,事先应做哪些准备工作?

(1)了解基本情况

①了解何地何山有兰花资源,力求有的放矢,不至于盲目行动,徒劳无益。

②了解该山地的生态环境。查明有否猎民设置陷井、活箭、活剪或炸药以捕获猎物。若有,则非请猎民当向导不可。以避免意外事故。

③了解产地的气候、交通、民俗,以利开展工作。

(2)栽前的准备

采回的下山兰不宜久放,需要及时栽植。因此,养兰的场地、盘钵、基质、消毒药剂等都应事先备好。

(3)采集用具的准备

采集用具包括:挖取兰苗的小花铲、小刀、保护精品兰的硬盒子,保护兰根的半干湿水苔、塑料薄膜袋、装背兰苗的背袋,攀登山野峭壁的安全绳、手套、雨衣、防蛇伤、外伤的卫生应急药品、矿泉水、干粮、手电等。

另外,从研究角度上看,遇上珍品兰,需要进行一系列的记录。如地貌、海拔高度、气候特点等。所以最好备有高度表、指南针、照相机、望远镜、卷尺、品种标签、记录本、标本夹、土样袋等。

317. 在山上怎样才能发现好兰苗呢?

好兰苗也是植物,既不可喊你去采,也不可能向你招手,只有在花期,方有奇特的幽香诱你前往。但好兰又常少开花,想让花香诱你前往的机遇不多。所以要有信心,要有拼搏精神。俗话说得好"不入虎穴,焉得虎子",怕苦怕累、怕摔倒、怕荆棘刺,难有机会采得好兰。因此说,要想发现好兰苗,一要信心十足,二要有充足的干劲,三要有侦察员那样敏锐的目光,四要有像扫雷部队那样细致而认真搜索的犟劲。

具体地说,遇到地貌复杂而多变的林野,要先留意地形的突变处,雷电击伤的朽木、枯朽的老树头、泉水沟潭上的峭壁、花岗岩或表面光滑、或有水湿的悬崖,凹凸明显的灌木丛下,伏于地面的杂木周围、……就要像扫雷部队一样分行分块,仔细搜索。特别是高档矮兰、矮种奇叶兰、矮种线艺兰、水晶艺兰、图画斑艺兰,往往受落叶的遮挡,只露出一小部分。如无敏锐的目光和认真的搜索精神是不易发现的。切记! 切记。

318. 上山采集野生兰苗时,应注意哪些事项?

(1)注意安全

既要注意不断发现"新大陆"(产好兰的场所),还要认真观察树上有无大蛇搭圈设套,以防遭到不测。也要走稳,在没有足够把握和防护措施时,别被好兰迷住心窍,舍命强拔。

(2)切勿滥采

采兰应根据自己的目的，选采理想中的品种。要先看准，再采挖，切勿乱采滥挖，挖后随意丢弃糟蹋资源。万一错挖了，也要重新种好、压实，并多盖些树叶于表土上。

对于无中选有的中档品和中下档次品，由于数量多，种不了，最好掰采其部分；留下部分，让其自然进化，以不致于资源枯竭。注意多给子孙留点资源。

(3)注意防火

上山采兰，最好别抽烟。如要抽烟，要选个比较背风而又少有易燃物之处，坐下抽完一支，熄灭烟头后，继续前进。切勿大意，边走边抽烟，随意丢弃未经完全熄灭的烟头，以致火烧山。一旦火烧山，有可能既无力扑灭大火，反被大火围困而烧死，即使能跑出火烧山场，也难逃脱坐牢的厄运。切记！切记！

(4)勿误闯禁区

①自然保护区里的兰苗，是不允许随意采挖的。应先征得管理部门的同意，切勿强闯而遭罚。

②对设置有捕猎危害农作物的山猪等陷井、活套、弓箭和引爆装置的区域，既要事先了解，也要多留意警告牌，切勿大意。

(5)做好采挖记录工作

319. 该如何采挖野生兰苗呢？

①扫除障碍。用小刀把阻碍采挖的荆棘、杂木、丛草清理干净。

②扒开表土，切断横架于兰根之上的树草根，并逐一提起四面横展于表土层的兰根，细心挖松深扎兰根的周围土层。

③起苗。一手捏住无根假鳞茎或老老株茎，轻拔；另一手继续扒开株基的土壤，挖松深扎根周围的土壤。然后托住假鳞茎底部，下托上拔，便可顺利起苗。

④包装兰苗。如是精品，应理顺株叶、根群，用半干半湿的水苔围裹根群，用报纸卷包起来，装入精品盒。如是粗品，就横放入背包。

320. 养兰可以“先上马，后备鞍”吗？

兰家在介绍养兰经验时都强调:“未引种良种，先建好兰房”。因为只有具备一定设施的兰房，才能有效地遮挡狂风、暴雨、霜雪，并调光、控温、保湿、通风，以满足兰花的生态需求。养兰的成功率才会高。这样看来，先建好兰房的作用是无疑的，可是一时还不具备建兰房的条件，可否先引种部分，后建兰房呢？

对这个问题的答案是肯定的。从古代到现在，大多数养兰人没有建兰房，只是因陋就简，用遮光网遮荫，用塑料薄膜挡雨，多费点人力管理，同样也会养好，只是发芽率略低些而已。至于少量的，观赏性养兰，更可以“先上马，后备鞍”。

321. 初养者宜先学种哪些品种好？

初涉兰门者，虽阅读过不少兰花书刊，学了不少的间接养兰知识。但书刊上的知识，一是作者受地域性的限制，难免带有地方色彩，不能全部照搬；二是书刊上的知识，是已被升华到理性认识的知识，具有广泛性，而不够具体性，照搬不一定行得通。必须结合自己的实际情况，适当调整，灵活运用，逐步探索，才能成为自己的养兰知识。在尚未真正掌握养兰的基本知识之前，选种兰花品种苗，必须考虑如下几个方面：

①选择最适合于当地种养的种类。即当地人都以种养哪类兰为主，您也就以哪类兰为主。因为当地人就是选择最适合当地生态条件的品种来种植。尚且，在种养过程中，如有什么疑难问题，也能较容易找到咨询的对象。那么养兰成功的系数就较高。

②应选种经驯化成熟的下山苗。此类兰苗，还保留着一定的野性，不那么娇嫩，相对较易养好。另一方面，此类苗价廉，万一养不好，损失不大，不会挫伤养兰的积极性。

③也应该少量试种些当地人少养或没养的品种，以摸索各种类兰的莳养常识，为今后的发展作准备。

322. 养传统兰值得吗?

传统兰之所以能久盛而不衰,当然是由于它确有不凡的魅力所决定的。未曾领略其风采的,都会为其所打动;熟悉它的,也会在相互比较中,有所新发现,而更加珍爱它。

如对春兰传统品种的"四大天王",初见时往往也觉得平平。当您看了许多新品之后,再回头来看它们,便会觉得,"四大天王"真是不差。尤其新的兰花爱好者,对传统名品,总是梦寐以求。而新的兰花爱好者,国内外均有,而且每个时期都会有新的爱好者涌现。传统名品往往是他们寻求的偶像。

再说,传统兰也在不断地进化和变异。花的变异、叶艺的进化、水晶艺、图画斑艺也有由传统兰变异而来的。

还有批量出口的,也都是传统兰。如建兰中的'小桃红',墨兰中的'企墨''企剑白墨''金嘴墨''银边墨兰'等,年年都有批量出口。

总而言之,传统始终有潜力,值得一养。

323. 养哪些传统兰好?

每一种传统兰,都会有其独自的风采和不凡的魅力。对于以观赏为目的养兰,应尽可能全拥有;对于经营者来说,则应考虑,适销对路。对于专搞邮售经营的,最好品种丰富,应有尽有。

总之,瓣型花(梅、荷、水仙瓣和菊瓣、牡丹瓣)多能久盛而不衰;色雅色艳(如特白、全红、全粉红、全绿、全黄、全黑,包括恰到好处的点缀)的彩心花魅力非凡,令人倾心;多艺、综艺(花艺、叶艺、型艺)合一的更是颇为珍贵,潜力最大。应根据各自的条件选种。

324. 为何说初养者不宜引种新奇品种呢?

说初养者不宜引种新奇品种是因为:

①新奇品种价昂,万一种不活,损失惨重,会挫伤养兰的积极性。

②真实的新奇品种,数量相当少,追求者又多,卖兰者往往拼命炒出好价钱,或以假乱真,牟取暴利。只有极少数行家能买到真实的

新奇品种,多数是上当受骗的。谨告初养者,不要赶潮流,过急地追求新奇品种,也不要有侥幸心理存在。事实上,真实的新奇品种不要说廉价买不到,就是花大钱也不易买到,谨防上当受骗。

③新奇品种有些相对比较娇嫩,也比较难养,养不好,损失太大。

④新奇品种,是有时间性的,今天是新奇,过一段时间,又会出比它更新奇的品种,不仅株价大大下滑,甚至无人问津。风险太大,要当心。

325. 为何说引进种苗要少而精呢?

因为:

①少则不杂乱,易管理。养兰的场所总是有限的。有的朋友爱兰心切,再加上品评品种的知识不多,种苗的品位拿不准,凭一时心血来潮,见兰就买,没几天,就初具规模。这时爱兰之心,仍不会冷静下来,一遇到自己没有的品种,又一买再买,把有限的空间,塞得水泄不通。这不仅给管理带来诸多不便,而且严重地影响兰株的通风透气,导致病虫蜂起,始终不能控制。无形中给自己增加了负担,多了个累赘。

②精则品位高,潜力大。

引进了适量的富有特色的品种,陈列有序,品种的特色显露,足以陶冶情操,缓解拼搏的紧张,慰藉了辛劳。

另一方面,富有特色的精品魅力不凡,多能久盛不衰。即使有一天贬值了,还可以从增株挽回,损失也不会太大。起码是要处理也较容易。有时,还较有升值的期望。至少是把它留给子孙,他们也会珍爱它,引以自豪。

多而杂,确实要不得,引进品种,心里要有数,切勿滥买。慎防不知不觉地给自己添了个“包袱”。

326. 培植什么样的品种,才有竞争力?

兰花品种的竞争力在兰花本身的新、奇、特。所谓“新”,就是前所未有;所谓“奇”,就是离宗别谱;所谓“特”,就是格外洒脱、或绮丽、或幽香，独树一帜，令人流连忘返，梦寐以求。只有这样的品种，才有竞争力！

这些新、奇、特之品种，除了你特别幸运，自家的兰花有自然变异外，主要靠自己加强研究，广结兰谊，深入各地发掘选购，精心培育，开拓推出。

要发现这些新、奇、特品种，首先要求选育者要独具慧眼。而这慧眼并非天生的。要靠博览古今兰花书刊，广交兰家。在观察、学习、比较中增长，才能有识别新、奇、特的能力。

要想首先拥有这些新、奇、特品种，要求有志于此者，要有超前意识和韧性。要尽最大可能，不计得失，不辞辛劳，广泛深入各地兰场和采兰家园去发现新大陆。一经发现，要在他人尚未赏识之前，千方百计地购下，培育。

水晶艺、图画斑艺、线艺素心、无指环奇花等的开拓、推出，都是经如上所述，不懈努力而获得的。

327. 怎样把握好买种苗的最佳时机呢?

谁都知道："价高买兰，亏损免言；价低买兰，回升赚钱。"的投资经验。可是什么是价高，又怎么算价低呢？很不好把握。下面聊叙管见：

(1)宁买价初升，不买价下滑

这就是说，每一个新、奇、特品种，一开始炒作，大致增高 1～2 位数，很可能在短短的几天之内，价位将不断递增，往往增至 3～4 位数。持续时间，多在 2 个月许到半年之内，便会自然逐步回降。一般都是以一个位数，一个位数的递降。直至回降至来炒作前的价位，甚至更低些。

买新、奇、特品种者，在开始炒作，价位有大幅度升高时，可以买，一个月之内，要抛出，那时正是高潮，可以赢利。当株价开始下滑时，即使下滑了 2～3 位数，也不能买，因为还会再不断地下滑。如买，必定赔钱。

(2)高潮识名兰,低潮集佳品

在价高时,应捕捉良机,彻底认识名品,提高识别真伪能力,学习买卖技巧。待到几乎无人问津炒作品时,其价位可能是比炒作前还要低一半左右。如株价十几万,回落到几百元,甚至是百元之内时,便可收集佳品。因为此佳品,确有不凡之魅力,终归会进入千家万户。到那时,虽然价不见得高,甚至会比最低价更低些,但您已繁育出许多数量,就大可获利。

(3)把握销路,贵买贵卖

客户可靠,不存在风险。只要品种正宗,长势好,可小让利于货主,贵些买进,火速出击,照样有利可图。

(4)不离行情,该买则买

爱名兰心切,遇到正宗品,只要不高出行情,就不要再犹疑不决。因为富有魅力的名兰数量有限,总不可能三两元就买到。如妄想如葱蒜那样便宜,那您一辈子也难买一苗好兰花。

328. 为何说社会存量大和已有出口的普通品种,再便宜,再好,也不可买呢?

因为社会上存量多的品种,本来就供过于求。年年繁殖,越来越多,会给自己多了个负担。已有批量出口的品种,大家四处搜集、种植、繁殖。而出口,虽为批量,但也是有限的,一旦进口商经营不顺利,出口就停了下来。囤积量大的,亏损是小事,更令人伤透脑筋的是圃地容纳不下,还要投资分植,成了一个卸不掉的包袱。因此,不可买。

329. 怎样才能购买到货真价实的兰花种苗?

买到货真价实的兰花种苗,是每位兰花爱好者的愿望。要实现这个愿望,大致可从下列几方面下手。

(1)掌握品种行情

常阅读兰花报刊,广交各地有代表性的兰友,多到当地花鸟市场了解行情,便可知道平均价位。

(2)聘行家当参谋

兰花品种的真伪，品质的优劣，不易准确分辨，只有少数行家有一定的把握。因此，选购品种应尽可能聘请行家当参谋，既可减少误买，又可直观地学到识别本领。如不便请到行家，也可追随行家的行踪，在市场上看到行家想要的种苗，但因价格不适而离去时，你把它买下。

(3)登门选购

亲临重兰德、守信誉的养兰户选购。虽然价格要比兰贩略高些，但保险系数大，也还是值得的。

(4)向著名兰家求购

著名兰家，一生为扬国香于天下而辛勤地拼搏，并不以赢利为目的而养兰，多不会有意识坑害兰花爱好者。可以少量试购，或请其帮助代购。

除此之外，最根本的，还是在实践中多观察、对比，以提高识别能力为第一。有了识别能力，便可得心应手，选购到货真价实的种苗。

330. 没有明显冬寒的地区，可否引种春兰呢？

回答是肯定的。

有的朋友在没有明显冬寒的地区，引种了春兰。结果是繁殖快、生长好，就是不易开花，甚至连已现蕾的，也未开花就先萎缩了。养兰不开花，真没劲。有的人说，还是别引种春兰。虽然有这样的事实，但也有在广东的东莞、汕头等几乎冬季全无霜冻的地区，养了春兰，不仅能长好，而且也能开花的事实。

没有明显冬寒的地区，要春兰能顺利开花的关键，在于其休眠期。要创造一个低温的春化条件。这很简单，只要求在休眠期有20天许的10℃以下的气温，便可完成春化期。然后转入正常管理，便可正常开花。

在我国的最南方地区，冬季气温仍然高于10℃以上。处理的方法是：一般于12月下旬的“冬至”，把春兰植株移至完全没有自然光照，也没有灯光的通北风的窗口下，20～30天就可以了。如果这个自然环境的气温仍然高于10℃的,只好把兰株放入冰箱的最下层,让气温保持在5℃以下,零度以上,20天许,然后移出正常管理,便可顺利开花。这样完全可以让不具冬寒地区的人们也能饱享春兰的秀丽和清芳。

331. 引种温室苗,因何不易种活呢?

那些高档线艺兰和名贵兰,多是台湾温室培养出来的。运来大陆后,仍然置于温室里,采用恒温、恒湿、营养液和激素莳养的娇生惯养之兰苗。兰贩批发来,转卖至各地。兰花爱好者多不具备如上的培养条件,特别是恒温这个条件,多不具备。尽管兰苗多么健壮,但由于适应不了自然生长的生态条件,逐渐就出现萎缩失水迹象,继而变黄而告亡。

如果这些温室兰苗,已显现病毒征,或有病毒潜伏的,其抗逆性更差,脱水、枯黄、死亡就更快。

332. 价格低廉的名兰苗,因何也不易种活呢?

真正的名兰,多有个基本的行情价,在《中国兰花》杂志上,多可查到。那些要价不低,成交价极廉的所谓名牌兰,多数是冒牌货。卖者,担心露馅而有意识地事先用盐水等浸泡过,存心不让你种活,以避免以后不好做生意。这样的苗,自然是多数种不活。如果在种植前有用洁水浸泡(不断更换洁水),尚有促根和恒温、散光管理的,或许也能侥幸种活。

333. 看广告选卖主购种苗,可靠吗?

广告是商家联系消费者的一种纽带,也是开拓市场的好方式。可是不少利欲熏心的经营者,不讲信誉道德,别出心裁坑害消费者的现象屡见不鲜。兰花书刊也常披露许多不法经营者利用广告手段坑害兰花爱好者,谨告大家当心。

事实上,在兰花这个行业里,真正讲兰德、守信誉的经营者,一般很少刊登广告,而他的生意却是异常的红火。那些常登广告坑害爱好者的不法兰商，尽管改换名称和联系人，屡更花招，超凡承诺，还是好景不长。不过，也有少数广告户、生意经念得比较好，取财有方，相对较可信。

334．向上门兜售的兰贩购苗可靠吗？

向上门兜售的兰贩购买兰花种苗，与向广告户买苗相类似。所不同的是，能见苗现购。你如具备识别能力，又了解行情，当然比向广告户买苗可靠得多。否则，同样会受坑害。

335．花无香味的“河南草”有何识别特征？

春兰是地生国兰中花香最佳的一类，可是也有些地区出产的春兰往往无香。如产于河南省南部信阳地区的，产于江西、湖北、湖南的少数山区里的，便大部分无香或仅有微香。而这些不具花香的春兰，依其产地而被称为“河南草”“湖北草”等。

这些花不香的“河南草”，虽花不香或仅有微香，但其花的瓣型和色彩却很不错，线艺品也多。前几年，株价高达千元的，并不乏见。因而大大地促进了这些地区所产之春兰的开发。现在市场上，这些不香的春兰常与具香的春兰混卖。有花开时，可以从香味有无而辨别，无花时，有哪些可资鉴别的特征呢？

①它们的叶质薄而软，犹如蕙兰变种之‘送春’叶片一样薄软。叶面少中折、多平展。

②叶脉犹似蕙兰样泛凸，但没有像蕙兰的叶脉那样富有透明感。

③叶齿粗而钝，其叶齿的锐利感比香化春兰弱得多。

④叶态中垂或大垂，颇似春兰‘大富贵’的弧垂叶态，但它的叶端却无大富贵样上翘而呈授露形。

⑤萼捧为卵圆披针形，近似莲瓣兰。

⑥萼捧正面多为紫中泛绿，背面常为深紫色。

⑦花无香气。

336. 引种"组培苗"值得吗?

组培苗是在无菌条件下,利用兰株体某种活组织离体培养、诱导、分化,使之再生成的新植株。它具有品种纯正、无污染的特点。由于组织培养繁殖成本较高,操作较繁琐,一般品种不值得采用此繁殖法繁殖。正因为如此,一般所有的组培苗都是好品种,虽然需要培育 4 年才能开花,但 4 年内能得到一个好品种,还是不错的。

337. "返销苗"值得买吗?

所谓"返销苗",是指原产于我国大陆上,外国人或海外地区引种繁殖后,又通过多种渠道运到中国大陆上兜售之兰苗。这些苗中,如果确实品种好、质量高,能经得起出入口严格检疫关的,多往花卉业先进的国家销售。多是品种不纯,又有不同程度的病毒侵染的劣质品,才瞒过海关检疫或利用不正当渠道向大陆倾销。因此返销苗质量很不可靠。另一方面,这些返销苗在国外是采用石子为植料,以兰花专用营养液和激素催长,如果买来有土栽培,一时难以适应,往往枯叶、草衰、不发芽,甚至死亡。

一般说来,不具鉴别品质和温室无土栽培条件的,引种的成功率多不高。

338. 兰苗为何不能买单株呢?

因为兰性喜聚簇而畏离其母。拆散单植,失去了同舟共济的生存条件,成活率不高。即使种活了,其所繁衍的下代,也多是仅有 2 片叶的弱小苗,复壮周期长,开花慢。最好是购买 3 株以上连体成丛的,至少也要有两株连体成簇的。

339. 兰苗有壮弱之别,买哪种合算?

肯定是买壮苗合算。

因为:

①壮苗生命力旺盛,没有病虫害侵染,易种活,能长好,发芽率

高。其所繁衍的新株又多是多叶的壮苗;而同样的资金,虽可买多于壮苗数成倍的中弱苗,可是,中弱苗成活率低,复壮周期长。

②壮苗引种后,当年或翌年便可应期开花,且花多、花大、色艳、香浓,能早饱眼福、鼻福;而中弱苗往往多年不能见花。

③壮苗体内的可变因子充盈而活跃。其进化力、变异力均是中弱苗所不能及的。

④壮苗气质风韵俱佳,能令人赏心悦目;而中弱苗摇摇欲坠,令人慨叹!

340. 野生兰和家养兰有哪些不同?

由于生态条件的明显差异,野生兰(又称下山兰)经人工驯化成功后,会有所变化,而呈现与同种的野生兰苗有某些不同之处:

(1)根的变化

产兰山野的土表,约有10~20cm厚的疏松腐殖土层,其下多为粘腻而坚硬的黄土层或石壁。故其根多向四面伸展,而很少下伸至黄土层。因此,野生兰的根,细心起苗后,一经提起,其根群便呈伞状均匀排列。再由于野生兰的根,没有水肥药的作用,根色多是白嫩。处于根群中心部的根端和根尖,常接触黄土层,而染有黄泥的色泽和粘附有黄泥块。

人工驯化后,盆栽的,由于兰盆的局限,根呈弧形弯曲、交错穿插,甚或常呈团状盘曲。同时,由于各种肥药的作用,根色常现乳黄;畦地栽植的,根的生长空间没受到局限,肥料充足、光照适中,自然就根粗而长。

(2)叶的变化

由于野生兰处于浓荫下,常因日光不足而叶体瘦长;又因其与众草、灌木、荆棘为伍,山风吹动时,难免会造成机械性的损伤,再加上常有昆虫、飞禽、走兽的侵袭,而导致叶态散乱;还会因养分不丰,光照不足等因素而呈现叶片粗糙,少光泽。

家养兰在人工的合理调控下,光、温、湿、水、肥适中,生长空间宽敞,久而久之,就变得叶短而宽厚,质细而嫩,株形、叶态工整,光泽度较高。

(3)花的变化

野生兰经人工长期的驯化后，不仅根、叶会有明显的变化，其花朵也会因光照足和水、肥、药的作用，使花萼、花瓣变得短而宽，色彩由淡变浓，或由浓变淡等变化。

有缘观察到下山野生兰苗的人，只要能注意与同一属种的家养兰对比者，就容易发觉它们之间的上述不同之处。

341. 如何挑选下山兰？

(1)看有否线艺兰期待品

凡是线艺兰期待品，多有如下5个方面的特征可资鉴别：

①鼻龙开阔，中骨透明。鼻龙是指离叶尖1cm处(兰界称其为“悬针”或“悬针角”，俗称“鼻龙”)；中骨是指叶的主脉，与叶主脉紧挨的叶肉。鼻龙愈开阔，中骨愈透明，出线艺的可能性就愈大。

②背银浮现，银丝成群。背银是指叶背似布有一层很薄的，似猪油膜样的银灰色覆盖物(兰界称此为“背银”)。往往在背银之上有隐匿的或曰若隐若现的极细小的银白色丝状线段(兰界称此为“银丝”)。背银和银丝群愈多，出线艺的可能性就愈大。

③芽色黄白，鞘尖晶亮。新芽显现黄白色，芽鞘尖呈现米粒大的晶亮体的，不仅出艺的可能性大，而且有可能出高级的线艺品。

④叶鞘艺征，叶柄现斑。叶鞘(甲)色泽不一，绿上泛有黄白线或斑；叶柄也呈现形状各异的异色斑点者。其下代必有奇迹出现。

⑤叶厚中等，质地松软。叶薄续变性差；叶厚不易出艺；行龙叶，有出艺，也难进化；惟有既不太薄，也不太厚的中厚叶为最佳。手捏叶双面，如按抚人体动情区样松软而富有弹性的叶质为最上。

(2)看有否好花期待品

①根茎形态与众不同的，均为可选之苗。如鸡爪根、鹿角形、人参根、轮生根、树杈根、龙卷根等与众不同的异样根；冬笋茎、荸荠茎、节状茎、橄榄茎等与众不同的假鳞茎，均为可选之苗。

②甲柄形态与众不同的。如连峰甲、姐妹甲、斜长甲、扭曲甲、里

扣甲、钝圆甲；超薄叶柄缘、扭转柄、不规则变形柄、匙状柄、无叶柄环、多环套叠，均有可能开出好花来，为可选之苗。

③叶缘、叶尖与众不同的。如叶缘后卷，有多处似折叠过的折痕样、阴阳叶、葫芦叶、钥匙叶、缺裂叶、双主脉叶、镶龙嵌眼珠叶、间或特小叶、片片形不一叶、叶齿粗细相间叶，及叶尖长硬、钝尖、倒翘尖、阴阳尖、勾尖等。

④叶挺而不硬，厚而松软，薄而硬挺，及粗、细、软、硬不规则的叶片，均为可选之苗。

⑤芽叶色不规则的。异色相间的，常易开复色花。

(3)看株形叶态，选壮苗，选不显眼苗

经过“首看”“次看”，均没有找到意想中之兰苗。只好选长势茁壮之苗，或选长势最弱、又有点像特别之苗。长势茁壮之苗，只是成活率高，而那些既像什么又不大像什么特征的最不显眼的弱苗，往往很有发展潜力，切勿漏选。

如能如是认真挑选，虽难有株株好种苗，但好的品种苗总会让你遇上的。祝你好运！

342. 何谓“壳”？

“壳”即是苞片。常以其颜色而为名，有绿壳、白壳、赤转绿壳、水银红壳、赤壳等。又因苞片上常有披异色筋络、间或洒泛沙晕的，故而又有深绿壳、淡青壳、竹叶青壳、竹根青壳、粉青壳、青麻绿壳、白麻壳、红麻壳、荷花色壳、深紫色壳、猪肝赤壳等等。其中以水银红壳、绿壳、赤转绿壳最易出名花。

由于壳与花有密切的联系，历代兰界人士在鉴赏和选种实践中，总结出一整套的看壳辨花品的经验，它虽只适用于春花类的地生兰，但对夏、秋、冬花类的地生兰，多少也会有参考的作用。

看壳辨花品，有很多学问。按壳的质地分，有厚与薄、软与硬、老与嫩之别；按形态分，有长与短、宽与窄、端庄与歪扭之别；按色彩分，有冷色与暖色、鲜艳与晦暗、光泽与无华之异；从披挂的筋麻分，有长与短、粗与细、平与凸、条条达顶与参差不齐、细嫩与粗老、细密与稀疏之别；从浮泛之沙晕，又有粗细、疏密、平滑与浮凸之别。要认真学习，细细揣摩，勤于观察，反复总结，方能得心应手。

343. “看壳妙诀”是指哪些内容？

我国的艺兰先辈们，通过长期的实践，反复地总结，不断地完善，给我们留下许多看壳鉴别花品的诀窍。现摘录如下，以供参考：

①“绿壳周身挂绿筋，绿筋透顶细分明，真青霞晕如烟护，确是真传定素心”。

“绿筋忌亮，须要有沙晕，必如烟霞，筋宜透顶小蕊。对着亮光察之，晶亮者，素心也；昏暗者，非素心也。”

②“罗衣白绿亦称良，大壳尖长亦不妨，淡绿筋络条透顶，小衣起绿定非常。”

“白壳绿飞尖绿透顶，沙晕满衣，此种定素。出铃小，蕊若见平，水仙在其中存。”

③“老色银红烟晕遮，峰头淡绿最堪夸，紫筋透顶铃如粉，定是胎全素不差。”

“出铃时色如茄皮紫者，梅根绿背，黄者素。”

④“银红壳色最称多，莫把红麻瞥眼过，多拣多寻终有益，十梅九出银红窠。”

“银红壳必须先淡后深，筋络透顶，飞尖点绿，小衣肉厚，面多光滑，细心选择为要。”

⑤“绿壳三重起紫灰，此中必定见仙梅，小衣有肉峰如雪，铃顶平疑刀剪裁”。

“官绿壳上若起紫晕一重，其花必异，筋络忌亮。”

⑥“深青麻壳无人晓，莫道青麻少出奇，尖绿顶红条达顶，晕砂满壳异无疑。”

“深青麻壳，极多光亮，满蕊白砂，必非素异；必须紫筋透顶，飞尖点绿，此花定异也。”

⑦“筋粗壳硬出荷花，铁骨还须异彩夸，无论紫红兼绿壳，此中常是见奇葩。”

筋粗壳硬，屡出荷花，不论赤绿，一样看法，如落盆几日，能起砂晕，就可望异。最难得者，荷花小蕊，尖长深搭，凤眼微露，收根必细，灶门开阔，定是飞肩。

另：蕙兰苞壳的腹部筋络间满布沙晕，又有粒粒如圆珠般凸出状，屡有梅瓣花、水仙瓣花出现，但壳色不能有过分明亮。如蕙兰花蕾苞壳紧圆粗壮，下部整足，一般多开荷形大瓣子花。

344. 引种下山兰值得吗?

有些人说，下山兰一下子改变了它的生态条件很难适应，尚且几经折腾，早已半死不活的难以养活，不值得一种。其实此见解是不全面的。绝大部分的兰花种苗都来自野生的下山兰。绝大部分人，可以种活，你为什么种不活呢？应该多从主观上找原因，而不能一朝被蛇咬，一辈子不敢出家门。

下山兰价格低廉，即使养不活，损失也不算大。而且下山兰是原生种，在自然条件下生长，株体内的可变因子充盈而活跃，引种驯化的变异潜力颇大，是非常值得一养的。

345. 北方地区可否种植洋兰?

北方完全可以种植好洋兰。问题是根据洋兰的生态要求，要创造一个与其基本相适应的条件。

①需要无土栽培，因为它是气生根。

②温度必须调控在15℃以上。

③空气相对湿度要调控在80%左右。

④浇水勿过勤，要求偏干而勿过湿。

⑤要有较强的光照量，夏秋半遮荫，春冬全光照。

⑥注意通风、给肥、防菌虫害。

只要做到这6点，便可以养好洋兰。

346. 酷寒地区可否引种墨兰?

回答是肯定的。

墨兰与冬季怕暖的春兰正好相反，冬季喜暖怕冷。墨兰要求白天有 10～12℃ 以上，夜间有 5～10℃ 以上的温度。如果温度低于 2℃，花莛、花蕾发育受阻，易被冻烂；温度低于 0℃ 时，基质偏湿，空气湿度高，将会全株被冻烂。因此，酷寒地区需要密切注意保温防冻。不过保温防冻比保冷春化简单得多。一般把它移入居室内避西北冷风袭击便可(因为酷寒地区，冬季居室多有采温设施)。

近些年来，酷寒的东三省和高燥多风的西北地区大量引种墨兰成功，就足以说明酷寒地区完全可以种好墨兰。

347. 怎样识别“拜拉斯”病毒兰？

兰花病毒病害，不仅会传染，而且至今尚无根治之药物，被称为兰花的癌症或艾滋病。所以选购兰苗时，应格外留心，切勿误买。下面将简单介绍一下怎样鉴别它。

把兰株提至视平线上，对着亮光进行透视，如在叶片上，发现有不规则的纵向线段样条形斑，斑界不整齐，有轻度扩散状，斑色浅黄或乳白而透叶底，便是拜拉斯病毒。它在初现病毒症时，病毒斑附近的部分，常有轻度脱水样的褶皱，并伴有褶皱部分之叶缘后卷。褶皱和卷缘很显眼的，其病斑有轻度凹陷，斑纹没有光泽；如斑纹色为赤褐色的，便是晚期病毒症。对于病毒潜伏侵染，尚未显现病毒症的，肉眼无法识别，要借助电子显微镜方能发现。

348. 如何识别冒牌的线艺套叶兰？

有的卖兰者，把夏开穗状小白花的银边银丝莎草兰，冒充线艺套叶兰。我们可以从下列 3 个方面加以辨别：

①莎草兰叶片集束轮生，没有假鳞茎；而套叶兰，叶分两侧对生，有明显的假鳞茎。

②莎草兰叶面如平板状平展，正反面粗糙，呈灰绿色；而套叶兰叶微中折，叶面光滑，叶背中脉凸起，且较粗糙，叶色青黄。

③莎草兰根细长而质硬，属气生根；而套叶兰为肉质根，属地生根。

349. 如何识别假冒的地生线艺兰?

有的卖兰者,把金边、银边、覆轮大中斑缟艺的吊兰剪去垂吊茎和根端之块状根冒充线艺兰。没认真看,确实有点像。其实只要从 3 个方面认真观察,便可看出破绽。

①有修剪痕迹可循。特别是吊兰的根端都格外肥大,肯定是每一条根都要经过修剪。

②吊兰叶的正反面几乎一样光滑油亮;而地生根兰的叶背都比叶面粗糙得许多。

③吊兰叶片集束轮生,没有假鳞茎。这一点是最大的区别。

350. 兰花是怎样繁殖的?

兰花也和其它许多植物一样,可有性繁殖和无性繁殖。不过兰花是高级的观赏植物,对生态条件要求较高,其生物学特性也比较独特。其繁殖方法,也相对较复杂一些。

351. 兰花的无性繁殖可分为哪几种?

兰花的无性繁殖也称为营养繁殖,也就是切割营养体进行繁殖。它又可分为分株繁殖和组织培养 2 种。

(1)分株繁殖

分株繁殖具有操作简单、成活率高、增株快、开花也快,又可确保品种特性等优点。此为传统的繁殖法,迄今还广泛沿用。

(2)组织培养

组织培养即利用兰株的根、茎、芽、幼胚、叶和花莛等器官的活组织,在无菌条件下,离体、培育、诱导、分化,使之成为众多的新个体,而发育成新植株的繁殖法,也称为外植体培养法。它是一种先进的无性繁殖法。具有不夹带菌虫、病毒,繁殖量特大,适于工厂化、商品化批量生产的优点。但是也有开花的时间较长,又要有比较复杂的设备和一定技术条件才能进行等弱点,而一般家庭无法采用。

人们期盼着转基因育种法能早日在兰花繁殖上得到应用。以期早日有超强抗病虫、病毒侵染的种苗问世。

352. 兰花要长至多大簇，才可以分株繁殖呢？

通常都是等兰株长满盆，再也容纳不下时，才换盆分株繁殖。但是，不应机械地等待其长满盆，而应该具体情况，具体灵活对待。

盆大株少的盆兰，要待其满盆，短则要四五年，长则要七八年。这样时间太长，盆土中固有的矿质元素等养分早被吸收完，需要早些更换新土。或者盆土由于长时间浇施偏酸化肥，基质的酸碱度已改变，常呈过酸状态，不利于兰根生长，常有病根、枯朽根枉占有限的空间。也可能由于长时间没换盆，盆土已板结或有菌虫害寄生，需要更换新基质。因此，一般以上盆后 3 年换一次盆为宜。但如果兰株尚未长满盆，长势还十分好的，也可以再养一些时间才换盆。但不要超过 5 年。

从簇兰的株数上讲，凡长至每簇 4 株连体的簇兰，均可以分株。但是为了加速良种的繁育速度，或为防止芽变奇种的退化，3 株连体，甚至仅是 2 株连体的，也可以换盆分株。

353. 怎样优选组合品种优势，创育良种？

兰科植物的种间杂交之亲和性强。不仅可以进行种间的杂交，还可以进行属间的杂交。如近几年十分畅销的‘黄金小神童’就是花无香气的虎头兰与台湾的素心观音兰、福建的素心建兰杂交而成的。

那么，该如何依构想优选品种优势呢？

（1）株型叶态的优选

兰属种间杂交，其叶片的幅度与长度，形态与数量，更多像母本。父本虽有一定的影响，但影响较小。所以，如果要创育矮种奇叶的新种，或是要创育叶幅宽、株叶数多的良种，选择具有明显特征母本甚为关键。

（2）花莛姿态与高度的优选

花莛的姿态与高度，亦多倾向于母本，其父本对其后代，虽有影响，但不是主要的。因此要创育出花莛高出叶丛面（出架花）的品种，也必须优选花莛高、细圆而笔挺的品种为母本。

(3)花形与披彩的优选

杂交种的花朵形态和披彩撒斑，多亲向父本。所以如要创育瓣型花，或披彩撒斑别致的新良种，优选具有明显如是特点的父本是关键。

(4)莛花朵数的优选

如果要以春兰为母本，创育出一莛多花的良种，既必须优选莛花朵多的父本，又必须优选莛花有2～3朵的春兰为母本，方能如愿。因为莛花朵数，受父母本双方的影响。

(5)花期的优选

花期受父本的影响较大。一般通过杂交，可使花期提前2～3个月。

(6)花色的优选

花色的遗传受基因和酶的制约。花色的遗传，多亲于母本。如黄花虎头兰(母本)与米黄泛绿晕的福建素心兰(父本)和乳白泛绿晕的台湾观音素(父本)杂交所育成的花色，为黄度适中的黄色花(黄金小神童)。

黄色、绿色、粉红色、鲜红色多为显性色。总之，要创育某色花，就选两种色泽相近的花药进行杂交，其成功率就较高。如以白色花为母本，与其它花色杂交出的后代，其花显现出父本色彩，但更加纯净和鲜艳。

354. 如何优选杂交亲本？

(1)优选遗传力强的母本

杂交育出的后代，其品种的特性多倾向于母本。所以应重视优选遗传力强的母本。一般为：野生种比栽培种强；本地种比远地引进种强；传统品种比新品种强。

(2)优选遗传力强的父本

父本的遗传力，常由于近亲育成而减弱。所以应选择远地野生种。没有近亲的弊端，其遗传性就较强。

(3)育壮亲本

不论是被选为母本或父本的植株，都应该先育壮，其结实性才会好，生长才会健壮。

355. 怎样采集和储藏花粉?

①当父本的花蕾含苞待放时，即选用白色纱布罩套住花蕾。以防花开后昆虫义务传粉而导致品种不纯，或失去活力。

②父本的花朵开放后的第三天，用经消毒过的镊子，剔除其药帽，取下黄色的花粉块，用白色的洁净纸承接之，然后放入经消毒过的干燥玻璃瓶内，并加以密封。置于冰箱里贮藏备用。一般温度在5℃时可保存半年。如要延长保管期，自始至终应在0℃的温度里保存。

356. 怎样进行人工授粉?

①当母本含苞待放时，同样用白色的医用纱布罩把花蕾套住，以防自然授粉。

②母本花开3天后，揭去纱布罩，用消毒镊子剔除药帽和花粉块。接着用经75%酒精消毒过的牙签，蘸上父本花粉块放于母本合蕊柱的药腔内(即剔除过药帽和花粉块的合蕊柱头中心凹陷处)，让药腔分泌出黏的液粘住。然后再罩上新的经消毒过的纱布罩，隔离管理。

授粉完毕后应对花盆编号，在笔记本上记录某号盆的母本、父本名称、花形、花色、花期、授粉日期。

357. 怎样管理授粉后的母本?

①为利于授粉的成功和果实的发育。授粉后应把处于花莛顶部未曾授粉的花朵剪除。

②当花莛上的授粉子房膨胀，说明授粉基本成功，可揭去纱布罩，并适当间果，每莛只选留1果。

③授粉后的母本，应置于温暖而无酷热，且有散射光照的通风处

管理。

④授粉后的母本，应保持基质湿润，可适当多浇施磷酸二氢钾溶液 1000 倍液，以促进株体内养分流动，供给幼果发育的需要。但在幼果未结成前，应慎防水分洒至蕊柱上，以防蕊腔积水而腐烂。

358. 兰花蒴果何时可采收？

兰花蒴果要发育多长时间才算成熟呢？它既因气温、光照、水肥的不同而不同，也因品种的不同而不同。

授粉成功，幼果结成后，应注意磷钾肥的供给，注意保持基质和空气的湿度，并尽可能提高光照量管理。待蒴果的色泽由绿转黄后 20 天许采收较适宜。

蒴果的发育期，热带约为 5～6 个月；亚热带约为 7～8 个月；寒带约为 12 个月。

359. 兰花种子播种有几种方式？一般多采用哪一种？

兰花的种子播种可分为有菌播种和无菌播种两种方式。

无菌播种法，是将种子播于盛有专有培养基的试管或玻璃瓶内。此法要配制要求很高的培养基，种子要灭菌，控温控湿管理要求高。就是出芽发芽后的分植，也需要较高的生态条件和管理技术。一般爱好者多不具备条件采用无菌法播种繁殖。

有菌播种法既可把种子播于母本盆面，也可简备苗盆苗床播种，不要求高级的设施和管理条件，虽然成功率较低，但还是最易为一般爱好者接受采用。

360. 兰花怎样进行有菌播种？

(1)在母本盆面播种

母本盆里有兰菌，种子可获得兰菌的帮助而提高发芽率。因此可因陋就简，在其盆面上，铺一层 0.5cm 厚度的水苔屑(经水冲洗干净，拧干、切碎)，然后把种子直接播在其上。此法虽最为简单易行，但它易因浇施水肥而冲走细小的兰花种子，也易因浇施肥料而渍伤种子,因而出芽率甚低。

(2)专用盆播种

①选用高筒、有盆脚、底和周边多孔的无上釉的新陶器盆、洁水浸透。用清洁的泡沫塑料块垫盆底,厚约 5cm。取无工业废水污染的河边含洪泥浆的细砂 50%(经日光曝晒多日),以及消毒的山上腐殖土 40%,蛇木屑 10%,混合均匀为培养基质。把基质填入盆内至 2/3 盆高后,其上再铺 1cm 厚的水苔屑。

②浸种。选取四川产华奕牌“兰菌王”500 倍液,并加入稀释液量的 20%的食用米醋。然后把种子放入浸泡 24 小时后,用过滤纸过滤其水分,并用洁净纸包裹后,放在日光下晒干。

③播种。把种子均匀撒播于专用盆的水苔屑之上。然后用喷壶盛浸种药液,淋洒盆面。

④近密封管理

在播种盆缘用竹片架设拱架,然后选用经冷开水洗净的黑色塑料袋把种盆套住,并在盆面的四面,各刺 1~2 个米粒大的小孔洞,以微透气。

⑤把种盆置于有散射光照处。注意做好防冻、防高温和保湿工作。约 4~6 个月,种子便会相继萌芽。

361. 怎样管理刚出土的实生苗?

①浇施医用阿斯匹林 1500 倍液 1 次,既可促根催长,又可提高其抗病力。1 周后再浇施“兰菌王”500 倍液和 10%的食用米醋稀释液消毒,每周 1 次,续浇 2~3 次,以促根催长。

②适当施肥。每周可选用美产“花宝 5 号”2000 倍液喷浇各 1 次。

③在通风保湿的基础上,逐步增大光照量。

④半月 1 次喷施广谱杀虫灭菌剂,以防治菌虫害的侵染。

五、栽培管理篇

362. 室内观赏性养兰，有哪些先进的栽培法？

从室内既没有自然的阳光雨露，又要处处讲究卫生和方便观赏，不宜采用传统的有土栽培法，而应该采用包括水培、气培在内的有机植料栽培和无机植料栽培。但这些栽培方式除了水培法管理省事外，其它的都要求频频喷水雾和浇水，很是费事。目前有一种既省事而又具良好的生长效果和观赏效果的养植法。那就是把无土种植的小盆兰置入植物养植箱内莳养。

此养植箱高 1m，阔 1.5m，厚 0.5m。用 4 支 30W 的普通日光灯管和一支红色植物光管为光源，下面加上透明的散光板，使光照强度均匀。再加上有微型电脑控制，可自动调节箱内的温度、湿度、通风排气设备。它体型不大，可放在办公室、咖啡厅、休息室、客厅等地方。既可作装饰品，又可做植物养植箱。真是一举两得。此种植物养植箱，为台湾专利产品，1995 年报价，每个 2 万港元。如果自行设计制造，一般几千元则够。

363. 无土栽兰有哪些优缺点？

无土栽兰所使用的植料质轻、不夹带菌虫，不会因浇水施肥而溅起泥沙，污染环境，而且无土栽兰的植料格外粗糙，疏水透气性能甚强，能有效地避免水渍害而烂根。因此用无土栽培法培育的兰株根群壮旺，长势茁壮，病虫害少，老叶会增厚，新叶短而宽，叶尾不枯黄，发芽率、开花率高，既可陈列于室内莳养，也可陈列于室外培育。这种方法是近年来国际上最流行的栽培法。也只有采用无土栽培法培育出的观赏植物，才能进入大雅之堂，才能跻身于国际市场。但由于它的植料、肥料投资较高，需多费时间和劳力常浇水，目前尚不能为国内爱兰者所接受。不过，这是发展的必然趋势，大家都应努力试验，逐步转轨，才能跟上形势，才有竞争力。

364. 无土栽培的植料有哪些？使用前应如何处理？

无土栽培的植料可分为有机植料和无机植料两大类：

(1)有机植料

有机植料又可细分为:朽树皮、蛇木屑(蕨类植物茎根)等硬植料和椰糠、谷皮、蔗渣、木炭、水苔(苔藓植料)等软植料2种。

(2)无机植料

①沙石类。火山石、风化石、高磷石、海浮石、蛭石、珍珠岩、粗河沙、河滩上的小石子等。

②火煅类。空心陶粒、砖瓦碎、陶瓷窑土粒等。

③塑料类。发泡塑料块(电器、仪表防震包装物之碎片)、发泡塑料筋(水果网套袋)。

这些植料在使用前,应清洗和消毒。

有机植料一般用洁水冲洗后,摊于室外让烈日曝晒3日以上(要常翻动);若用蒸气高温消毒2小时更好。也可用5%的石灰水浸泡24小时后捞出,再冲洗干净,晒干备用。

无机植料一般无需什么消毒,只用洁水冲洗去灰尘便可。不过火煅类植料,要用水浸泡24小时,以退去火气较好。

365. 怎样进行无土栽植?

(1)备好植料和盆钵

无土栽培使用的兰盆(不论何种质地)只要求高筒状,有盆脚,盆底和下部周边有疏水透气孔的就行。新陶盆要浸水,旧盆要清洗,要用广谱杀虫灭菌剂稀释液浸泡消毒2小时。

(2)备好种苗

把土培苗起苗、洗净、剔除枯朽部分,扩创病虫斑,选用广谱杀虫灭菌剂稀释液浸泡1小时后,捞出、冲洗、晾干。

(3)上盆

盆底略填入些较粗的植料,便可布入植株,理直根系,一手握住丛兰的假鳞茎,让假鳞茎略露出盆面;另一手缓缓添加植料至假鳞茎基部,最后用水苔铺于盆面以保湿。便告栽植完毕。

366. 怎样调配无土植料?

无土植料保湿性能低,又不具养分,非专业养兰者,往往因无暇顾及,而失水失肥,造成生长不良。有的无土植料质硬体重,常会阻碍兰根伸展。因此,无土植料也有必要进行适当的调配。

①全无机植料。适于培育线艺兰。

泡沫塑料碎块30%;砖瓦碎块30%;石类植料40%。

②全有机植料。适于培育非线艺兰。

树木类30%;茎叶类10%;种籽壳10%;废渣料10%;炭类40%。

③混合配方。无机植料70%;有机植料30%。

367. 体粗大、质重硬、边锐利的砖碎、石片可作为养兰的基质吗?

此类基质虽疏水透气性能佳,但保水保肥性能差,缓冲能力和阳离子交换力均很低。更主要的是它的表面十分粗糙,边角十分锐利,容易使根系在发育伸长时,受到机械性的损伤,病原菌和虫害易由创口进入寄生、繁衍为害,也易遭水肥渍伤而腐烂。如要使用,最好经过建材的破棱机加工,使其表面光滑、边角圆钝而避弊。如不方便加工,建议改用溪流沙滩上的小石子取代之。

368. 常见的有机植料有哪几类?各有什么特点?

有机植料的品种很多,但各地的资源有别,因此多介绍些:

(1)树木类

①腐朽树皮。这是指夹杂在天然颗粒泥炭土和普通泥炭土之中的腐朽树皮,或者是深山老林里千年老树掉在地上的腐朽树皮。这些树皮呈片块状,质地坚硬,在两三年里多不再明显腐烂。它不仅可以改善土壤的物理性状,又可为兰株提供有机磷。

②嫩树枝。可把新鲜的嫩树枝剪成寸许长。它不仅可以改善土壤的物理性状,尚可为兰株提供大量的绿肥。但它在腐烂过程中会

散发热量和招引菌虫害，所以配合量宜在1/10之内。

③木工刨花。指木工凿孔之木屑，或剪碎之刨花。此植料在土壤中易发热、腐烂，配合量不宜大，以体积比1/10为宜。

④锯末。它的体积过细，保水性强，混合配量宜少。

⑤蛇木屑。为蕨类植物的茎和根。它如面条粗，质硬、色褐，不易腐烂。不论是有土栽培还是无土栽培，都使用它，是优良的有机植料。其中有一种色黄而细的，常夹带葡萄球菌。所以使用前应反复曝晒或用蒸气消毒。

(2)茎叶类

①水苔。也称"水草"是苔藓植物。它有茎有绒状叶，质松软、保水性能强。是专用的根群保湿物。既可混入无土植料和土类植料使用，也可单用培植。新鲜的水苔，可在盆里继续生长、争夺肥料；干品保水性甚强，单用应适控浇水量。主要用于无土植料的盆面保湿之用。无土植料可混入2/10，土类植料的混入量，不宜超过1/10。

②松叶。形态和作用近似蛇木。它不易腐烂，堪为优良的有机植料。把它剪成寸许长，混入有土和无土植料20%～30%，不仅能改善疏水透气性能，又能提供少量的绿肥。

(3)种籽壳

①高粱糠、椰糠。椰糠保水性太强，用量宜少，混合量以1/20为宜；高粱糠，混合量可大些。

②谷皮、豆荚壳。如花生壳、龙眼或荔枝壳、瓜子壳，因含有较多盐分、糖分，要先捣碎和反复浸泡冲洗干净。

(4)废渣料

食用菌废植料、山苍子渣、中药渣、甘蔗渣(要先浸泡去糖分)、玉米棒碎等。

(5)炭类

木炭、芦苇草炭有调节盆内湿度的作用。芦苇草炭尚有抑制霉菌繁殖的作用。为上乘的植料之一。但它是碱性，配合量宜在5%左右。

上述有机植料，除了炭类外，均有可能夹带菌虫的弊端。使用前，应用5%～10%石灰水浸泡以杀虫灭菌，或让阳光曝晒。最好是用蒸气蒸2小时以消毒。

369. 兰花是怎样水培的？

(1)备好兰盆

水培的兰盆是专用盆。是底边无孔、内外双层、网筛式套盆。外盆供盛放水和专用水培营养液（广东韶关、北京、上海等地大型花店有售）；内盆为方格筛网状，网孔规格为2cm×2cm，其孔间之肋筋是用于托住假鳞茎和盛放兰株等固定物用的。

(2)备好兰株

原为无土栽培的兰株，仅略加冲洗干净则可；如是土培苗，则需按无土栽培的备苗程序备好种苗。

(3)上盆工艺

把丛株根分成4组，分别插入内套盆之筛孔中，并将已穿过筛孔的兰根轻轻拉动，直至假鳞茎紧靠筛孔之间中央的十字肋筋上。然后用海绵或石子固定兰株（海绵和石子等固定兰株之物，力求干净无污染）。

(4)盛水添加营养液

先将饮用水倒入外套盆至标明的界线上，然后加入0.4～0.5mL兰花水培专用培养液。最后把内套盆安入外套盆。即告栽植完毕。

370. 兰花是怎样气培的？

气培是让兰根全裸露，靠空气的湿度和间歇性雾化水、肥滋养的一种新型无土栽培法。此法源于山野，笔者曾亲眼见到采兰农采后感到品种不佳，丢挂于树杈上的兰株，照样发芽开花，从中得到启发，进行模拟实验，获得成功后而推出的，免基质的新型栽培法。此法免基质，能充分利用空间，易于工厂化、排层式生产，又可增加观赏面，彻底克服土培之弊端，尚有设备最简单、投资最少等优点。此法适用于可调温、调光、控湿的兰室内。

栽培的方式有:

(1)盆式栽培

可用高筒塑料兰盆改造,把盆壁四周切割成栏杆状,布入兰株根,用小石子固定。也可用高脚花瓶、酒瓶等,用塑料筷子3支松扎成一把,插入瓶口、撑开筷子,使之成枝杈状,以撑托兰株假鳞茎,让兰根全部裸露于瓶外。

(2)悬挂式栽培

用塑料绳打结,套住假鳞茎,便可悬挂;也可以将大铁钉钉在墙上,外套塑料管,把兰株挂上。

(3)寄生式栽培

把兰株悬挂于盆栽或固定于室内造景的某个部位裸根培养。

(4)排层式培养

培养室里,陈列床架样的支架,把丛兰根对半撑开,让假鳞茎骑在粗大的塑料管上,其双侧用塑料绳夹扣固定,成排并列,分层支撑,充分利用兰室的有限空间,进行工厂化生产。

371. 驯化下山兰,选用哪种栽培方式好?

据兰"喜土而畏厚"的生长习性看,还是先选用有土栽培,让其有个近似野生的生态条件,有个逐渐适应的过程。这种传统的驯化方式,实践证明是可行的。但这种驯化方式,绝不是惟一的好方式。

从采兰者把误采的苗丢弃于树杈上,靠清风雨露和散射光照,照样发芽、开花看,用气培驯化,肯定是可行的。同理可证,兰也并不是非土而不长的。无土栽培,既可育好家养兰,自然也可养好下山兰。

至于水培驯化,从表面上看是离经叛道地违背了"喜雨而畏涝""喜润而畏湿"的生长习性,把地生的改为水生,大有不可思议之处。其实推崇者运用了高科技的手段,彻底地避免了喜润而恶湿的矛盾,研制出了专用培养液。多少实例证实,水培兰花不仅可以养好,而且是个既省时省事、高效率,又能增加观赏面的先进莳养法。

由此看来,不论哪种栽培方式都行! 如果有时间专职管理的,还是无土栽培的方式成功率较高;如是业余莳养的,往往浇水不及时,满足不了无土栽培“宁湿勿干”的供水原则而导致失败，还是土培的方式比较实在。

372. 有土栽兰选用哪种兰盆好？

兰盆首先应选择最有利于兰株生长的兰盆。从兰花的生长习性看，需要疏水透气性能良好，因此宜选用质地较粗糙，无上釉，盆底和下部周边多孔，有盆脚的高筒状的兰盆为好。其盆的大小，则依兰株的形态而定。矮种兰，用小盆；中矮种，用比小盆大一档次的兰盆；株高 40cm 许的，用中大盆；株高过 0.5m 的，宜用大盆；株高近米或米余的，则应选用特制的花缸。

从养兰的性质看，业余爱好者设施简陋、管理时间少，宜选用中大盆，保湿时间较长。从培育新品种的角度看，也需要选用中大盆，让植株有较宽松的生存空间，利于长好。从即时销售的展销式养兰来看，应选用小盆，每小丛一盆，以不至于常起苗而牵动在旁的植株。从观赏、展览需要看，应选用套盆，平时用内套盆生产，应时套进美观的外套盆陈列。

373. 现在为何推崇高筒状的小兰盆呢？

有些人说，传统的兰盆有长方形、方形、六角形、八角形、椭圆形、圆形，还有浅盆的，真是丰富多彩。而现在，为何竟是推崇高筒状的小兰盆呢？究其原因，大致有如下 3 个方面的原因：

①从品种交流的包装运输实际出发，要求兰根直而呈束状，需要高筒小圆盆以限制。

②从节省植料，克服笨重，减轻高层建筑负荷的需要出发，需要容积小、质地轻的高筒状小圆盆。

③从每簇三五株栽培的需要和兰叶常弧垂的实际看，使用高筒状更协调，也不至于叶尖垂地。

374. 有土栽兰的植料应达到哪些要求？

兰花是多年生草本植物。其根肉质，具有很强的保水性能，并与兰菌共生。其性喜凉爽湿润、通风透气、营养丰富的土壤,忌炎热干燥、水涝盐碱、病虫污染。兰花之特性需求,要求培养土必须具有如下性能:

①结构粗糙,具有良好的疏水透气性能。

②土质偏酸(pH5.5~6.5之间),无污染,无菌虫害寄生,无病毒潜伏。

③有一定的保水保暖性能。

④含有一定的大量元素,微量元素和矿质元素。

这4条,最主要的是第一二条。有了这两个条件,就能养好兰花。但在自然界里,要找到符合这两个条件的天然壤土,也不容易。因此必须采取就地取材,多方面复配、加工的手段,使其基本符合上述条件。

375. 常见的土类植料有哪些?

①树林腐殖土。它疏松、富含腐殖质,但团粒结构较细,常呈粉状,易板结,疏水透气性能低下,且夹带有菌虫害。

②山区河岸边,含洪泥浆的沙壤土。偏酸、疏松、富含矿物质。对兰株可变因子的活跃,有一定的促进作用。缺点是颗粒太细,易板结,也可能有不同程度的污染。

③塘泥。经晒干已呈块状,疏水透气性能好,富含肥分。其最大的缺点是太肥,且受污水污染。新芽常易被渍烂。应与其它土配合。

④“气砂土”。在我国南方地区的公路边上或山边常可看到尚未变化成风化岩的,含粗砂量高达50%以上,含有白色、粉红色、黑色、绿色、褐色、黄色团粒,一挖则散的山黄泥。民间称其为“气砂土”或“五色土”。它偏酸、疏松、富含稀土、矿质元素,无污染、无夹带菌虫害。对兰株的生长甚为有利。实验对比发现,它可激活兰株的可变因子,加快出艺变异的进程。但由于它含有一定数量的黏腻黄泥而易板结。因此,混配量宜在30%以内。

⑤泥炭土。此为数百上千年,甚至是几千年前,地壳变动、树木、杂草被深埋于沼泽地下凝聚而成,pH在5~5.5之间,富含植物酸。

把它晒干、敲细、过筛后，在培养土中配混进8%～10%，可调节基质的略偏碱性。

⑥天然颗粒状腐殖土。该土在四川峨眉山的十里山被发现开采，被命名为荷王牌“仙土”。经美国有关部门化验，它含营养元素全面，无夹带病虫害，无污染，团粒结构好，不易松散，疏水透气性能甚好。只要能掌握“宁湿勿干”的浇水原则，便可养好兰花。

⑦人造颗粒土。是以树林里的腐殖土为主要原料，加工而成的，与“仙土”相类似。

⑧稻根土。含砂量大的稻根土肥沃，又有许多水稻根，只要配合进有机粗植料，也可以养好兰花。

376. 栽兰基质过于偏酸，有何危害？

专家论证和实验对比都认为：兰根最适合生长于pH 5.5～6.5的基质之中。过高或过低都会阻碍根系的生长，导致根的吸收、输送功能的减弱而影响茎叶的生长，甚至导致兰根的过早死亡。现把其具体的危害简述如下：

基质的pH低于5以下的偏酸性会有如下不良现象产生：

①基质中的铜、锌、锰、铁等微量元素的有效性提高，而使根系中毒。

②使基质中的三要素和钙、镁元素变成不溶性。根系无法吸收，导致株体饥饿而早衰、黄化。

③基质的磷元素也易与铁结合而降低其活性，而影响根的发育。

④基质内的硝化菌之活性降低，致使氨态氮的硝化作用受到限制，导致根系中毒，产生的根短而粗，并呈褐色腐烂。疫病、白绢病等喜酸真菌，易于繁衍为害而致命。

了解基质偏酸太过之严重危害，就会重视常对基质的pH的测定(每季或半年测定一次)，然后及时纠偏，以使兰株有适宜生长的环境条件。

377. 栽兰基质过于偏碱，有何危害？

栽兰基质的pH高于8以上为偏碱性，将会有如下危害发生：

①基质中铜、锌、锰、铁等微量元素之有效性降低，使根系难以吸收，导致根的生长障碍而易枯死。

②基质偏碱太过，易使基质中的氨态氮较容易形成氨气而挥发掉，既造成白施肥，又使兰根得不到应有的营养而生长不良。

③基质中的大量元素磷，易与钙结合而降低了根系对磷的吸收。使根系因缺磷日益严重而生长受阻。

偏碱太过，对兰株危害甚大，亦需经常测定，及时纠正。

378. 如何测定和改良兰花基质的酸碱度？

兰花需要生长于pH5.5～6.5之间的基质里。基质过酸或过碱，都不利于兰花的生长。严重的还可导致兰株的死亡。种植前，应先对培育土的酸碱度进行测定并纠正。千万不要等出了问题才来亡羊补牢。

(1)测定方法

①目测识别。凡是黑色、褐色、棕黑色的土壤为酸性土壤。一般土壤团粒结构好，浇水后立即渗透下去，并漂出浑浊物，土壤也变松软。

凡是白色、黄白色的土壤为碱性土壤。一般土壤呈粉沙状，浇水时冒出白泡，土壤板结，干燥后，其表面泛一层白粉状。

②试纸测定。取土10g放入杯中，加入20～30g洁净水搅拌溶解后，让其沉淀、取其澄清液，把从文具店买回的“广范试纸”(中学的化学实验室就有此试纸)取一片，浸入澄清液1～2秒钟，即取出，与试纸本中的比色板对照。7为中性，小于7为酸性；大于7为碱性。

(2)纠正办法

①偏酸土。可用5%的石灰水浇透，以中和之。

②偏碱土。可浇施2%过磷酸钙溶液，或100倍液米醋；也可在培养土中加入2%的硫磺粉、石膏粉。

379. 怎样调配土类植料?

调配土类植料，首先应看各种土壤的质地。像凝聚力甚强的天然颗粒土（仙土）和人造颗粒土，已有良好的疏水透气性能，无需混入其它植料就完全可以养好兰花。但这些植料来源不易，价格较高，且保水性能低，往往因无暇顾及而浇水不及时，结果达不到应有的莳养效果。因此，也可混入其它土类植料50%。

又如泥炭土，因酸性过强，不利于兰株的生长，在土类植料中所占的比例，就不宜超过10%。再如“气砂土”含有黏腻的黄泥，易板结，在土类植料中，所占的比例，也不宜超过30%。

下面简介一些有土植料的配方：

(1)松土配方

适合于培育非叶艺兰。

树林腐殖土或砂壤土或稻根土70%；有机植料20%；无机植料（沙石、砖碎、塑料块）10%。

(2)色土配方

适合于培育叶艺期待品。

腐殖土30%；砂壤土20%；气砂土20%；有机植料15%；无机植料15%。

(3)畦植配方

腐殖土或砂壤土或稻根土40%；气砂土30%；有机植料30%。

(4)颗粒土配方

适合于种植高档固定品种。

颗粒土30%；腐殖土或砂壤土或稻根土30%；泥炭土10%；有机植料20%；无机植料10%。

(5)多元配方

适合培植线艺兰和准备转为无土栽培的品种苗。

腐殖土或砂壤土或稻根土15%；气砂土15%；颗粒土10%；无机植料40%；有机植料20%。

380. 土类植料要不要下基肥？

兰喜肥而畏浊。它在野生时，仅靠土壤中的微量肥分和由雨水传送来的绿肥便长得很好。这是因为兰花生长缓慢，需肥量自然就少。土类植料中本来就含有一些养分，种植后还会不断施肥，所以说，兰花的培养土，无需下基肥。当然，为了种植后少施肥，想下些基肥也未尝不可，但比例宜小。

现把常作为兰花基肥的种类和可混量简介如下：

(1)芦苇草炭

芦苇即开芦花的多年生草本植物。将芦苇刈下堆燃，当烧至全透时，即淋水，使其成条状炭。按体积比，拌入$\frac{1}{10}$～$\frac{1}{15}$。它可调节培养土的酸碱度，又可抑制霉菌病的发生。可以说是上乘的基肥。

(2)油料种籽渣饼

桐油、茶油(有杀虫作用)、黄豆、花生、油菜籽等渣饼经尿或水浸泡腐熟后作基肥，既可改善培养土的物理性状，又可提供优质的多元肥素。其混入量为$\frac{1}{20}$。

(3)干牛粪碎

牛粪是经牛胃加工过的绿肥。是优良的兰花肥料。但它容易长出蘑菇而招致菌虫害。把它打碎，就可避免长菇。其拌入量为体积比的$\frac{1}{15}$～$\frac{1}{20}$。

(4)熟骨粉或钙镁磷(化肥)

熟骨粉是把动物骨头火烧去掉脂肪后，研细。钙镁磷是商品化肥(线艺兰不可用)，其拌入量为3%的重量比。

381. 国兰的根有何特点，怎样才能养好兰根？

国兰的根为丛生的肉质地生根，无根毛，颜色乳白或淡黄，粗细如筷子样。不同种类的国兰，根的长短及形态各异，有的分杈有的不分杈；有的直生，有的弯曲。

兰根从外到内由根被组织、皮层组织和中心柱三层组成。根被由海绵体状细胞组成，主要功能是吸水、储水，还有保护皮层组织的作用。兰根干渴后会萎蔫，一旦遇水又会迅速吸水膨涨。

皮层组织俗称根肉，它是由皮层细胞构成的，其中有兰菌共生。

兰菌是真菌，营腐生生活。当它们进入兰根的皮层后，便在皮层中形成菌丝团，并吸收根周围根瘤细菌分解出的腐殖质，把它们变成养分贮存在体内。当兰株健康生长时，兰根组织能把兰菌的菌丝体分解、吸收掉，使其贮存的营养成为兰株的营养，并同时抑制了兰菌的过量繁殖。这时，二者为共生的关系，对兰株有利。但当盆土过湿、过肥、通风透气不良，温度过高或过低时，兰根的呼吸作用会受阻而呈现病态，或当兰根衰老时，兰株的生长衰弱，这时就会失去对兰菌的分解能力，结果兰菌就会营养丰富、大量繁殖和侵染兰根，反过来腐蚀、分解兰根的皮层细胞和假鳞茎，使兰根腐烂、中空、枯萎。使兰和兰菌的关系变互利为对兰不利。

因此，要养好兰花就要根据兰根透气的特点，注意根部的通风状态，保证根群的呼吸畅通；同时要注意基质不能过湿、过肥，以免烂根。

382. 如何避免基肥渍烂兰根呢？

不论是下山兰，还是家养兰，经起苗和处理，总有些创口。这些创口未结痂时，遇到基质中的基肥，极易被渍烂。如何有效地避免呢？

在上盆前，准备一个 8～10cm 直径的竹筒(或塑料瓶或厚纸板卷成的纸板筒)，对半切开，把兰株根放入半片竹筒上，然后再盖上另一半，并加橡皮筋箍(扎)住。种植时，把已用竹筒套住根群的植株移入兰盆正中，竹筒外填入有基肥的培养土；竹筒内填入不含基肥的，比较粗的培养土。然后，解去竹筒外之橡皮筋，抽出两半竹筒。这样多可有效地避免基肥渍伤兰根。

383. 簇兰苗上盆前该如何分丛？

兰喜世代同堂，聚簇而生。但过分大簇既不雅观，也不便于盆植。因此通常以二三代为一丛，分离上盆。

分离前，要从最新的植株上溯其母株，逐一往上推，从株叶的色泽和老嫩，便可看准其生长的代数。代与代之间，就是可分离的线路。先用双手的拇指和食指捏住相连的假鳞茎掰折。当听到撕裂的响声时，应当暂停掰折，另用消毒剪刀剪开其连接体。请参阅分丛示意图。

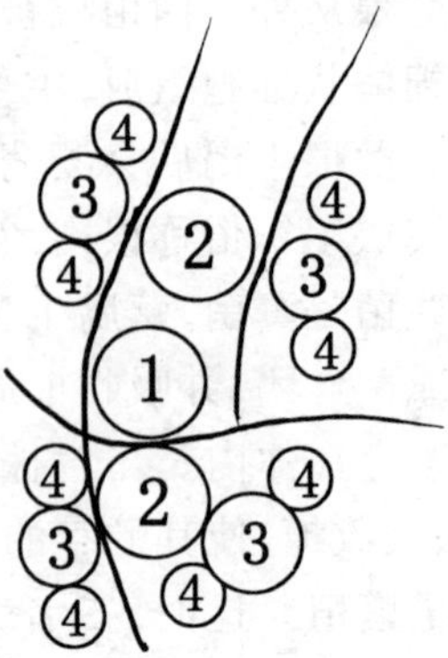

兰株分丛示意图

说明：每个圆代表一个假鳞茎；圆圈的数目字，表示兰株的生长代数；圆圈间的线条，表示可分丛的线路。

384. 簇兰可否拆散单植呢？

“兰喜聚簇而畏离母”。聚簇了，才有同舟共济的作用；才有较强的抗逆性、适应性；才能协调好生殖生长和营养生长的对立与统一。实践证明，二三代连体丛植，不仅易开花，而且所萌发的新芽也会一代比一代更强壮。而拆散单植，不仅极少能当年开花；而且单植后所萌发的新株多瘦弱，株叶数减少，叶幅变窄，株高变低。所以说，没有特别的莳养条件与技术，还是不宜拆散单植。但可以实行半离体丛植，同样有提高萌芽率的可能性。所谓半离体分离术，是用手指掰折至90°角，并听到撕裂声时，即止掰，也不用剪刀剪开其连接体。

“拆散单植”是离经叛道的分株繁殖法。实践证明，并非完全不行。对于壮株和具备较好的莳养技术条件的，还是可以的。

笔者从水稻拆散单植大大地提高了分蘖力得到启发，1999年春对比较茁壮的素心建兰——‘永福素’试行拆单散植。株次萌发5个新芽,全部发育成壮株(附论文参加中国首届四季兰热带兰展,获科技铜牌奖)。同年仲秋此苗的新株又再次萌发新芽8个。此例说明,拆单散植是可行的,但必须是壮株并加强管理,才不至于生长力衰退。

385. 兰苗上盆该如何清杂?

不论是下山兰,还是家养兰,都会有枯朽之叶鞘、病残败叶、老烂病根。这些枯残部分不仅不雅观,而且会扩大侵染,所以必须彻底地清除和扩创。

(1)清除老烂病断根系

清除老、烂、病、冇、断根,要具体情况具体分析,灵活掌握。株完整,根多条的,断根、冇根、病斑根、烂腐根和老根,一齐剪除;完整根少甚至没有的,先剪除染有病斑的根和腐烂根,保留老根、断根,去掉冇根皮,留住其中心柱。总之,腐烂根和染有病斑的病根,应彻底剪除,以防继续感染为害。

(2)清除枯朽、病残叶鞘

叶鞘(甲)一旦枯朽,说明它已完成保护叶片的使命。继续留存,只能给菌虫害提供理想的庇护所。所以必须彻底清除。在清除的过程中,应悉心保护叶芽的生长点和花芽。一般用小剪刀,小心地剪除。如用手拔除,应往上拔起,以防伤及叶芽和花芽。

对于尚未枯朽、鞘色尚青、染有病斑的叶鞘,应用小剪刀扩创病斑,以杜绝病原。

(3)剪除病残叶片

对叶片,应逐片翻检叶背,只要有病斑,均应毫不惋惜地剪除,并应连同病斑邻近的绿色部分,扩创2cm许。对叶片上仅有极细的一小斑点,如舍不得剪除的,可燃卷烟,烧烫病斑,也可用医用"达克宁"药膏涂之。

对于无叶的叶柄,也应彻底剪除。

(4)掰拆多余的无叶假鳞茎和茎上病斑

凡有叶片的2株连体植株,其所依附的假鳞茎不论多少个,均可掰拆掉；如仅有一个假鳞茎有叶片，那就该保留一个无叶假鳞茎，以使其有同舟共济的条件。对于保留的无叶假鳞茎，应对其上病斑扩创，并涂上医用“达克宁”药膏。

386. 保留住冇根的中心柱，有何作用？

冇根是因兰菌将根肉细胞蚀空造成的，或由生理病害所致。在兰株的健康完整根少或无的情况下，对于仅有根皮的冇根，就不应剪除，而应该只剔除根最外层的根被组织和中层的皮层组织，保留住中心柱（根心）。也就是只剔除有菌类侵染的部分，保留未被侵染的中心柱。因为这个中心柱还能起到固定植株的作用。另外，实验对比，它还有微弱的吸收、输送水分和养料的作用。

387. 保留断痕根有何作用？

不论是下山兰，还是家养兰，起苗时尽管怎样细心操作，总难免会有断痕根。尤其是下山兰和未经晾根的家养畦植兰，上盆前往往连一条完整无损的根也没有。如果把这些半断而未脱离假鳞茎的断痕根全部剪除，那么兰株就成了光杆司令。留住这些断痕累累的根，不仅有起到固定兰株的作用，而且尚有微弱的吸收、输送水分、养分的作用。实验对比发现，有保留与没保留断痕根，其抗逆性、适应性和发新根的时间，均有明显的差异。不过断痕根很容易感染，腐烂，因此要注意晾根和适当推迟浇定根水的时间，加以特殊养护。

388. 兰苗上盆前该如何消毒？

消毒种苗是防治病虫害的根本措施。如图省事、求方便，随便取些药剂浸泡一下，便难以达到消毒的目的。应力求有的放矢、主攻重点、兼顾其它的认真消毒，方能事半功倍。

（1）找准主攻对象

①对于来自病毒流行区的兰贩手中的兰苗，或从病毒流行区邮购来的兰苗，不论有否显现病毒征，均应按有病毒潜伏之兰苗来对待，应毫无疑问地选用显效抗病毒剂浸泡。

②对于自育兰圃里的换盆苗，应回忆一下自家兰圃里，曾发生过哪些难防治的病害，如"白绢病""炭疽病""细菌性软腐病""疫病"等。如有发生过某一种病，就应选用相应药剂浸泡。

③如本次仅是引种下山兰或自育的基本无病害的兰苗，就可选用广谱、高效杀菌剂消毒。

④对于兰苗上已有介壳虫斑，或是自育兰苗曾发生过介壳虫为害的换盆苗，就应选用具有杀卵功能的杀虫剂，以消毒之。

(2)兼找副攻对象

实际上，兰苗的病害往往是几种互见。除了需要防病毒之外，应考虑在上盆的节令里最易流行的是什么病害。或兰苗上已有什么病征。根据实际情况，可在主攻药剂中加入相应药剂。

(3)综合性消毒

不知兰苗来源，也难以辨识什么病象的情况下，只好采取综合性消毒的办法。

一般选用真菌、细菌并杀的河南产 32%克菌 1500 倍液；或广州产 71%爱力杀 6000 倍液；或 78%埃尔夫公司的科博 600 倍液与 500 倍液陕西产"病毒必克"混合浸泡 1 小时。

(4)依征选药

①炭疽病。德国产"施保功"1000 倍液。

②疫病、黑腐病。"64%卡霉通"700 倍液。

③黑斑病。"71%爱力杀"500 倍液。

④白绢病。医用氯霉素 2000 倍液。

⑤细菌性软腐病。链霉素 2000 倍液。

⑥介壳虫。"虫卵绝""介壳净"800 倍液。

为提高防治效果，可在各种稀释液中加入 200 倍液的食用米醋，以引药直达菌虫体而增加杀灭效果。

389. 兰苗上盆前为什么要先晾干兰根？

晾干兰根的目的，主要有两个：

第一，主要是让兰根由脆变软韧，便于理顺布设，减少新的断根。

不论是换盆苗，还是刚引进之苗，一般都会经过清洗、浸泡消毒，这便使兰根充满了水分，质脆易断。通过晾晒成半干后，根软而韧，上盆时可在盆内依需引转布设，不易折断。

第二，通过晾晒，有激活生命力，提高生长力的作用。实验对比发现：充满水分的兰根，经过日光略晒成半干，既可使根的创口瘉合结痂，减少新的烂根；又有激活株体的生命力，增加发芽率的作用。

那么，怎样晾晒比较恰当呢？

①晴天，把经浸泡消毒过的兰苗，冲洗干净后，摊放于日光下，用纱布或遮光网盖住所有兰叶，沐浴晨光 3 小时。如是强光照，应不超过 2 小时。并注意经常翻动，以让所有茎和根全面接受阳光沐浴。

②阴天，可把兰苗摊于不透西北风的通风处，阴干 2～3 天。如发现叶片有轻度脱水，可对叶片喷水雾以纠正之。

如是少量的，可将兰苗倒挂在通风处，让风吹干水分。

390. 盆底中央的大孔该用何物挡住基质外漏？

兰盆底中央之大孔是为漏水而设的。一般人仅用一大块瓦片盖上。用不了多少天，泥浆淤积，整个孔就被堵得严严实实，使这个大孔失去存在的意义。致使兰盆积水，渍烂兰根。

比较细心的人，就选 6～9 小块瓦片，分成 3 堆，分别列于孔缘，然后再盖上大瓦片。这样，相对好得多。

盆底中孔遮挡物，较好的是广东澄海建发塑料制品厂生产的“疏水透气罩”。它为半球形，其上孔洞密如筛，经久耐用，价只 1 角余。如不方便买到。也可用易拉罐等改制。

391. 用何物作为盆底疏水垫层好？

盆底的疏水透气垫层物，要求疏水透气性能好、无污染、质地又轻的物品。最好是软木炭，它既能疏水透气，又无污染，而且盆内水分过多时，能吸掉部分。当盆内干燥时，又能上升水蒸气湿润基质。其次是泡沫塑料碎块。此外，也可使用经阳光曝晒过的干树草根作为垫层材料。

392. 圆形盆栽单簇兰，因何要偏向一侧呢？

圆形兰盆仅栽单簇兰（包括单株兰），栽于盆的正中央，似乎才显得端正、工整、协调。有的人却偏向一侧栽植，这是为何呢？其实，这正是为了让簇兰能处于盆的正中央而设计的。因为，不论是簇兰或是单株兰，都要萌发新株。把有老株的一侧或鳞茎略偏的不易发新芽的一侧，偏向外侧；把附有株一侧和单株鳞茎呈圆弧形一侧朝向约

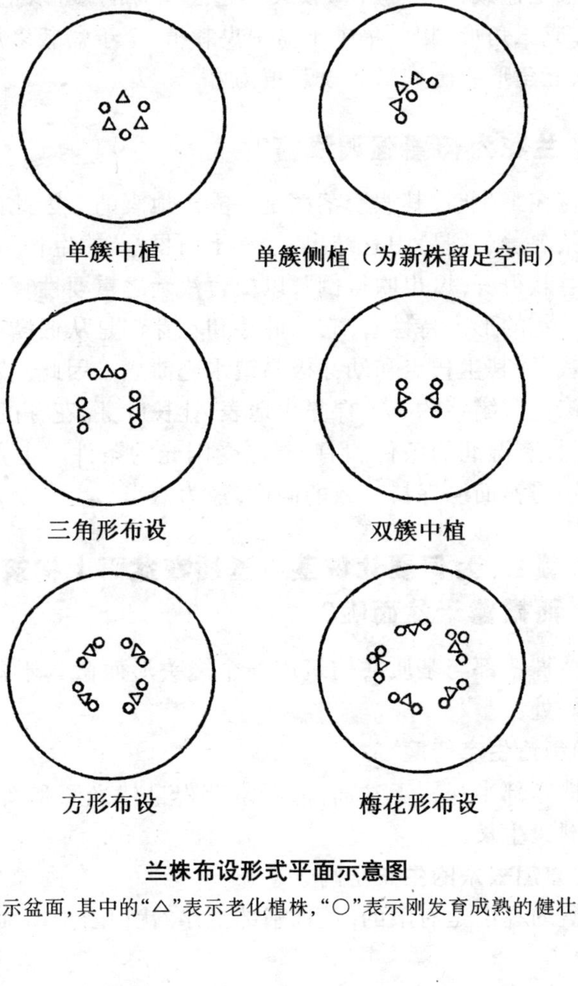

兰株布设形式平面示意图

注：大圆圈表示盆面，其中的“△”表示老化植株，“○”表示刚发育成熟的健壮新植株

有3/5空间的内侧，待新株发出来后，整盆兰将正好处于盆面中央。简而言之，是给新芽的发展留足空间。

393. 盆栽多簇兰是集中于盆中央好，还是分散布设好呢？

从观赏角度上看，集中栽于盆中央，比较紧凑，也有凝聚力的美感；从生产角度上看，分散布设栽植，有利于通风透气、透光受阳，减少病虫害的为害，也有利于发芽和开花。

如果是盆栽2～3簇，每簇又不超过3株的，可以把新株朝外母株朝内，成三角形，相对集中于盆中央栽植；至于盆栽多簇的，还是呈四角形、五角形或圆周形布设栽植为好。

394. 兰花为何要强调浅植？

兰花在野生时，其假鳞茎都是裸露于地表的。因此，明代箪子溪先生在其名著《兰易》中总结出“兰喜土而畏厚”的生长习性。形象地说：“栽兰栽得好，风也吹得倒”，以极言浅栽之重要性。

从兰花的形态特性看，它的叶芽和花芽都是从假鳞茎基部长出。如果深栽了，其生长点和幼芽极易遭水肥渍烂。因此，栽兰深浅的原则是应该让假鳞茎的3/5裸露出地表，让长叶芽、花芽的假鳞茎基部有土依附，有湿润的条件和有透气、受阳光的条件。上盆时，让假鳞茎之顶端与盆面缘保持一致的高度，最为恰当。

395. 栽兰，为何要让株茎与基质在盆面上构筑成馒头形，而微露于盆面呢？

让兰株茎部与基质共构筑成一个馒头形而微露于盆面，有5个方面的好处：

(1)创造生态佳境

兰株基部半裸露于盆面，能经常获得自然光照和新鲜空气。利于它的健康生长。

(2)增加根系的生长空间

兰盆的高度是有限的，兰株基部上浮，就相当于增加了兰盆的高度，兰根的生长空间也就随之增加了。

(3)避免水肥渍伤

兰株基上浮了，假鳞茎基部就能常偏干，着生于假鳞茎基部的根生长点，芽原基、花原基、新嫩根、叶芽、花芽都可免遭水肥渍伤。

(4)利于浇施水肥

兰的株基上浮了，盆面基质与盆口缘尚有约 3cm 以上的围栏空间。浇施水肥时，就有个暂时的蓄水空间，不至于一浇则溢出盆外，可确保浇透全盆。也更方便于喷壶嘴伸入盆缘浇施。

(5)增加了盆兰的美感

盆面有个圆弧形，可把翠叶和香花衬托得更加富有美感。

396. 兰株上盆，该按怎样的程序？

兰株上盆前，必须做好一系列的准备工作：

①备好兰盆、疏水透气罩、疏水导气管。新盆应浸水，退掉火气；旧盆应清洗，消毒。

②备好植料。垫底植料、粗植料、中粗植料、细植料、蛇木屑、水苔等。

③备好种苗。经清洗、修剪、消毒、晾干后，依品种再分为矮株、中矮株、高大株等。

④计划好各类苗、盆栽数量和布设形式。

兰株上盆的程序如下：

(1)上好疏水透气罩、疏水导气管

疏水导气管，一般直插于疏水透气罩之上，如果盆栽单簇兰的，可斜放，让上端靠盆口缘。

(2)填上垫底植料

在疏水透气罩之上，填上泡沫塑料块或砖瓦碎片、或干树草根至约盆高的 15%左右。

(3)填上粗植料

在垫底粗植料之上，填上粗植料，约为盆高的 15%许。

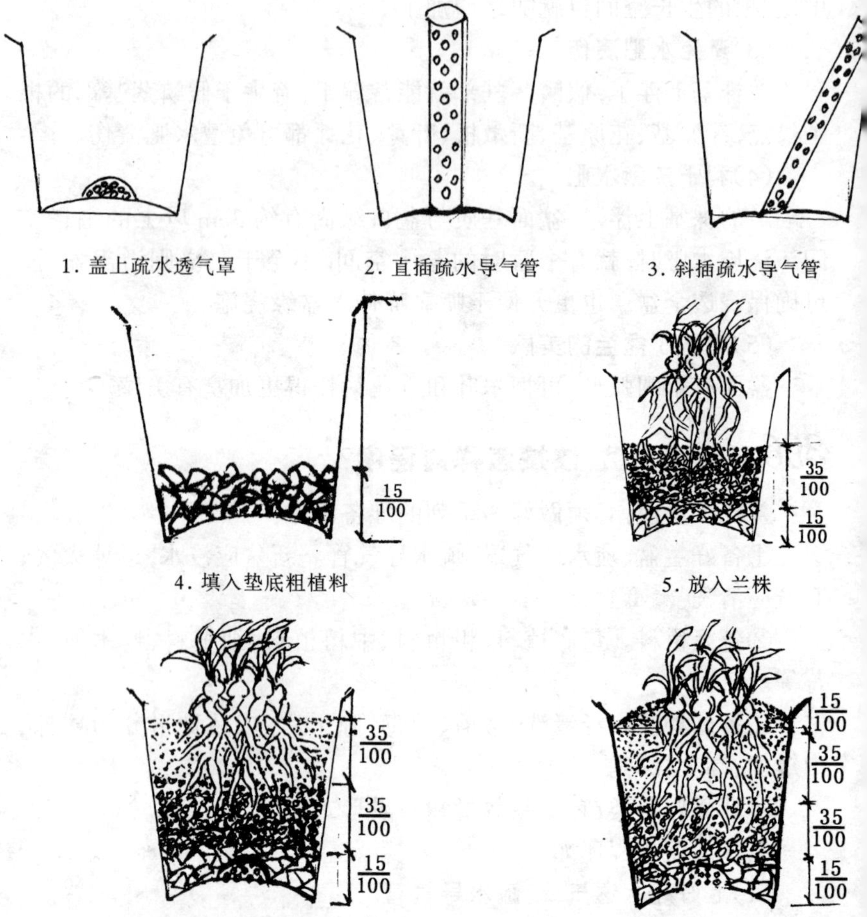

1. 盖上疏水透气罩　2. 直插疏水导气管　3. 斜插疏水导气管

4. 填入垫底粗植料　5. 放入兰株

6. 填入植料　7. 垒筑盆面

上盆程序示意图

(4)布入兰株,填入中粗植料

兰根好长的,可在填入垫底植料后,即布入兰株。一般是填入粗植料之后,布入兰株。一手扶住兰株,理顺兰根;一手填入中粗植料。如是盆植多簇兰株的,应请另外一个人,帮填植料,直至盆高的过半。

(5)填入细植料,直至盆高的 85%

(6)构筑馒头形

在假鳞茎根基间填入蛇木屑,然后逐步填上细植料后,拍拍盆壁,使基质与兰根紧贴。接着再填蛇木屑、细植料,使之形成一个馒头形,并在馒头形之上铺上一层水苔,或密排上小石子,以防在浇施水肥时,馒头形被水冲散。至此,即告上盆完毕。

397. 兰株上盆后,何时浇定根水好?

何时浇定根水,这要依实际情况而定,不能搞一刀切。

(1)宜即浇定根水的

①株叶健康,未经药液浸泡消毒,兰根已十分干燥,急待水分滋润的下山兰和外购兰苗。

②起苗前已适当扣水,栽前又未经过浸泡消毒的换盆苗。

③苗质好,几乎无创口,仅经预防性浸泡消毒片刻,而后又经晾干兰根的兰苗。

④基质干燥,或原为无土栽培的兰苗。

⑤兰根已有脱水现象的苗和病弱苗(可用 0.2%高锰酸钾溶液淋浇)。

(2)宜缓浇定根水的

①病虫斑多,但苗尚壮实;创口多,完整根少,已经多种药液轮番浸泡消毒的兰苗。

②株壮根旺,几乎没有病虫侵染的兰苗;虽经预防性浸泡消毒和晾晒兰根,但其抗逆性尚强的兰苗。

③培养基质湿度较大的盆兰。

④种植后,计划进行密封保湿管理的兰苗。

即浇定根水的,虽可即时滋润兰根,但有可能因水渍烂根群创口而造成新的烂根。缓浇的便可避免此弊端,但应注意叶面喷水雾,以防叶片脱水。

398. 浇定根水,选用哪种方式好?

浇定根水有淋浇、盆缘缓注、浸盆 3 种方式。

对于不存在未发育成熟的新芽株的，可采用淋浇法。此法既方便，又可清洗掉沾在叶片上的泥沙。对于有新芽长出，或新株正在展叶期，应采用盆缘缓注法。此法可避免水浇至叶芽心部而造成水渍害。这两种浇定根水的方式，都要求缓慢浇灌，或片刻续浇，力求浇至盆底孔有水渗出为止。这样，基质中的粉末状沙土，可随浇定根水而排出盆外，减少了盆土板结的可能性。

浸盆给水法，虽可保证湿透全盆基质，又不冲实土壤。从表面上看，是很好的浇定根水方式。其实，此浇水法，不仅费时费事，又易传播、扩散病虫害。是不可采用的浇水法。

399. 如何种好已脱水之兰苗？

下山兰和外来苗几经折腾和管理不善，常有出现脱水现象。对于脱水苗的种活率，要比正常苗的种活率低得多，怎样才能种好呢？

(1)切断侵染源

脱水兰苗已危在旦夕，如让菌虫继续作恶为害，自然不利于保存生命。如果即时先喷水或浸泡在水中，必然人为助其扩大侵染。因此，应先彻底扩创菌虫斑，以切断侵染源。

(2)间歇性纠正脱水

间歇性纠正脱水，是种活脱水苗的关键。一般都认为，脱水了，就要及时彻底纠正脱水，把它放入水中浸泡，有的浸泡1～2天。表面上看，叶片脱水和根群脱水已被纠正，应该可以种活。而实际上，只有轻度脱水苗，这样处理后可以种活，那些脱水较严重的苗，多数会因根群腐烂而枯死。

这是因为，肉质兰根含水量大。它脱水干瘪快，吸收水分也快。迅速吸足水分，极易撑破根皮。而被撑破了根皮的兰根，又被浸泡在水里好长时间，然后又被种植在含水分高的基质里，那遍身伤口的根必然被渍烂而影响成活。只有那些根褶皱不明显的兰苗可以种活。

针对此实际，应采取间歇性的纠正脱水法纠正脱水。即先用清洁水喷湿全株。待其干后1小时，再喷湿。如此间歇性喷湿，让根皮变软，根体、叶片也都已吸收了些水分，这时植株已初步恢复自然，才可以进一步浸泡给养或消毒。

(3)喷施杀菌剂,消灭侵染源

不论哪类兰苗均难免有菌病斑。这些菌病原,除了显现病斑的已被剪除外,那些随植株输导组织潜伏于体内各部的真菌,遇到高湿的生长环境,便又会高速繁衍大肆为害。所以应选用600～800倍液广谱杀菌剂加200倍液食用米醋喷施,干后续喷1～3次。

(4)上盆,封闭管理

因不宜于即浇定根水,故应先把培养基质喷湿,使之手握能成团,轻抛则散的湿度。

上盆后,有温室的放入温室管理,没有温室的少量盆兰,可用铁丝在盆面架设拱架,用黑色塑料袋把全盆套住。数量多的,可陈列于泥地面上,架设拱架,覆盖塑料薄膜,散光管理。

(5)加强给养,促进恢复

①上盆后,喷施1次"植物动力2003"1000倍液。

②上盆后1周内,每天傍晚选用50%葡萄糖注射液500倍液或白砂糖500倍液或"人参精"200倍液或500～800倍叶面肥,交替喷施1次。

③1周后,根群已恢复自然。可选用四川产华奕牌"兰菌王"500倍液,加广西产"三十烷醇"2000倍液,浇施1次。10天后再浇1次。

④每隔3天根外喷叶面肥1次。

与此同时,恒温、保湿,散射光照管理,多可种活。

值得注意的是,对封闭管理的新上盆兰苗,每次浇喷水肥,均应加强通风、吹干株叶水分后,方可封闭管理,以防水渍害发生。

400. 如何种植、驯化试管兰苗?

试管苗即组织培养苗。它虽已经生产单位从试管里移至无菌、恒温、恒湿、弱光、合理营养的苗床种植、驯化过,但它的抗逆性和适应性仍然很低。要种植好它,需要格外认真。

(1)创造一个基本无菌的生长环境

①提前3天选用广谱杀虫灭菌剂淋洒养兰场地,并喷施于兰室

空中。3天后，再消毒1次。

②在陈列盆兰的场地上，架设2m高的棚架，四周和上空，全部选用白色塑料纱窗网封严，以防飞虫进入传播菌虫害。

③种植盆具、培养基质全部用蒸气高温消毒2小时。

(2)促根催芽

选用四川产华奕牌“兰菌王”500倍液与广西产“三十烷醇”2000倍液浸泡根和株基30分钟，捞起，略晾干水分后上盆。并把上述稀释液当定根水浇兰。缓浇定根水的应新配药液，否则易导致副作用发生。

(3)实行无土栽培

选用细颗粒的珍珠岩60%；蛇木屑30%；水苔屑10%为植料。如果喜爱有土植料，也可以珍珠岩40%；蛇木屑20%；细颗粒土40%为基质。

(4)精心管理

①适控温度。冬春夜温12℃，昼温18～25℃；夏秋夜温18～22℃，昼温22～30℃。

②适调湿度。冬春夜间空气湿度40%～50%，白昼湿度50%～70%；夏秋夜湿50%～70%，昼湿85%～90%。

③适控光照量。冬春遮荫密度60%；夏秋遮荫密度90%。

④通风透气。保持兰场有微风常拂，空气新鲜。

⑤加强营养。每隔3～5日，选用美国产“花宝5号”2000倍液、挪威产“爱施牌高氮型叶面肥”1000倍液等叶面肥交替喷施1次。

每隔7～10天，选用“兰菌王”500倍液与“三十烷醇”2000倍液，或以上述叶面肥液，交潜浇施1次。

⑥定期防治病虫害。

一般每隔7～10天，喷施1次医用针剂“氯霉素”2000倍液，或其它广谱高效低污染杀菌剂稀释液1次。

401. 可否把不同品种的兰株合栽在一盆？

从观赏角度来讲，完全可以合在一盆；但为了保持品种的稳定性与纯洁性，则不宜混植。

为什么说它们完全可以合栽于一盆呢？

①兰花野生时，就常是混生的。虽然是一方水土长一类兰，但它们在自然界也常有混生。有时一堆下山兰中，既有建兰、也有寒兰，甚至有时也会有春兰、蕙兰或墨兰呢。这可能是兰花种籽飘到一起之故吧！

②实验证实，混植是可以的。笔者曾经做过多种混植的试验，混植的兰株都可以长好，并如期发芽和开花。

③从诱变创新种的角度上看，有目的地混植后，它们同呼吸、共命运，久而久之可能相互影响而产生变异。特别是混植后，更便于自然杂交，更有可能产生新品种。只不过这种自然变异产生的时间较长。

④从客观实际看，需要混植。现代，很多人都住进了单元套房或高层建筑里。室内空间有限，能陈列盆兰的地方亦相当有限。多种混植能充分地利用有限的空间。

⑤从现代的审美观念看，混植不仅可能有异彩纷呈的奇观，也可使盆兰常开花，常有兰香可闻，大有"万紫千红春满园"的艺术效果。

但是传统观念则认为，混植不可取。其理由是：

第一，各类兰花的生态要求不一，混植难以区别管理，有碍生长。

第二，各个品种形态有别，混植后杂乱无章，不协调。

402. 兰花浇水的时间也有讲究吗？

是的。因为兰为肉质根。过湿了，会渍烂兰根；过干了，生长受挫。

冬季气温低时，如浇下冰凉水，根系便不能很好吸收，甚至会导致冻害。应在太阳升起 1 小时后，浇水更恰当些。

酷暑放置于灼热阳光下的久旱兰苗，骤施凉水也会因周围土温突然降低。导致根系不能吸水，且会干扰兰根的生理平衡。最好是在早晚浇水为好。

露天放置的，夏秋期间如遇小雷阵雨，如雨水没浇透盆兰，也会致使盆中的余热壅积烫伤根系,宜用清水续冲之。

因此,给兰花浇水要因时,因季,并依兰苗的种类、生长状况而灵活掌握。

403. 兰花对水质的要求很讲究吗?

兰原生于林野,仅靠雨水润之。就世界上最早的全面兰花专著《金漳兰谱》也只提用清水、雨水浇花。后来,国内外以《金漳兰谱》为范本的兰书可能是为突出兰花是君子之花、王者之香,具空谷佳人之高雅,或为了爱兰之甚,爱兰之高洁,以显示君子之清高,把用以浇兰的水,提到比饮用水,还要严格的高度,主张储存雪水、雨水。连人常年饮用的井水、泉水还要经日晒方可用于浇花。更有甚者,近年来还有人提倡使用磁化水、微温开水、矿泉水等等浇花,使兰友无所适从,也使正想养兰者,望难而生畏。这种用水的神秘化,在很大程度上,阻碍了兰花的普及推广。

应该说,凡是人可饮用之水,均可用以浇兰。至于自来水,因含有漂白粉等消毒剂,可放置几小时,让水中的氯气挥发掉再用。不过,来自石炭岩地区的地下水,含有大量的碳酸氢钙,不适合直接浇花,兰花是嫌钙植物。

总之,浇兰花的用水,pH 在 5.5 为最适宜。受工业废气污染严重地区常下酸雨。此雨水为强酸性,应添加氢氧化钠或氢氧化钾,或食用碱中和。如自来水来自石灰岩地区的偏碱水,应添加食用米醋,直至 pH 近 5.5。通过适当处理的水,用于浇兰就比较安全,也不妨碍兰花的生长。

404. 哪种浇水的方式好?

兰花浇水的方式,有 4 种:

(1)盆缘缓注法

用长嘴水壶伸至盆缘缓缓灌注,既不会冲走盆面土,又不易灌注至新株叶心。此法为新株未发育成半成熟前的最恰当浇水法。

(2)淋浇法

用喷水壶从叶丛面上缓缓淋浇,既可增加空气湿度和盆土湿度,又可洗涤叶面尘土。当新株发育成半成熟后,多用此法浇水。如遇温度不高,恐有水分淤积于新株叶心和花蕾上,浇水后,最好加强通风,吹干水分。

(3)浸盆法

把盆兰置于浅水之中,让水分从盆孔渗入而湿透全盆。此法虽有不冲散盆面土,不污染叶片和环境,也不冲结盆土的优点,但费时费事,又极易扩散菌虫、病毒等侵染原,为不可取的浇水法。

(4)滴灌法

在兰盆缘布设小导管,将处于兰盆里的部分导管壁,刺上小孔洞。通水后自然滴灌,滋润兰根。此法如掌握好滴水量和滴水时间,一次投资,一劳永逸,堪为理想的浇水法。尤其适用于大型兰场和业余大面积养兰。对于经常外出者,只要把每个盆面里的导管刺一个小孔,约每10余分钟渗出一小滴水,就不用担心,兰花没人浇水了。

405. 兰花浇水为何必须浇透呢?

兰根为肉质,吸水快,干得也快。人工栽植,多为高筒盆,根系深扎至盆底。有些人为了图轻松,用塑料管接上水龙头,满园扫射。表面上满园湿透;实际上仅是盆面基质有水分滋润,多数深扎至盆底的根,仍滴水未沾。那些处于盆面的少数兰根吸收到的有限水分,除输送给叶片外,还要倒送回深扎之根,以救其命,终究会导致植株生长不良。严重的,深扎的兰根干枯成皮包骨,这样怎能长好呢?因此,浇水必须浇透(即浇至盆底中孔有水滴出为止)。

406. 刚上盆的兰株,要不要常浇水?

刚上盆的兰株不宜常浇水,应待盆面基质微干白后的次日或第三天浇水为宜。

因为兰花喜雨而畏涝、喜润而畏湿。许多初养者,未能了解其习性,只看到它喜润;而没有注意到它的畏湿。更有甚者,把喜"润"理解为多浇水。不看盆土干了没有,而像人一日三餐一样,天天照浇。甚至一有空就再浇,把盆土浇成如水稻田的烂泥巴一样,造成水渍害而枯死。

不过,上面说的是对有土栽培而言。对于使用颗粒土栽培和无土的粗植料栽培的,则只要不是冰冻天,常浇不仅无妨,而且有益。如果待到盆表面基质干白后的次日浇水,反而不利它的服盆和生长。

407. 在烈日下的中午,可否给兰花冲凉?

回答是肯定的。盛夏金秋骄阳似火。尤其是火炉地区,气温高得如蒸笼。兰叶被灼得褶卷、软垂,兰根被烫得软绵绵。正像人在烈日下奔波、劳作得汗流夹背、唇干舌燥。如没及时喝口水或乘凉,命都快要保不住了,哪能待到凌晨凉爽时呢?兰花是有生命的植物,同样是等不得。被誉为三大火炉之一重庆地区的某些兰友,于中午下班回家后给兰株大量浇水,下午上班前,又再给兰株冲一次凉,日浇5~6次。兰株不仅没被浇死,反而长得喜人,符合出口标准。广东南海、番禺等酷热地区的兰友,在烈日下,给高档线艺兰反复冲凉,结果符合出口标准的比率却有所提高。笔者所处的地区,夏秋虽不甚酷热,但也会热得难受,十几年来,常于中午给兰株冲凉,也没有发现什么异常,反而长势更加喜人。

总而言之,夏日及时给兰株冲凉,是保命之举,有益而无害。有遮荫的兰株,更可放心为其冲凉!

408. 兰土已板结,水浇不下去怎么办?

兰土已板结,水浇不下去的克服办法有:

(1)挑松盆面土

可用筷子削尖后从盆缘往里缓缓挑之,但动作要慢,用力要小,应尽量避免挑伤兰根。

(2)拍打盆壁

用手反复拍打兰盆周壁,也会使板结的土疏松些。

(3)顶松盆土

用拇指或小木棒，缓缓顶起盆底中央大孔的覆盖物(疏水透气罩)，可把全盆基质顶松。

(4)多次续浇

不管盆土怎样板结，无孔不入的水还是会往下渗透的。只不过是渗透速度缓慢，令人心烦。因此，我们可以多次反复浇施，以克服之。

(5)摇动疏水导管，以松动盆土。

409. 挑松盆面土，有否不伤兰根而又省事的良策？

挑松盆面土，既不伤兰根而又省事的办法有二：

(1)在盆面配种小萝卜

当上盆完毕后，在盆面疏撒七八粒小萝卜籽。当小萝卜的长粗叶约 5cm 长时，剪去叶片 3/5 长，让它继续长，待盆土板结时，拔起小萝卜，盆土也就随之而松动。浇水后，还可继续播种。

(2)在株基备插小竹棒

上盆时，布入植株后，在株丛附近，随插 3～5 支小竹棒、筷子。当兰土板结时，摇动每支小竹棒，便可有效地松动盘土。

当然，最根本的办法是在培养土中拌入 40%许的粗植料。

410. 怎样恰当地选用“干性管理法”或“湿性管理法”呢？

“干性管理法”简称干法，是盆面土微干白后的一两日，才浇水的管理法。“湿性管理法”简称湿法，是指盆面土壤微干时，即浇水的管理法。其实，这两种管理法，不仅仅是只看盆面土的干燥情况而决定浇水的时间，也要针对各类品种，在不同的生长期和生态条件下来选定。下面将分类概述。

(1)从兰花的种类上看

干法适用于细叶兰株。如春兰、蕙兰、春剑、莲瓣兰、细叶建兰、寒兰等。湿法适用于阔叶兰株。如墨兰、阔叶建兰、寒兰、春兰、春剑等。

(2)从兰株的叶质看

湿法适用于叶质较薄,叶面平滑的兰株。干法适用于叶质厚,叶面有行龙(褶皱的兰株)。

(3)从培养基质上看

干法适用于以细植料为主的基质。湿法适用于以粗植料为主的基质。

(4)从线艺性状看

干法适用于中低档线艺兰。湿法适用于高档线艺兰。

(5)从兰株的长势看

干法适用于根少株弱的兰株。湿法适用于根多株壮的兰株。

(6)从生长期看

干法适用于低温休眠期(20℃以下)。湿法适用于萌芽期、生长期和高温期。

(7)从气温看

干法适用于低温期(20℃以下)。湿法适于25℃以上的高温期。

(8)从空气的湿度看

干法适用于梅雨季节、阴天。湿法适用于高温期(25℃以上)。

总之,干法与湿法的运用是相对的,灵活的,并非固定不变。如细叶兰宜用干法管理,但在高温期就要用湿法管理。而阔叶类,虽适用于湿法管理,但在冬季为了防冻害发生,也要选用干法管理。

411. 怎样正确处理"秋不干"与"扣水增光"之矛盾?

"秋不干"是指整个秋季。而"扣水增光"的抗寒锻炼是指秋末冬初应开始减少供水量,增大光照量,以使株叶老熟,株体内的自由水大大地减少,不会结冰的束缚水相对增多而提高抗冻力。

从时间上看,这二者并不矛盾。在实际莳养中,"扣水"只是限制、减少供水量,并不是完全停止供水。只是到了以往该浇水的状态时,推迟1~2天浇水;其浇水量,也是逐步减少,每次减少1/5,连续减3次,直至最后仍保留有原来浇水量的1/5,方能满足其生活水的需要。

为了确保“秋不干”，应保持应有的空气湿度，约75%许，注意适喷水雾。

412. 怎样理解“春不出，夏不日，秋不干，冬不湿”呢？

“春不出，夏不日，秋不干，冬不湿”是古代兰花园艺家们总结出的养兰经验。

“春不出”是指春天仍有霜雪（就是少有或没有霜雪的地区，也会有偶然性的“倒春寒”），冬季移入室内，保温防冻的兰株，还不能移至室外莳养，以防冻害。这自然是要依各地气候的情况而定。如在温暖地区可搬出室外，多让兰株沐浴和煦的日照以提高生长力；但晚上仍然要移入室内，就地保温防冻。

“夏不日”是指夏日骄阳似火，不能将兰株放在全日照的环境中，应有过半遮荫，以防日灼害。

“秋不干”是指秋初新梢尚未完全发育成熟，仍处于生长期或仍是生长旺盛期。这时正好可利用白昼光照尚强，温度尚高的自然条件让兰株充分光合作用，多制造些光合产物；趁秋夜凉爽，兰株呼吸作用减缓、消耗少，光合产物可多转化成为养分积累下来，为翌年的发芽与开花打下物质基础。秋季空气干燥，水分蒸发快。如果供水不足，光合作用缺少了主要的原料，光合产物当然就少。这样会使翌年的发芽和开花受到影响。因此，秋季仍然要及时供水和保证其在旺盛生长期的空气湿度。

“冬不湿”是指冬季光照弱、气温低，兰株处于休眠期，需要的水分减少过半。有生长期的1/3～1/4水分便可以安然休眠。如果冬季供水量过半，空气湿度过大，不仅会产生冻害，而且会干扰兰株的休眠。

当然，这里的春、夏、秋、冬是针对四季分明的地区而言的。长暖无冬寒的地区，或是冬季开花的种类应当别论，不可教条地照搬。

413. 要不要让兰花沐浴露水？

《金漳兰谱》的作者赵时庚先生在其“天下爱养”篇中说，万物生于地利天时,想养好兰花必须顺其天性。“顺天地以养万物”。笔者认为:露水便是天赐的一种物质,应顺而以养之。另从赵先生在“叙兰容质”中对众花之冠的“陈梦良”的描述、品评中还提到“至若朝晖微照、晓露暗湿,则灼然腾秀……”看来,露水的滋润与朝阳散光有同等的需要。

从现代科学的眼光看,露水不仅有滋润叶片的作用,而且在滋润的同时,又能降低气温、减缓叶片的呼吸作用,从而增加了积累,大有利其生长、发芽和开花。因此,能让兰株沐浴露水,自然是不错的。应该开启门窗,设置天窗,创造条件让兰株承受露水。

至于有严重工业废气污染的地区,其露水同样夹带污染杂质,此露水对兰株利少弊多,就不要生搬硬套,还是以喷施超微量水雾以代之为妙。

414. 怎样满足兰花的通风透气需求?

“气”是兰的命根。《岭海兰言》的作者区金策先生认为,通风是养兰的头等大事。他说:“养兰以面面通风为第一义,不得已,以刻刻留心为第二义。”怎样满足兰花通风透气的需求呢?

(1)选用易于透气的兰盆

有土栽培的,应选择质地粗糙而无上釉,底和周边多孔的陶器盆。盆底中大孔不应堵死,应盖疏水透气罩或设法架空,盆中能插支疏水导气管则更佳。如兰盆无盆脚的,应用砖块垫高。无土栽培的,虽然可用塑料盆和瓷器盆,但最好也要选择底和底部周边有孔的为上。

(2)选用最能透气的植料

有土栽培的,应在腐殖土中混入不少于40%的粗植料。盆底垫层和下部植料也应粗糙些。

(3)栽植勿过密

不仅是栽植时要适当疏植,当新株多了,还要及早分盆。

(4)陈列勿过密

盆距应有10cm以上的距离。

（5）棚室空气宜常对流

兰棚室应常开不同向门窗让空气对流。不仅气温高、空气湿度大时和浇水肥、喷雾后要开动地扇、排气扇；就是冬季保温防冻时，也应注意常换气。

415. 冷室防冻有哪些应急采温法？

我国南方冬季一般无酷寒，因而养兰多为冷室，没有固定的采温设施。但天有不测风云，有时也会有偶然性的零下低温，故需要掌握简易的应急采温法。

（1）灯光升温

在兰叶面上空1～1.2m处，每隔1.2～1.5m悬挂1个60～100V电灯泡。也可以每隔0.4m悬挂1个40V电灯泡。

（2）远红外电暖器升温

每12～15m^2的棚室有一台900V的远红外电暖器升温即足够。

（3）蒸汽升温

在棚室外用煤炭炉、高压锅煮水，用橡胶导管把蒸汽输入兰架下升温。每100m^2的棚室，有一个大高压饭锅煮水的蒸汽输入室内就足够。每小时需加水1次。

（4）空调器升温

每50～70m^2的棚室安装1台。

（5）电炉煮水升温

每50m^2的棚室，用1台电炉煮开水。所散发出的热量，便可满足其升温之需。

416. 有何简便而又富有实效的防冻法？

以往都认为植物的冻害是由低温所造成的。但近些年来科学家们研究发现，植物的冻害不全是由低温造成的。在植物体内，有一种被称为“冰核”的细菌，起着催化细胞水结冰的作用，从而使植物产生冻害。笔者根据这一崭新的理论，对预防兰花的冻害，作了些探索，取得了在－10℃以下的短暂低温中，基本无冻害，连最不耐寒的墨兰的花莛也安然无恙，照样献艳送芳的初步效果。其做法是：

(1)提高抗性

自季秋末开始，停施氮素，增施能提高株体糖含量的磷素和能使株体的木质素、纤维素迅速增加而促进茎叶坚韧的钾。并在适当扣水和增光下，利用秋夜气温低、时间长的条件，把株体内的淀粉水解为水溶糖而增强细胞的保水力以降低冰点，提高抗寒力。

(2)抑灭细菌

①于下霜前半月许，用 300μL/L 的链霉素溶液全面喷施株叶，5～7天 1 次，连续 2～3 次，以抑灭“冰核细菌”。

②在停施链霉素的第七天，用 1500 倍液医用阿斯匹林(乙酰水杨酸)，以作用于株体的遗传基因，生成多种与植物抗病有关的蛋白质，以阻止病原物的入侵、扩散，并杀死或抑制其生长，从而起到提高抗冻的作用。

以上措施仅能抵御比较短暂的－8℃～－10℃的低温。如温度进一步降低，则应采温防冻。

417. 南方的冬天，尽管怎样密封保温，因何冻害照样发生呢？

在南方，冬季也偶有－2℃～－8℃的短暂性低温。简易兰棚室(冷室，没有采温)尽管使用塑料薄膜密封，冻害还是照样发生，这是何故，该如何克服呢？

这是因为，密封后棚室里有地热，温度比室外高些，地面的湿气和兰盆里的湿气受热上升至棚室顶，遇到满盖霜的棚室顶平面，便凝聚成水滴回滴于兰叶和花莛上。由于湿度大，凌晨室外特别冷，使室内气温骤降而结冰，导致叶片被冻伤，花莛被冻烂。

克服的办法是：

①北向设置挡风墙。可用草帘加双层塑料薄膜设置之。

②棚室的东、南向，留有一定的空隙，别封盖得太严实，让棚室的空气，仍有些微的流动，以减少水蒸汽上升。

③棚室地面全部覆盖塑料薄膜，以阻挡地面湿气上升。

④在兰架的盆兰上架设小拱架，覆盖无纺布、棉布、麻袋等以吸潮、保温。

418. 盛夏金秋怎样给兰花降温？

地生兰都喜欢冬暖夏凉的气温条件。专家研究发现，地生兰白天的生长适温为20～25℃，夜间为17～20℃。白天气温高于30℃便被逼进入滞育期(即停止生长，处于半休眠状态)。夜间气温高于20℃，则兰株的呼吸作用仍然很强盛，消耗过大，会使积累与消耗失去平衡而出现植株早衰，品种退化。因此，不仅白天气温高了需要降温；就是夜间气温高了，也同样需要降温。这是高热、火炉地区更值得考虑的一项莳养技艺。其降温的措施有四：

(1)增大遮荫层次、面积

高温地区，可在固定遮荫设施之上50cm处，增设一层活动遮荫网。并同时对兰场四周扩大遮荫范围，可取得立竿见影的效果。

(2)增大空气湿度

通常在兰架下围堰储水，通道铺沙淋水；多喷冷水雾或设置水帘、风扇，吹出水雾。也可在兰场四周墙上挂上布帘、海绵，淋湿水；在兰室外周挖设沟渠；设置全自动加湿器等。

(3)加强通风

常开门窗，在兰架间设电风扇，墙上设换气扇，使兰场保持有徐徐和风常拂。

(4)安放冰块

气温太高了，采取上述措施还达不到要求，就应考虑在兰架上的兰盆间放置冰块，并向水托盘中加冰块、冰水。

419. 给兰场降温，有否既经济省事又富有实效的好办法？

兰场降温通常都是采取遮荫、增湿、通风、加冰等降温法。遮荫、喷水雾、增设水面、打开门窗，不增加什么高级设备，又不耗电，只费点工时，一般都可承受。如要设置换气扇、吹地扇、吹叶扇、吹水帘扇、全自动加湿器等，不仅一次性投资较高，电费也相当可观。安放

冰块、冰水,在山村就更不方便。那么,还有没有其它一些既经济实惠,而又有实效的好办法呢?现简介几法如下:

(1)设置免动力半自动加湿器

在兰场边角处安放一个储水桶,连接手指粗的塑料导管。在导管上每隔20cm针刺一小孔,使约每5分钟许能渗滴1小水滴。让小水滴滴于导管正下方50cm处的竹竿上,便可溅起细水雾,给兰场增加空气湿度。

此免动力半自动加湿器设备简单、费资少,可自行制作又不用动力,堪为最经济实惠的加湿法。

(2)开设天窗

在兰场通道上空之棚室顶端,开设0.5m许的天窗(雨天,人工盖上)。因空气受热膨胀上升,可从天窗腾出室外。天窗既可有效地加强兰场的通风度而降温;夜间又可赢得露水的滋润,确为一举两得的办法。

(3)增设抽气管

于兰场地面50cm高处,设置如大口杯粗的塑料水管,直伸棚室顶空3m以上。它将像工厂的烟囱一样,自然抽掉兰场里的闷热气,从而大大地增加了兰场的天然通风量而达到自然降温。

据实验,每10～15m^2的棚室,设置一支抽气管,便可满足降温的需求。

420. 兰场光照时间短,怎么办?

养兰场所有时会因受高层建筑物遮挡,而自然光照时间很短。该采取什么办法补救呢?

(1)反射光照

可选用大镜子,或金黄色、银白色金属板,架设于能把光线反射到兰场的地方,以反射自然光。

(2)灯光补充

在兰叶面上1.5～2m高处,悬挂一支40W日光灯,其两端各加挂一支3W的红色萤光灯,就可满足10～15m^2兰场的补照需要。

其补照时间:凡白昼,何时无日照,就何时开始补照。最好别夜间补照。因为夜间补照,就等于把短日照的兰花变为长日照花卉,而导致不易开花。当然,如要创育新品种,也可以于夜间补照3~5小时。

421. 兰株可否承受全光照?

兰的生长习性是“喜日而畏暑”。它野生于林野,上有林木,四周有灌木和杂草为其遮挡强光照的直射,仅有忽有忽无的散射、漫射光照,就足以让它长好。人工移植后,多无如此良好的自然荫被。因此依其习性,夏秋光照强时需用遮光网遮去60%~70%的强光照,线艺兰还需遮去80%~90%的强光照,方可有效地避免日灼害。冬春,光照弱,除了线艺兰、水晶艺兰、图画斑艺兰仍需近半遮荫外,其它绿叶兰不仅完全可以全光照,而且全光照了对发芽、开花、促花香都有不可估量的作用。

422. 盆兰可否淋雨?

古人说,雨为兰之酒。淋雨可以清洗叶片,滋润基质、根系。小雨、阵雨尽可让其淋。不过雨后放晴,气候若转为高温高湿,病虫害也就高速繁衍为害。因此,每遇久雨放晴和暴雨过后,应抢喷农药防治菌虫害。

至于中雨、大雨、暴雨就应遮挡之。因为有土栽培的盆兰和畦地栽培的兰株,不像野生于林间陡坡时,地表上有树叶如瓦片样覆盖,下有纵横交错的树草根助疏水。不易导致水分淤积。因此,对于没有固定遮雨设施的,应备有小拱架。一遇久雨不晴,便随时使用塑料薄膜覆盖,遮挡雨水,以防水渍害的发生。

423. 兰盆面长满青苔,是利还是弊?

兰盆面长满青苔利少弊多,应彻底剔除之。

盆面长满青苔,能减弱盆中水分的蒸发,有一定的保湿作用;冬季又有一定的保暖作用。但由于它细密如毡毯,成了菌虫害的理想寄址。又争夺了盆中有限的肥料，也影响了兰根的通风透气，遮挡了有限的光照。对比实验还发现，长满青苔的盆面，发芽迟而弱，开花少而莛朵数也少。因此，应彻底剔除之。

424. 兰盆外壁长满青苔怎么办？

有些兰友提及兰盆外壁长满青苔后，与盆面长青苔一样，利少弊多，要彻底剔除干净，并不容易，盆数多了，就更不容易，不知有没有好办法？

其最简单的办法是选用杀菌剂90%的硫酸铜600～800倍液，浸盆3～5秒钟。此法既可使青苔受药害而枯落；又可杀灭绵腐病、霜霉病、疫病、炭疽病等多种病菌。此药剂易买而价廉，操作简便，一举两得，不妨一试。

425. 盆兰可否与其它花木陈列在一起莳养？

回答是肯定的。

因为兰花在野生时，完全是与多种杂草、树木为伍而生的。实践中，大多数花卉爱好者都没有一个专门的场所来莳养兰花，多数是与多种花木陈列在一起莳养。一般也没有发生什么异常现象。

但从花木相生相克的习性和保持兰花的色泽与香气的稳定性上考虑，应注意如下几个方面：

①应避免与会散发异味的花木一起陈列。如松柏类、樟树、丁香、接骨木等，在生长过程中能散发异味，可能影响兰花生长，导致兰香变异。最好别长期一起陈列。

②应避免与有毒花木一起陈列。如与五色梅、洋绣球、天竺葵、含羞草、一品红、夹竹桃、黄杜鹃等有毒花木一起陈列了，会改变兰花的品质。

③花期应移开单放

像山茶花、瑞香花、杜鹃花、水仙花、桂花、菊花、蟹爪兰、落地生根、吊兰、石榴花、一串红、牵牛花、文竹、天门冬、长春藤、六月雪、棕竹、巴西铁、一叶兰、竹芋类、吊竹梅、海棠花、米兰、满天星、苏铁等，虽可以一起陈列，但兰花花期应移开单放，以防花粉自然干扰而使兰花香气变异或无香。

426. 盆兰是陈列在兰架上好，还是在地面上好？

盆兰陈列在兰架上、地面上都可以，它们各有千秋。至于哪种好，不能一概而论，可根据自己的条件和需要选择。

盆兰陈列于兰架上的优点是利于观赏，也利于通风透气和打扫卫生；其缺点是夏秋地面的湿气难以升腾到叶端，干燥得快，对于业余简陋养兰，往往由于浇水喷水雾不及时而影响生长。在冬季，还会因得不到地热的温馨而必须加大采温量。

盆兰陈列于泥地面的优点是：冬季可赢得地热（比常温高 2℃许）；夏秋可得地面的湿气，干燥得较慢，比较适合于时间少的业余莳养者，其缺点是比较不雅观，不利于观赏，通风透气较差些，地面上的蚯蚓易进入盆内，故应将砖块垫高些。

427. 气培养兰是怎样管理的？

（1）保湿

空气湿度要确保在 80％以上。

棚室里的，可把场地淋湿；最好把所有地面都设置成水面，通道疏铺砖块，以利于行走。阳台、窗台上的，同样可以在地面上设置水面。案头、茶几上的，可设置水托盘。悬挂的，可在根基处略布水苔，以保湿。

此外，还应间歇性喷水雾以增进兰株的空气湿度。家庭少量培育的，可用手提式小型喷雾器每隔 2～3 小时许喷水雾 1 次。棚室里批量生产的，也应间歇性喷水雾以保湿。

（2）施肥

可选用无土栽培营养液和“花宝”、磷酸二氢钾、爱施牌叶面肥、美国产“高乐”等叶面肥交替施用。生长期每 3～6 天施肥 1 次；休眠期不施肥。

其它管理与一般土栽的相同。

428. 水培法养兰是怎样浇施水肥的?

水培养兰的施肥(即添加营养液)一般是生长期每隔 15～20 天添加 1 次;休眠期每隔 30～40 天添加 1 次。其添加数量因各个生长阶段而异:

第一阶段:从植入直至开始长新根为适应期,每盆次添加量为 0.4～0.5mL。

第二阶段:当新根长至培养水面为正常生长期,每盆次添加量为 1～3mL。

第三阶段:为冬冷休眠期,每盆次添加量为 0.4～0.5mL。

水培养兰的换水,可于栽植水显得混浊时,倒掉脏水,并冲洗干净兰根和培养盆,然后加入净水至标明的界线处,并依各个生长阶段之添加量,添加专用培养液。

至于叶面施肥等诸方面的管理、与普通的栽培法相同。

429. 无土栽培的兰花是怎样管理的?

无土栽培的兰花的管理,基本上与有土栽培的相同,所不同的是水肥的供给不同。

(1)浇水

由于无土栽培的植料格外粗糙,保水性能低下,因此浇水次数要比有土栽培的多 3～4 倍。即冬冷休眠期,每日 10 时许浇透 1 次;早冬和晚春,每日早晚各浇透水 1 次;盛夏金秋的生长期,每日早、中、晚各浇透水 1 次。酷热地区,每日的 7、11、14、17、20 时各浇透水 1 次。要做到"宁湿勿干"。

(2)施肥

由于无土栽培的基质不具微生物分解有机肥,故宜施用无机化肥配制成的营养液。一般大型的农资或花卉商店有销售,如美国产"花多多"、各种液体叶面肥等。如买不到,可参考下列配方自行配制:

无土栽培营养液参考配方

成　分	重量(g)	成　分	重量(g)
磷酸二氢钾	1.00	硫酸镁	0.20
硝酸铵	0.50	硫酸锌	0.05
硫酸锰	0.05	钼酸铵	0.05
硼　酸	0.02	硫酸亚铁	0.005
硝酸钙	0.02		

注:①凡是线艺兰、水晶艺兰、图画斑艺兰,应除去"硫酸锰、硫酸镁"的成分,以防叶绿素的大量增加而导致艺性退化或消失。

②兰花为嫌钙植物,但钙对根的生长甚有意义,故把原为1g更改为0.02g。

③把表中所列的肥料倒入盛有1000~1200g洁净水中的容器中,充分搅拌至完全溶解,便可直接施用。

施肥的方式有根浇和叶面喷施2种。

根浇,4~11月,每月3次;12月至翌年3月,每月1次。酷冻和超高热天,应暂停浇施,待气温缓和时补施。浇肥前停止浇水半天;浇肥后停止浇水1天。在暂停浇水的时间里,如遇高温高燥天气,应加强叶面和盆面喷水,以防脱水。

叶面喷施,一般每周喷施1次,也可把肥料再扩大稀释1倍,每3~4天喷施1次。以晴天下午4时后喷施为最佳。应注意喷及叶背。叶面肥的品牌要常更换。线艺兰、水晶艺兰、图画斑艺兰勿施用含有高氮和镁、锰元素的叶面肥。

430. 兰花花前期该做哪些养护工作?

(1)扑灭菌虫害

为了确保花莛花蕾不受菌虫侵染。当花莛出土时,应来一次彻底剪除病株败叶,并用广谱杀虫灭菌剂淋浇兰盆、场地和喷施株叶背1次。最好是隔5~7天更换药剂品种再淋喷1次。当花蕾膨大的排铃期,再喷施1次。

(2)适控光照量

花前要有充足的光照,花开时,花容才会俏丽,花味才会浓香。

夏秋遮荫勿过密，以50%～60%遮荫为宜；冬春，除了高档线艺兰外，不必遮荫。

(3)适当间花

对于某些固定品种无需其开花的，当花莛一露即除；对于需要了解品种的，只需选留一壮莛即够；对应展的，也应去弱留壮；对供应鲜切花的，也应以株不超过2莛为宜，以减少无谓的消耗而影响翌年的发芽与开花。

(4)适控温度

兰花的花芽分化和开花的适温是15℃以上。但如遇高温，也应及时降温。春兰宜将温度调控至5℃以下，让其度过春化阶段。

(5)适控湿度

花芽刚露出盆面时，盆中的水分如过多，易沤坏花芽。空气湿度过少，则不利于花蕾的发育。因此，应把空气湿度调控在60%～70%。

(6)追施助花肥

花芽出土后，不宜施含氮肥，但浇喷1000倍液磷酸二氢钾和200倍液米醋，有助于花艳和花香。

431. 兰花花期该如何养护？

(1)防治菌虫害

对于花期在夏秋的，由于高温高湿，病害、虫害易高速繁衍。虽在花芽出土时已全面施药防治，但药剂的有效期仅是7天许，在花蕾绽放时，必须再一次施药防治方能保全花朵。对花期在冬春的，一般不需再一次施药防治。

(2)适给光照量

花期在夏秋的，自然是依全棚室兰花的遮荫密度。花期在冬春的，应减少遮荫密度，让花期有散射光照，花容才会俏丽。

(3)适控温度

兰花开花所需的温度是15℃，不得低于12℃。

(4)适控湿度

兰花开花时，如果基质和空气过分干燥，将不利于花蕾的绽放；但基质过分潮湿，空气湿度过高，侧萼、花瓣端有淤积水珠，则花莛负重而下垂，影响花姿的俊俏。所以，花期基质要偏湿润而不积水，空气湿度宜控制在65%～70%之间。

(5)护好花姿

花莛不直的应捆扎直，也可利用光照整形；湿度过大易产生落肩，应用竹鞭叉顶住；花瓣不舒展的，可人工助展；易开天窗的花瓣，应施人工按摩复位术；萼片易后翻的，可设法顶控之。

如是新品种，应及时拍摄，并挂上品种牌。

432. 何谓“癃放”？

“癃”(lónɡ)原指年老弯腰驼背的样子，后引伸为体弱多病。“癃放”，在兰艺上是指兰花花朵因某种原因不能正常开放，或开放不正常。

常见的开放不正常现象有：

①顶花先开。兰花正常的开花顺序是由底部往上数，第二朵先开放。如莛顶花先开，开得软弱无力，下面各朵常僵化或微开而不开的，可能是因花期施肥或病虫危害所致。

②莛花排列无序。有的间隔甚宽，有的却间隔甚近，而且花开无力，萎靡不振。

433. 何谓“伏花”与“复花”？

野生兰花被采集、驯化培养后，当年就开花的称为“伏花”。因为它的花原基的形成与花芽的分化，是在野生条件下就已完成的，是带着花芽(未露脸)被引种的，是潜伏之花。

野生兰花被采集、驯化培养后，当年未开花，或一直没有开花，是年才开花的是恢复开花，而被称为“复花”。还有的盆兰，多年不曾开花，是年终于开花了，也称为“复花”。

434. 兰花花朵凋谢期该做哪些养护工作？

(1)剪除残莛，收集残花

对于非留种残花莛，应及时剪除，以避免无谓的消耗。对于掉落之残花，也必须及时收集清除，以防诱发病虫害。

(2)及时施用“坐月肥”

兰花开花，犹如妇女十月怀胎一朝分娩，消耗颇大，十分需要进补。因是，每当花后，应及时追施1～2次全素营养液，名曰：“坐月肥”。才有利于翌年的发芽与开花。

(3)喷施农药，防治菌虫

兰花开花清香四溢，昆虫纷纷循香前来采蜜，因而也带来各种菌虫害，必须及时选用广谱杀虫灭菌剂喷施株叶、盆面和场所环境，以确保株叶健康生长。

435. 兰花生长期需施哪些肥？

①促进打破休眠的“催苏肥”。

②促进早发芽、多发芽的“催芽肥”。

③促进花原基形成和花芽分化的“催花芽肥”。

④促进株叶发育的“助长肥”。

⑤促进花多、花大、色艳、味香的“助花肥”。

⑥补充开花消耗的“坐月肥”。

⑦增进抗寒力的“抗寒肥”。

⑧提高服盆力的“陪嫁肥”。

⑨促进生新根的“催根肥”。

436. 何谓“催苏肥”？

“催苏肥”是为适当打破休眠，促进早发芽，以赢得更长的生长期而设的。当白昼的自然气温在18℃许，夜间气温不低于3℃时，便可施用。

有土栽培，可浇施0.2%硫酸钾复合肥液，并酌加腐熟人尿等氮肥 1 次。无土栽培的，应酌加氮素比例，也可浇施挪威产的爱施牌高氮型叶面肥 1000 倍液 1 次。隔 7 天可续浇 1 次。

叶面喷施“施达”500 倍液，或美国产花宝 4 号 1000～1500 倍液，或间喷“三十烷醇”1500～2000 倍液。每隔 3～5 天 1 次，连续喷 2～3 次。

437. 何谓“催芽肥”?

“催芽肥”是为促进早发新芽，多发新芽而设的。施催苏肥后的 7～10 天，便可施用。既可单独施用，也可与催苏肥交替施用。

周施 500 倍液四川产华奕牌“兰菌王”，续喷 2～3 次。也可加入“三十烷醇”2000 倍液、福建产“高产灵”或美国产“高乐”1000 倍液浇施。续浇 2～3 次。

叶面喷施美国产“花宝 4 号”1500 倍液、或间喷德国产“植物动力 2003”1000 倍液，或尿素 1000 倍液。每 4～7 天喷 1 次，续喷 2～3 次。

438. 何谓“催花芽肥”?

当叶芽伸出盆面 3～5cm 长时，便有一个暂停伸长期(约 20 天左右)。此时，新芽逐渐长根，争取自供自给；其母株停止对新芽的给养，进入生殖生长；花原基开始发育，分化花芽。此时，不论是长根还是分化花芽，都需有较多的磷、钾、硼元素的营养。

可选用肥效迅速的美国产“花宝 3 号”1000～1500 倍液，浇根。每 5 天 1 次，续浇 2 次。

叶面喷施 1000 倍液磷酸二氢钾、硼砂。每隔 3 天 1 次，续喷 3 次。

439. 何谓“助长肥”?

“助长肥”是为满足兰株生长发育之需要而设的。是施用时间最长、次数最多的一种当家肥。但一定要牢记：“宁淡勿浓”和间隔时间不过密的施肥原则。

助长肥应力求肥料三要素相对平衡。但兰株生长期，相对需氮素较多些，氮素的比例可提高总肥量的1/10许。其它微量元素也应每季根浇1次。有土栽培的，最好是有机肥与无机肥料混合施用，或交替施用。无土栽培的，最好也间施商品有机液肥，或生物菌肥。

必须注意的是，叶艺兰最好勿施高氮肥、镁、锰元素，并应适当补充钾肥，以抑制镁元素的利用，便可有利于线艺的进化。

助长肥是在叶芽的根已长至2cm长后，每半月根施1次，每周喷施1次。

440. 何谓"助花肥"？

"助花肥"即促进花芽发育，以达到莛花朵数多、花大、色艳、味香的效果而设。大约在花期前30天或花芽一露脸时追施之。

此时，施用一般的肥料吸收慢，会影响效果。

可选用磷酸二氢钾1000倍液，或台湾产"益多液体肥"1500～2000倍液，或"喜硕"6000倍液之一；或交替施用，每隔5天1次，续施2～3次。

根外喷施"花宝"3号1500倍液，或磷酸二氢钾1000倍液，每3天喷1次，续喷2～3次。

441. 何谓"坐月肥"？

兰株的开花，如妇人分娩，消耗颇大，应给予补充，才不至于影响越冬和翌年的发芽与开花。

花谢后，即浇施0.15%硫酸钾复合肥与腐熟有机液200倍液1次。叶面喷施"植物健生素"1000倍液或复合微量元素等叶面肥，每隔3～5天1次，续喷2～3次。

442. 何谓"抗寒肥"？

兰株在越冬前停施氮肥、多施磷素和钾素肥料有利于安全越冬。因为磷素能使株体细胞的冰点降低，钾素能使株体的纤维素增加，促使茎叶皮层坚韧。

在冬寒来临前30天许，就应绝对停施氮肥，并根浇磷酸二氢钾1000倍液，7天1次，续浇3～4次；叶面喷施“花宝3号”1500倍液，5天1次，续喷3～4次。

443. 何谓“陪嫁肥”？

“陪嫁肥”是指在换盆分株前半月许，施1次三要素相对平衡的肥料，以利提高分株后的成活率和服盆力。

一般选用0.2%硫酸钾复合肥溶液浇施1次；叶面喷施花宝2号1500倍液1次。1周后，喷施磷酸二氢钾1000倍液1次。

444. 何谓“促根肥”？

不论是下山苗还是家养苗，也不论是病弱苗还是分株换盆苗，都有可能由于某种原因而导致根系少需要促根。此时所施用的肥料，即为“促根肥”。

可是，由于新上盆的兰苗根系创口尚未结痂，施肥易渍烂创口导致新的烂根。故一般不宜根施有机肥料，多采用施叶面肥或根施生物菌肥的办法。

一般选用“兰菌王”500倍液与“三十烷醇”2000倍液混合浇施，每周一次，续浇2～3次。选用“植物动力2003”1000～1200倍液喷施1次，或美国产“促根生”2000倍液喷施。3～5天1次，续喷3次以上。

445. 常用于兰花的化肥有哪些？

化肥又称无机肥料。它成分明确、肥效快、干净、无臭味，不需经过发酵就可直接施用。但长期单用会使土壤的物理性状变差。为此，土培时，可考虑与有机肥混合施用，或交替施用。

常用的化肥品种不少，现选介如下：

①复合肥。硫酸钾或硝酸钾复合肥。它氮磷钾三要素相对平衡。

②氮肥。尿素(用于叶面)、硫酸铵、硝酸铵、氯化铵、碳酸氢铵。

③磷肥。过磷酸钙、磷酸铵、磷酸二氢钾。

④钾肥。硝酸钾、硫酸钾。

化肥的施用浓度一般在0.1%～0.3%。低浓度为0.1%；中浓度为0.2%；高浓度为0.3%（每1g化肥对水1000g为0.1%）。

446. 适用于兰花的有机肥有哪些？

(1)人畜肥

①经储存1周许的人尿、兔尿，稀释50倍。

②蚕粪、牛粪、鸡粪等晒成半干、研细，按体积比的2%～4%，拌入基质里，为基肥。

(2)沤制肥

常选用油菜籽渣饼、花生渣饼、大豆渣饼、茶油籽渣饼等7份(一两种或各种)研碎成粉加入骨粉3份，装入容器；再加入相当于其2倍体积的人尿或兔尿。用塑料薄膜覆盖并扎紧，让其日晒，夏秋1个月以上，冬春3～6个月，便可施用。使用时稀释150～200倍浇施。

经腐熟的有机肥肥效高，能改善土壤结构，调整土壤酸碱度，没有肥害。能增强作物的抗逆性。其缺点是夹带有菌虫害和有浓臭味。

447. 有哪些质量优良的商品有机液肥？

①日本产“多木”。它营养全面，能促根促芽中和土质，减少病害，促进创口愈合。其用法是1500倍液浇喷。

②澳大利亚产“喜硕”。它为天然藻类肥和土壤改良剂。含有多种矿质元素、天然糖类、氨基酸、酵素及天然植物激素、活菌素。能抗寒、抗旱、抗湿，抑制病虫害、病毒病害的感染。其用法是6000倍液浇灌。

③台湾产“益多”国兰专用液肥。它含有高量磷、钾、钙、镁、氨基酸、维生素、生长素、微量元素、生物菌等。其用法是1000倍液喷浇(不适合于线艺兰和线艺期待品)。

④美国产“施达”有机液肥。它含有多肉植物汁、氮、磷、钾、微量

元素、维生素等。能促根催芽，打破休眠，提高光合作用强度，增强适应性。其用法是 500 倍液喷施。

448. 温室养兰怎样补充气肥？

二氧化碳 CO_2 是植物进行光合作用的重要原料。在自然界里，大气中 CO_2 的浓度虽然很低，但由于空气不断流动，CO_2 可以源源得到补充。但温室和简易棚室在冬季密闭保温时，空气几乎无法流通，光合作用开始后，室内的 CO_2 很快就会降到补偿点(即限制光合作用充分进行的低浓度)。光合作用的原料不足，时间长了，植株就会出现生长不良，甚至叶片枯黄而死亡。因而需要人为补充 CO_2。如何补充呢？

①取一个非金属容器，盛 100～120g 水，倒入 30～40g98％浓度的工业硫酸，搅拌均匀，然后加入 50～70g 碳酸氢铵。混合液的化学反应即可产生所需的二氧化碳气体。反应后的液体可留作液肥稀释用。

②取一个非金属容器，盛入 120～150g 水，缓倒入 20～30g 浓盐酸，搅拌均匀后，再倒入 40～60g 生石灰粉，经反应也可产生所需的二氧化碳气体[注]。

449. 据说"声波"也是一种肥料，对兰花该如何用之？

早在 20 世纪 50 年代，苏联植物学家米丘林和美国、法国、英国的农业科学家都在试验中发现：声波能激发植物体内能量的转换，能

注：①以上两种制取 CO_2 的方法，均为棚室内每 $10m^2$ 的用量。具体应按面积计算用量。

②施用时间，宜安排在上午10:00 前进行。

③由于 CO_2 气体比重大于空气，所以要把反应容器吊在高于叶面 1m 以上，以增加叶片吸收 CO_2 气体的机会。

④施用气肥是对棚室兰株而言，室外无效。

⑤施气肥时必须有光照。即时光合作用补充的气肥才会被吸收，否则无效。如无自然光照，可用人工补照(灯光)。

促进植物的新陈代谢，能刺激植物体内遗传因子、可变因子的组合。证实了音波对植物有类似激素样的作用。因此说，声波是一种能量。通俗地说，声波也是一种“声肥”。

实验发现，坚持每天凌晨、中午、入夜给兰花播放70～80dB音量的轻音乐20分钟，有一定的催芽、促花、出线艺的作用。

在施用声肥中应注意：

①音量别超过80dB。

②每次的施用时间不易超过30分钟。

③要天天坚持施用。

450. 有哪些适用于兰花的长效缓释颗粒肥？

①美国产“魔肥”。它为自动控制养分供给之缓释颗粒肥。它接触土湿后18小时，就开始释放养分。当土壤中养分饱和时，即停放肥分；当土壤需肥时，又再释放养分。如此不断反复。一次施用，肥效长达2年。含氮17%、磷40%、钾6%、镁12%(线艺兰不适用)。

小盆每次施4～8粒，中盆次施8～10粒，大盆次施10～20粒。

②美国产“施可得”。含氮20%、磷4%、钾10%。它不含镁元素，可施用于线艺兰，但含氮量较高，线艺兰的用量以非线艺兰之一半为宜(用量如“魔肥”)。

③台湾产“益多有机质颗粒肥”。它为生物菌粒状肥料，可用于线艺兰。有效期60天。

451. 适用于兰花的生物菌肥有哪些？

①四川产华奕牌“兰菌王”。含有全价营养元素、兰菌群、天然内源激素，具有促根、催芽、壮苗的作用。用法500倍液浇喷。

②广东产“保得®”微生物叶面增效剂。含有放线菌WY9702及其复合代谢产物，包括多种植物生长物质、抑菌活性物质及植物营养物质。有打破休眠促进发芽；加速植物细胞分裂，促进生长发育，使叶片、鳞茎增大；延缓衰老，防止落花；抑制病原菌入侵、繁殖等功效。可用于线艺兰。用法为1000倍液浇喷。

452. 如何消除有机液肥的浓臭味？

消除有机液肥浓臭味的办法是：在沤制时，按肥料总量的5%混入橘子皮沤制。也可以把橘子皮加入2倍水，另行沤制。在施肥后，再浇施橘子皮原液的20倍液。便可避免浓臭味。

453. 如何抑制有机肥中的菌病害？

(1)基肥处理

按计划将基肥重量1%之40%五氯硝基苯(土壤散)和基肥重量1%之50%多菌灵，混合拌匀后，用塑料薄膜封严，24小时后使用。

(2)沤制液肥的消毒

使用时按沤制肥原液重量的5%混入50%多菌灵或50%退菌特，搅拌均匀后，停放半小时。稀释150～200倍后施用。

454. 茶叶渣可否覆盖于兰盆面当肥料呢？

茶叶水、茶叶渣富含生物碱。少量施用对于长期施用化肥的盆兰，可有调整基质酸碱度的作用。多了，会使基质偏碱，导致生长不良。另一方面，茶叶渣覆盖于盆面，既影响了兰根的透气和受阳，又会在腐烂的过程中招致菌虫害。因此，茶叶渣不宜覆盖于兰盆面上。

455. 鱼鳞、动物骨碎、蛋壳可否放在兰盆面上当肥料？

鱼鳞、动物骨碎、蛋壳富含有机磷和钙，可作肥料。但它都粘连着筋肉或蛋清，放在兰盆中，不仅在腐熟过程会散发热量烫伤兰根，而且会散发浓臭味，招引菌虫害。应密封沤制后稀释施用。再者，兰花是嫌钙植物，也不宜单施此类有机液肥，应与种子渣饼等配合沤制较好。

456. 血腥水、淘米水、奶瓶水，可否用以浇兰？

鲜鱼、虾、鸡、鸭等动物体的血腥水、淘米水、奶瓶水，是很好的有机肥料。但它们必须经储存7～10天，沤制发酵后，方能使用。如果直接施用，在兰盆里发酵，会散发热量，烫伤根系。另一方面，此类有机肥，也会有浓臭味，最好加入橘子皮沤制；或浇后再浇橘皮水以除臭。

457. 冬季休眠期可以施肥吗？

兰花在冬季进入休眠期，不吸收肥料，不宜施肥。如果像生长期那样按部就班照样施肥，肥没有被吸收，基质里的肥料浓度会越来越高，就会产生肥害。如果施了含促长激素的肥料，还会干扰其休眠，使之早发芽。结果不仅新芽会产生冻害，甚至连母株也会因消耗过大，降低了抗逆性而惨遭冻害。所以，休眠期不宜施肥。

458. 兰花花期可否施肥？

兰花花期不宜施肥。因为当花芽开始露出盆面，相继伸长时，株体的营养生长就相对疲顿进入滞育期。此时，如果继续施肥，特别是施用含氮量高的肥料，便会刺激营养生长的活跃而抑制生殖生长，导致花蕾发育不良，花瓣不舒展，花朵早谢。因此，花期不宜施肥。当然，如果不需要其开花的，自然可以照常施肥。在排铃前，宜适当适施“助花肥”。

459. 兰花浇肥后，一定要浇施“过肥水”吗？

回答是肯定的。

“过肥水”历来就有之。它是为保持兰花株叶清洁和冲淡肥料而设的。

给兰株施肥，尽管您如何小心，也难免会沾染株叶。如未清洗，一不雅观，二不卫生，三易招菌虫害(有机肥更易招菌虫害)。另一方面，由于盆兰之大小、壮弱不同，所处的位置不同，其通风量、光照量、蒸腾也就不同，基质的干燥度也就不尽相同。而施下的肥料品种和浓度却相同。为防止肥害的发生，也需要借冲水以冲淡肥料浓度。因此，过肥水一定要浇。气温高时更要多浇。

有土栽培的，施肥后片刻便可浇过肥水；无土栽培，最好是喷水雾洗净叶片，待 8 小时后，再大量淋浇洁水，以冲洗未被吸收的残留肥料而有效地避免损伤兰根。

460. 兰株基质干燥时，浇肥好不好？

兰株的基质干燥时，浇施肥料不好。因为基质干燥，兰根也干燥。肉质兰根干燥时，吸水肥也快，一下子大量吸收肥料，易产生肥害。尤其是气温高(近 30℃)的时候，更易产生肥害。为了避免因浇肥火候不当而引起的肥害，有土栽培的，应先浇水，待翌日浇肥；无土栽培的，也应先浇水，待 2～3 小时后，浇施肥料就比较安全。

461. 新上盆的兰株，什么时候才能施肥呢？

新上盆的兰株，要等其长出 2cm 许长的新根后，才能施肥。

因为长了 2cm 许长的新根，就说明其已适应了新的生长环境，也就是已经服盆了。上盆时，根系的创口也已经结痂，不至于被肥液渍伤而腐烂。

有土栽培的，盆土有养分，如下过基肥的，养分更富足，根本无需急于施肥，可待新根更长、更多时，施肥更好！

无土栽培的，基质保水性能低下，也没含肥分，新根长出后，可施薄肥。

462. 给兰株施肥，选取何种浓度最适合？

(1)使用有机肥

①沤制液肥。以 150～200 倍液为宜，即 1kg 沤制肥原液冲水 150～200kg。

②商品有机液肥。生产厂家为了创名牌、争效益，往往添加激素类物质，以使肥效显著，赢得回头客。这样的肥如施用浓度高，反易抑制生长。因此，稀释浓度必须按说明。一般最高不可少于 600 倍液；低的可有 6000～10000 倍液；中高浓度为 1000～2000 倍液。

③生物菌肥。虽然不易产生肥害，但浓度过高既不利于吸收，也有浪费之可惜；浓度太低了，效果又不明显，耽误了生长期。应该按

说明使用。一般在500～1000倍液。

(2)使用无机化肥

无机化肥肥效迅速、刺激性大，易产生肥害；也易改变基质的酸碱度和使土壤板结。使用浓度宜低而不宜高。一般以0.1%～0.2%的浓度为宜，最高也不能超过0.3%的浓度[注]。

463. 为什么经常施肥的兰株，也不能久不施肥呢？

经常合理施肥的兰株，生命力旺盛，需肥量较大，如果停了好久不给施肥，长时间得不到养分的补给，必然会因饥饿而日益衰竭，直至死亡。这好比娇生惯养的人，更难适应艰苦的磨炼一样。

464. 为何从来不施肥的兰株，不能一下子大量施肥？

从来不施肥的兰，一下子大量施肥，吸收不了，反而有害。这就像久饿的人，一下子暴饮暴食，不是即时涨死，就是伤胃，留下隐患一样。应该初施时浓度比正常的低1/3，间隔时间也长3～5天，尔后，逐步转入正常施肥。这样因势利导，才有利于兰株的健康生长。

465. 什么样的天气最适合于浇肥？

自然气温在16～29℃，又有自然光照时，光合作用强，生理活动旺盛，吸收快，利用率高、效果佳，最适合于浇肥。

466. 低温天可以浇肥吗？

气温低于15℃时，兰株处于半休眠状态，兰根不吸收肥料。这时如施肥会增大基质中的肥料浓度，易产生肥害。另一方面，低温时水分蒸发慢，基质长期含水量过大也不利于兰根的呼吸而易导致水渍害。因此，低温天也不宜浇肥。如是久未浇肥，可以在叶面喷施肥料。

注：每g化肥冲水1000mL(或g)为0.1%的浓度。

467. 大热天为何也不宜施肥呢?

气温高于30℃的大热天,水分蒸发的速度,远远大于根系吸收肥料、水分的速度,会使基质中残留的肥料浓度增加。不仅有害于即时的生长,而且增加了下一个施肥周期基质中的肥料浓度,极易产生肥害。因此,气温高于30℃的大热天,不宜浇肥。改为低浓度根外喷施为妥。

468. 阴雨天为什么也不宜浇肥呢?

阴雨天空气湿度大,水分难以蒸发。浇肥水后,一方面增大了基质的含水量,易渍烂兰根;另一方面,阴雨天温度较低,根部不易吸收肥料,没过几天又届临施肥周期,又要再施肥,就增大了基质的肥料浓度,有导致肥害产生的可能。因此,阴雨天不宜浇肥。

469. 如何合理地给兰株喷施叶面肥?

叶面施肥,是将具有营养作物的有机或无机水溶液,按一定的剂量和浓度喷施到作物叶片上,起到直接或间接的给养作用。简称为叶面施肥,或根外追肥。

叶面施肥,用量少,不能完全代替土壤根施,只能是对根部吸收不足的弥补。特别是无根和少根时,显得特别重要。它具有针对性强、吸收快、效果明显、成本低等优点。但要真正发挥叶面施肥的作用,并不是喷了就好,而应把握好如下几个技术环节:

(1)有针对性地给肥

针对性选肥,也就是依兰株在各个生长周期之需要而选用对应肥料,或者是依兰株的长势所表现出缺某元素的指征,而针对补给。

(2)混用要科学

一般商品叶面肥,含肥分比较全面,不需要再混合,但不要老用一种品牌,应交替使用,这样可以取长补短,使营养更全面。但为了突出针对性,自然可以再混入某些成分。这就要看说明书,一般要掌握的是酸碱不混合,生物菌肥不与其它肥混合。

(3)浓度要适当

使用浓度要按说明,勿随意提高浓度,以防适得其反。像“三十烷醇”“爱多收”等,加大浓度会产生抑制生长。有的加大了浓度,会产生肥害。

(4)时间要合理

一般以晴天下午 4～5 时后,施用既易吸收,又可避免光照造成肥效降低或药害。

间隔时间也别太密,以周施 1 次为宜,以防营养过多症的产生。如果再扩大稀释 1 倍,每隔 3～4 天喷施 1 次,更合适。

(5)施法要讲究

叶片的气孔主要分布在叶背。而叶面施肥,主要是通过叶片气孔渗入叶内的。所以,喷施应力求喷及叶背。除了把喷枪伸入叶丛内,喷嘴朝上喷施外,雾点要细,压力要足,喷及叶背的机会才会多。另一方面,施量也不宜过多,应以叶片不滴水为度,以免肥料残渣淤积叶尖,产生肥害。

470. 低温休眠期,有否必要叶面施肥?

低温休眠期,兰株休眠,生理活动大大减缓,一般不吸收肥料,壮苗根本不必叶面施肥。但为了提高其抗寒力,也可以半月或 1 月喷施 1 次能提高抗寒力的磷酸二氢钾 1000 倍液。对于病弱苗和新上盆的少根或无根苗,根连吸收些微水分以维持正常生理活动(维持生命)的能力也没有,自然有必要按常规叶面施肥以提高成活率。

471. 有哪些适用于温室养兰的叶面肥?

①美国产“速滋液肥”能调整基质的酸碱度,使球茎硕大,叶片厚实,线艺明显。1000 倍液喷施。

②挪威产“爱施牌”高氮型、高钾型叶面肥。500～1000 倍液喷施。

③美国产“花多多”。1000～1500 倍液喷施。

472. 有哪些适用于线艺兰的高档叶面肥?

①日本产“植全综合矿质健生素”。具有促根、促芽,提高活力,显现线艺,预防病毒感染等作用。500 倍液喷浇。

②美国产“速滋”。1000 倍液喷施。

③澳大利亚产“喜硕”。6000 倍液喷浇。

473. 兰花有哪些常用的叶面肥?

常用于兰花的叶面肥有:

①美国产“花宝”1～5 号。1000～2000 倍液喷施。

②日本产“植全综合矿质健生素”。3000～5000 倍液喷施。

③美国产“高乐”。1000～1500 倍液喷施。

④福建产“高产买”。400～500 倍液喷施。

⑤挪威产“爱施牌”高氮型、高钾型叶面肥 500～1000 倍液喷施。

⑥日本产“爱多收”。6000 倍液喷施。

⑦广西产“喷施宝”。10000 倍液喷施。

474. 线艺兰可否与非线艺兰同喷一种叶面肥?

给非线艺兰喷施叶面肥的目的,在于通过根外渠道给兰株补充养分,以育壮植株,提高品质和产量。而线艺兰包括水晶艺兰和图画斑艺兰,也同样需要得到养分的补充以育壮。这是它们的共同点。所不同的是线艺兰的线艺是从全是绿色叶的兰株中进化而来。也有可能还原返祖退化而去。当然,这个退化,首先取决于株体内的可变因子是否充盈,但也不排除生态条件这个外因的作用。而这个生态条件,自然也包括养分的补充是否恰当。

历来都认为氮肥过丰,叶绿素会大量增加,而导致线艺的退化,而不放心给线艺兰施氮肥,也不放心与非线艺兰一样喷施叶面肥。结果线艺兰因养分不足,长势瘦弱,线艺变细或减退。多年的实验探索发现,与非线艺兰同样施肥和喷肥,不仅没有导致线艺退化,反而使线艺兰株粗、叶阔而厚,线艺也更粗、更明亮。与此同时分别编组,施以与构成叶绿素有关的氮、锰、铜、锌、钼、铁、镁等。实验发现,线艺最稳定的传统覆轮艺兰,在与非线艺兰同样用肥的基础上,浇喷镁元素后,叶片格外亮绿、线艺逐渐退化。而增施上述其余元素后,并没有导致线艺退化。因此得出,线艺兰基本可以与非线艺兰同样用肥,但不要单独施用镁元素,也要少用含有镁元素的肥料,而且要注意补充钾肥(施草木灰或磷酸二氢钾、硫酸钾)。最好也不要偏施氮肥。

475. 选用何种生长延缓剂矮化兰株好?

要防止兰株疯长和使新株矮化,应从不偏施氮肥、增大光照量、避免陈列拥挤等方面努力。兰株也就能逐代矮化。使用激素促成的矮化株,不仅当代健康难保,其下代又会恢复到原状。尤其是千万不要施用副作用颇大的"多效唑"。因为施用它虽能泡制出假矮兰,但它的下代,又会恢复到原来的高度,一点也不像矮兰的样子。而且它的毒性太大,对兰株的健康有明显影响。浓度太低了,又起不到多发芽和显现矮兰特征的作用。如果一定要借助于激素来矮化植株,建议选用不含"多效唑"的矮壮素(C、C、C)或比久(B_9)。它们虽然效果不那么尽人意,但安全可靠,没有明显副作用。

476. 可否喷施"赤霉素",促进兰株生长?

植物生长促进剂"赤霉素"(九二〇),确有很好的促进植物生长发育,提早发芽、成熟,提高产量等作用。但它主要功能是促进细胞伸长、茎叶伸长。施用后,很快就出现疯长,叶柄细长、软弱不支,叶片散乱,甚至倒状。尽管把它与尿素、磷酸二氢钾混用,还是有上述缺陷,只不过是减轻而已。因此,还是别用为好。建议改用"三十烷醇"等。

六、病虫防治篇

477. 兰花的病虫害为何那样难防治?

兰花的病虫害之所以较难防治,并非兰花本身有什么特殊的病原,而是由于它的形态比较特殊,再加上管理不善所致。具体说来,有如下诸方面致因:

(1)兰株的形态特殊

①兰根为肉质,与兰菌共生,质嫩味甜。既易因培养基质的酸碱度不适、透气疏水性能不佳、水肥的质量、浓度、数量不当和施用不适时而导致生理性烂根,也易因光照、气温等的调控不当而致伤,造成吸收、输送功能下降,植株长势不佳、抗逆性减弱。

②兰株的叶鞘层叠而生,紧裹叶基。既易淤积水、肥、药而渍伤叶基;又易随水液流动夹带病原移居潜伏、繁衍为害;药剂又甚难抵达其所,客观上成了病原的温床。

③兰花株叶聚簇而生,叶片立斜弯垂,交错遮掩搭盖。既不利于通风透光,也给病原提供了相对安全的隐蔽栖身之所。药剂也不易抵达。结果反给那些不易接触到药剂的病原,多了个适应性锻炼的场所,导致抗药性种群的大肆产生,给防治带来难以克服的障碍。

(2)种植、管理不当

基质、盆具、兰场、遮雨、降温、采温、保湿、通风等设施不够合理,生态条件欠佳。加上偏施氮肥,陈列较密和空气污染等,影响了植株的健壮,抗逆性不高。

(3)防治不周

①杜绝侵染原不力。如场地、盆钵、工具、基质多无严密消毒;即使有消毒,也流于形式;剔除病残体时,没有适当扩创;种苗消毒不严密或无消毒。

②难以对症选药,浓度也没有按药剂含有效成分量的稀释倍数计算。

③用药的时间不当。多数无定时施药,更无乘胜追击,穷追猛打的扑灭策略。

④施法草率。多数是在叶面上赶鸭式地扫射喷施,没有把喷枪

伸入株丛，并转动喷嘴，边上提，边翻动叶片喷施。不少相互搭盖遮掩处没有药剂喷及。

⑤没添加增效剂。也就是没有药剂的开路先锋。有些药剂的渗透性、附着性不强，药效发挥不好。需增添渗透剂才能事半功倍。

478. 导致兰株烂芽的原因是什么？

(1)水肥药液渍伤

往往浇喷水肥药后，因肥药浓度过高或遇光照不足、气温较低、通风不够，使药液水分蒸发慢，淤积于叶鞘紧裹的新株叶心中，而渍伤兰芽。

(2)外界力致伤

在采集、分株换盆、运输装御、种植、剪除花莛、剔除败叶、鉴别品种等操作过程中不慎误伤或由猫、鼠、鸟等动物撞伤，异物意外击伤兰芽。这些不同程度的伤害，增加了兰芽被渍烂的可能性。

(3)侵染性菌病害感染

导致兰花新芽株腐烂的病原，主要的有黑腐病菌和细菌性软腐病菌。

479. 怎样防治兰花新芽株的腐烂病？

(1)避免水肥药液渍伤

①要设置遮挡雨水设施，以防水分渍伤。

②新株未发育成半成熟时，力避水肥药液浇至芽株心部。

③施用肥、药浓度要合理。

④每浇施水、肥、药后，应打开门窗、开动地扇、吹叶扇，加强通风 1 小时以上，以吹干水分。

(2)力避外界力的伤害

(3)及时防治病虫害

新芽株生长期正是高温高湿的气候，各种菌虫害都有必备的繁殖条件。这时既要定期选用细菌、真菌并杀的广谱药剂全面喷施，又要常检查，发现有病株及时剔除。然后选用青霉素与链毒素等量混合2000倍液，或氯霉素2000倍液浇施株根，并喷及芽叶，以防扩染为害。

另一方面，在新芽伸长期，应及时喷施1次1500倍液的医用阿斯匹林溶液，以提高抗病力，甚有防治意义。

480. 兰株基部腐烂病的蔓延如何控制？

兰株基腐烂的致因与烂芽相似。除了与防治烂芽同样的措施之外，还要多注意如下3点：

①勿偏施氮肥。生长期适当多施氮肥有利于叶片宽阔肥厚，加快生长。但过量偏施会导致叶片柔嫩，抗逆性减弱，易产生病害。用肥力求三要素相对平衡。

②发现病株及时连根剔除、销毁，以防扩染。尔后，选用1000～2000倍液氯霉素淋施染病盆兰和邻近盆兰，并全面喷施所有兰株，每日或隔日施药1次，续施2次，便可有效地控制病情。

481. 兰株根群全部腐烂怎么办？

每当兰花株叶呈现淡黄并伴有轻度脱水、失神、叶尖干焦的便是兰根全部腐烂。有时是在换盆时发现，每条兰根都有病斑块，没有一条健康根。此时可采取如下措施：

(1)剔除烂根

部分变色腐烂的，应适当扩创。全部烂光的，全部剪除。在剪除过程中，病根所溅出的污腐水分有恶臭味的，为细菌性腐烂；否则为真菌性病菌所致。这可作为选用消毒药剂之依据。

(2)消毒株茎

细菌性腐烂病可选用2000倍液链霉素或真菌、细菌并杀的科博600倍液、克菌1500倍液、爱力杀6000倍液之一浸泡全株1小时。

真菌性黑腐病菌所致之烂根，可选用能杀霜霉菌、腐霉菌、疫霉菌类的内吸性杀菌剂浸泡1小时。如瑞毒霉600倍液、卡霉通700倍液、世高2000倍液；克露600倍液；具林1000倍液；福美双500倍液；乙磷铝500～600倍液与多菌灵等量混合。

消毒时间到后捞出，洗净、晾干。

(3)促根处理

把经浸泡、消毒、洗净后晾干的兰株，再浸入“兰菌王”500倍液或美国产“促根生”1000倍液1小时后，捞出，晾干，待植。

(4)无土栽植

选用经消毒过的无土基质上盆，在盆上搭设小拱架，套上黑色塑料袋(气温高时，周围应刺7~8个小孔以微透气)进行恒温、恒湿、低光照管理。

3天后，浇施“兰菌王”500倍液，喷施叶面肥。以后每周喷施1次叶面肥，每10~15天浇施1次促根剂稀释。生长期25~35天可长出新根，待新根长至2cm长后，可转入正常管理。

482. 如何防止兰花根群患病呢？

兰花的根长在盆里，处于基质里面，无法观察到它的健康状况，又不宜常起苗翻检。如果待到叶片上显现严重焦尖、叶色失绿、脱水褶皱等预示根病迹象时，救治的难度往往已相当大了。因此，预防兰根患病甚为重要。

(1)合理栽培

①种苗要彻底扩创病灶，并严格消毒。

②花盆和培养基质要消毒，透气疏水性能要强。

③上盆操作要规范。

④合理调控光照、温度、水分、湿度、通风。

⑤合理供给肥料营养。

⑥及时防治病虫害。

(2)加强根系保健

①浇施肥药浓度要适当，避免肥药害。

②注意适时补充微量元素。兰花根系最需要磷、钙、氯、钼、硼元素的营养。缺了氯、钼、硼，养分与水分之运输功能下降，芽、根的生长点死亡，开花也不利；缺了磷、钙，根的生长受阻，吸收水分、养分功能下降。因此，生长期应尽可能浇施1次0.2%的上述元素。

③生长期浇施1次阿斯匹林以提高抗病力。

④除及时防治株叶的病虫害外，每季度都应根施1次防治根腐烂病之抗腐类杀菌剂或氯霉素2000倍溶液，以杀灭可能有的侵染病原。因为多数杀菌剂不具向下传导的性能，叶面施药对根部不起作用。

⑤最少每半年测定一下培养基质的酸碱度及时调整。常浇施化肥和有2年以上未曾更换培养基质的，培养基质多过于偏酸，应在盆面撒施芦苇草炭或其它草木灰(盆施3～5g)或浇施1%石灰水以调整之。

483. 兰花叶尖枯焦是何致因，该如何防止？

兰花叶尖枯焦是最常见的多发病害之一。它既损害了兰叶的完整性，降低了观赏价值，也严重地影响了兰株的健康与生长，有的也可能导致兰株的早衰和早亡。是爱兰、养兰人最为伤脑筋的憾事之一。其致因有三：

(1)根系生长受阻

绝大多数的叶尖枯焦，都伴有不同程度的兰根生长受阻现象。而导致兰根生长受阻，出现异常现象的原因却是错综复杂的。如基质的过分偏酸或偏碱；基质的疏水透气功能低下；基质成分不适兰根生长；基质有夹带污染；还有水渍害、干旱害、冰冻害、高温害、肥伤害、药渍害、缺素害、激素害、病毒病虫害等等，都会造成兰根生长受阻而出现叶尖枯焦。

(2)叶尖生长受阻

叶片生理功能一旦失常，叶尖的生长势必受阻。导致叶片生理功能失常的原因，同样是错综复杂，其绝大部又与根系生长受阻有着密切的联系。

①喷施肥料、农药的品种、浓度不对头。如锌、铜、钙元素含量过高的肥料和含铜制剂的农药在强光照下施用，易产生肥、药害；喷施量过大，叶尖淤积大量残渣也会产生肥、药害。

②环境条件不适。空气湿度偏大或偏小；温度的偏高与偏低；光

照的过强与全无；空气流通不畅与完全闭塞；二氧化碳、钾元素的不足；严重的空气污染等都会造成叶片生理功能失常而导致叶尖干焦。

还有叶尖长期接触盆壁、或基质，易产生擦伤与溃伤，以及外界力的不慎干扰和侵害，同样可导致叶片生理功能失常而出现叶尖枯焦。

(3)侵染性病原为害

常直接为害叶尖的有沙斑病、褐锈病、焦尖病、叶斑病、疫病。其它病原和病毒也都可间接或直接为害叶尖而导致枯焦的。

由此看来，兰花的栽植与管理过程中的每一件事，如有偏颇又纠正或处理不及时，或措施不得力，都有可能导致叶尖枯焦。要真正防止叶尖枯焦，要求很高的养护技艺，而且要十分精心。初学者只要勤学、勤问，多探索其致因，多实验，不断提高养兰技艺和时时留意、刻刻留心，为兰株生长创造一个与其基本相适应的生态条件，才能真正防止其焦叶尖。

484. 兰花叶片脱水褶皱的致因有哪些？

兰叶脱水，大多是由生理病害所致。冻害、高温害、干旱害、水渍害、缺素害和肥药害都可导致叶片脱水样褶皱。以干旱害、水渍害为多见；以冻害、高温害、肥药害受害面积最大；缺素害仅是个别品种，不会大面积发生。

对干旱害，逐量增加浇水和喷雾，多可在短时间内纠正；高温害、水渍害、缺素害和肥药害经及时抢救、改善生态条件和促根，大部分也可救活；惟独冻害，多无法挽救。

侵染性病害所致的叶片脱水，多伴有病征，绝大多数无法纠正。侵染性病害引起叶片脱水褶皱的，以病毒病害为最常见，至今尚无挽救法。根系被侵染后，失去供给养分、水分的株叶脱水。它的早期，必有叶尖枯焦中有病斑，剔除病根、严密消毒后，重植、促根，也有可能纠正。如是假鳞茎和叶柄受严重侵染而导致的叶片脱水，多无挽救的希望。

养兰也和所有种植业一样，三分种，七分养。要常光顾兰园，多检查，早发现，早防治，方可避免大损失。

485. 兰花叶尖生理性干焦如何防治？

兰花叶尖由赤色转褐色、再转黑色，与绿色部分的边界整齐，没有异色点斑块间杂的干焦。该病是由以下若干种生理病害所致。

(1)缺素

兰花虽为嫌钙植物，但它在根尖和芽的生长点却需要钙，只是忌钙量过大。

兰株如缺铁、磷素营养，其根、茎的生长即受阻；兰株如缺乏氯、钼、硼、钾等元素营养，养分与水分的运输功能减弱，如较长时间得不到补给，芽、根的生长点死亡。

因此说，较长时间缺乏上述元素的供给，便会导致根尖发黑直至组织坏死。在地上部分便表现在对叶片的给养减弱而出现叶尖干焦。

(2)水渍

兰为半气根植物，气为兰之命根。如培养基质疏水性能低下，较长时间淤积过多的水分，兰根呼吸不良，便产生烂根尖至烂根。它在叶片上则首先显现叶尖干焦。

(3)冻害、干旱害、高温害

以上灾害均可导致兰根组织坏死、腐烂而出现焦叶尖。

(4)肥害、药害

常为施肥的浓度偏高，间隔时间过短，或高温、低温期施肥而伤根；也有浇施农药的浓度偏高等引起的伤根。

综上所述，造成叶尖干焦的致因是多方面的。要实现兰叶尖不干焦，必须力避上述生理病因。

486. 兰花新株的叶鞘全黑烂，怎么办？

兰株的叶鞘担负着保护叶片的使命。一般要待新株完全发育成熟后的冬眠期，才逐渐自然干枯、张离。如在新芽刚展叶，直至发育成半成熟的这段时间中，叶鞘遭受水渍害或菌病而现赤褐腐烂，不仅新叶失去了叶鞘的支撑保护而易被外力作用而折断，而且也会严重污染新叶的健康而相继枯烂。必须及时救治：

(1)手术扩创

①术前，用75%酒精棉球擦抹病株。先擦未受害部位，后擦病灶。待酒精干后，再消毒1遍。

②于病株盆面铺上一层厚厚的白纸，以便收集残叶鞘集中烧毁，减少扩染。

③用消过毒的手术剪刀由下而上地逐层剪除病灶，并注意适当扩创。

④术后，选用真菌、细菌并杀的"科博"、"爱力杀"，或能防治霜霉、腐霉、疫霉病菌的"瑞毒霉"、"多菌灵"等药剂撒施创口以消毒。

(2)术后护理

①术后3天内不喷水肥，以防继续腐烂。

②在兰盆上，插3根比叶片高的竹片并扎上一个与盆径相近的圆圈围捆兰叶，以防狂风等外界力袭击叶片而致伤。

(3)施药防治

术后第四天起，每隔3日，喷浇细菌、真菌并杀的稀释液，续浇2次。

487. 怎样区别兰叶上的生理病斑与侵染性病斑？

兰叶上的生理病斑之斑色多为淡白、淡黄或淡赤，干焦后转为赤色或灰白色；斑中没有异色点、斑、块、纹互见，且在潮湿条件下，斑的背面没有发霉的菌丝体显现。

兰叶上的侵染性病斑，病斑块比生理病斑小，常是先出现点状，尔后密连成片块状，斑中尚有斑互见；斑与绿叶的边界不整齐，常有放射、扩散状；斑色多由灰褐或赤褐转黑褐；斑的背面在潮湿条件下常有发霉样的菌丝体释出。

明辨致因，便可对症防治，减少损失。

488. 兰株缺氮素有何指征？如何矫治？

兰株如果缺氮则其新株叶会比老株叶短狭而质薄，分蘖少而迟，叶色淡黄而无华。

矫治方法是：

①生长期用肥应注意三要素相对平衡。萌芽前期和展叶期略增氮素的比例。

②浇施氮肥。无土栽培的，在配方中加大氮的比例；土培的，应加入高氮有机肥，或加入碳铵；也可浇施“爱施牌”高氮型叶面肥500～1000倍液或施用美国产“高乐”1000倍液。。

③叶面可喷施“花宝”5号或磷酸二氢钾∶尿素(1∶2)800～1000倍液。

489. 兰株缺磷有何指征？怎样矫治？

兰株缺磷会发芽迟，芽伸长慢，发根更慢。叶缘常微反卷，植株矮小，花芽分化少，开花迟。

矫治方法为：

①平时施肥应注意三要素的相对平衡；勿多次偏施某一元素。

②根施2%～3%的过磷酸钙浸出液，或磷酸二氢钾800倍液。7～10天1次，续喷2次。最好适量撒施骨粉以巩固。

③叶面喷施“花宝3号”1000倍液，或磷酸二氢钾800倍液。3～5天1次，续喷3次。

490. 兰株缺钾素有何指征？怎样矫治？

兰株如果缺乏钾素时，叶缘和叶尖发黄(先从老叶开始，逐渐向幼嫩叶扩展)，进而转为褐色；叶主侧脉偏细；叶质柔软，易弯垂；若遇强光或低温，新叶就呈现微脱水状。

矫治方法为：

①平时施肥应注意三要素相对平衡，勿多次偏施某一元素；在偏施氮素2～3次后，应恢复到三要素平衡上来。

②根浇 0.5%～1%硫酸钾溶液，或盆面撒施芦苇草炭。

③如叶面喷施爱施牌高钾型叶面肥 500～1000 倍液或磷酸二氢钾 800 倍液，可较快被吸收。

491. 兰株缺镁有何指征？如何矫治？

兰株如果缺乏镁元素时，表现为老株叶发黄；中年株叶的叶尖和叶缘呈黄色，且向叶面卷曲（俗称铜锣缘）；新株叶色欠绿。

矫治方法为：叶面喷施 0.1%～0.2%硫酸镁溶液，每隔 3～5 天 1 次，续喷 2～3 次。注意，如是线艺兰只能用 0.1%浓度，也只喷 1 次。浓度大，喷施次数多了易导致叶绿素大量增多而掩盖线艺性状，或导致线艺退化。

492. 兰株缺锰有何指征？该如何矫治？

兰株缺锰元素时表现为：虽有适当遮荫，叶片还出现日灼样斑纹，斑中又有斑互见；叶脉之间的叶肉组织缺绿，严重的发生焦灼现象。老株叶易早枯落。

中性壤土、石灰性壤土和沙质土较易出现缺锰症状。

兰株缺锰可在叶面施肥时加入 0.3%硫酸锰溶液，或单独喷施 2～3次。

493. 兰株缺钙时有何指征？怎样矫治？

兰株缺乏钙素营养时，表现为叶尖呈钩形。有的向叶面勾卷；也有的向叶背勾卷（品种固有特征除外）。根生长点死亡。此症多见于偏酸较大的土壤，或长期只施酸性肥料的植株。

矫治方法为：浇施 1 次 1%石灰溶液，或撒施骨粉。

494. 兰株缺锌有何指征？如何矫治？

兰株缺乏锌元素营养时，表现为底部叶片中段呈现纯锈样斑，并逐渐向叶基和叶尖扩展；新株的叶柄环明显比老株的叶柄环低。

矫治方法是：用 0.1%硫酸锌溶液喷施叶片。每隔 3～5 天 1

次，续喷2次。

495. 兰株缺铁有何指征？应如何矫治？

兰株缺乏铁元素营养时，幼叶的叶肉变黄至变白。中部叶脉和叶缘及叶尖呈现焦褐斑坏死。

矫治方法为：可用0.5%硫酸亚铁溶液喷施叶片。每隔3～5天1次，续喷2次。

496. 兰株缺铜有何指征？该如何矫治？

兰株缺乏铜元素营养时，表现为叶尖失绿，逐渐转现灰白色，并向全叶扩展。生长停滞。

矫治方法是：用0.1%硫酸铜溶液喷施叶片。每隔7天1次。或选多云无雨的阴天喷施1次铜制剂之杀菌剂，如“铜高尚”“可杀得”。

497. 兰株缺硼有何指征？该如何矫治？

兰株缺乏硼元素营养时，表现为幼叶基部受伤，叶柄环处极脆易断。莛花朵数明显减少，花蕾绽放慢，开而无神。花开后，耐久期明显缩短。常未凋谢就掉落。根系不发达。

矫治方法为：用0.3%硼砂或硼酸溶液喷施叶片，每周1次，续喷2～3次。

498. 兰株缺钼有何指征？如何矫治？

兰株缺乏钼元素营养时，表现为在没有施用矮壮素的情况下，新株也会明显矮化；老叶失绿，以致枯黄、萎蔫至坏死。

矫治方法为：用0.1%钼酸铵溶液喷施于叶面，每3天喷施1次，续喷3次。

499. 兰花虫害少，也易治，没什么大不了的，对吗？

俗话说，饱汉哪知饿汉饥。没经受过大病之痛苦者，自然不知病苦难煞。同样没经受过虫害的毁灭性打击的兰友，自然就说，兰花虫害少，有形可见，有迹可循，如有发现，喷一下药就解决了，没什么大不了的。这种见解，未免不全面。事实上，兰花中的个别虫害其毁灭性，远比病害大。

鄙人亲眼见到：有一兰友，投资数十万元，建了一个兰圃，其中高档兰不下 500 盆，因外出延误，仅 10 日没光顾兰圃，那五六百盆高档兰就被介壳虫咬得死伤狼藉，剩不到五六十盆可救治之兰。这样的事实，何止个别，有缘见到的就有 10 几例。可见，对兰花的虫害，也不能掉以轻心。

500. 兰株上的介壳虫为何那样难根治？

介壳虫种类多，年繁殖多代，寄生隐蔽，躯体有蜡壳，药剂不易渗入。它具有发现不易，根治难的特点，为兰花第一大虫害。

介壳虫虽难根治，但不等于无法根治，只要我们抓准杀灭良机和提高杀灭力，完全可以化难为易。

①抓住其 5、6 月份的若虫孵化期，在其幼虫尚未形成蜡壳、抗药力弱的时机给予扑灭，穷追猛打。

②选用有杀卵作用的杀虫剂或主治药剂，选取中等浓度喷施。

③在药剂稀释液中，添加入食用米醋 125～250 倍稀释液，取其有非凡的渗透力，以引药剂渗入虫体而提高杀灭效果。

④喷药力求全面周到。叶背、株基、盆面、盆外壁、兰架等都要全面喷及。受害严重的要采取用药液浸盆兰法，浸没盆兰 5～10 分钟；并对兰架、场地淋施药液 2～3 次。

杀灭介壳虫的专门药剂有江苏产的“介死净”、台湾产的“毒丝本”。具有杀卵功能的药剂均有显效：如卵虫绝、扫灭利、果虫净等。

还有一种不用喷药的防治办法，那就是将颗粒药剂埋入基质 2～3cm深，让药剂被根系吸收再运送至全株。让所有害虫吸食中毒而亡。药名“灭虫威”（铁灭克 15％颗粒剂）。盆径 20cm 的，盆埋施 2g 药剂，依此类推。

埋施杀灭法不污染环境，适合于少量室内栽培，效果好。

501. 少量介壳虫寄生很难发觉，有否其它迹象可以感测呢？

有。因为介壳虫的排泄物有甜味(俗称蜜露)，既会招引蚂蚁光临，又易诱发烟煤病等霉菌病。因此，凡是养兰场所发现有蚂蚁光临的便可能有蚜虫或介壳虫寄生。凡有烟煤病等霉菌病发生，也就有可能同时有介壳虫在开始为害。凡有此种迹象时，就要认真验证，一旦发现其就要立即施药，每 3 天 1 次，续施 2～3 次，力求全歼，不留隐患。

502. 红蜘蛛是兰花的一大害虫，该怎样防治？

红蜘蛛体型细小，繁殖甚快，5 天就可繁殖 1 代，数量特多。它刺吸叶汁，致使叶片细胞干枯、坏死，又会义务传播菌病害，是兰花的大害虫之一。

主要防治药剂有：

①40％三氯杀螨醇 1000～1500 倍液。

②73％克螨特乳油 2000～3000 倍液。

③50％溴螨酯 2000～3000 倍液。

④40％水胺硫磷乳油 1000～1500 倍液。

⑤凤雷激(绿旋风)1500～2000 倍液。

宜交替使用，以防抗药性种群的产生。

503. 蚜虫也会为害兰花吗？

为害蔬菜等农作物的蚜虫，也常对嫩叶、叶芽、花芽、花蕾、花瓣进行为害。它的形体虽小如跳蚤，但它会以刺吸式口器刺入兰株各部组织吸取汁液，留下残斑导致叶花变形，又招致病害。它的繁殖极快，每年达 10 多代。如果没有及时扑灭，也会祸患成灾。

常用杀灭药剂有：

①40％水胺硫磷乳油 1000～1500 倍液。

②50％抗蚜威可湿性粉剂 1000～1500 倍液。

③40%氧化乐果乳油1000～1500倍液。

504. 粉虱也是兰花的一大害虫吗?

粉虱是有翅能飞的小害虫。它的繁殖率甚强。短时间内便可形成庞大的群体。它身上披有白色蜡质粉状物,杀灭它的药剂,不易渗入其体内,防治不易。它的成虫和幼虫都在兰叶背上吸取汁液,使叶片枯黄,其创口易感染褐腐病,危害甚大。因此说其是兰花的一大害虫。

防治药剂有:

①2.5%溴氰菊酯2500～3000倍液。

②松脂合剂。冬春用8～15倍液,夏秋用20～25倍液,7天后再喷1次。

③25%扑虱灵可湿性粉剂2000倍液。

505. 蛞蝓、蜗牛也会危害兰花吗?

蛞蝓、蜗牛是软体蠕动害虫。它们经过的地方留有分泌的透明黏液痕迹,易诱发病害。它们白天躲在潮湿阴暗处,不易被发现。夜间出动,啃吃幼芽、幼叶、幼根和花朵。食量大,危害不少。少量的,可于阴雨天或夜晚人工捕杀;量大的,可在盆面和场地上疏撒"蜜达"颗粒剂杀灭之,也可在兰场撒施石灰粉以杀之。还可用广口瓶盛啤酒,分陈4处,诱其入食醉杀之。

506. 地栽兰花如何防治蚯蚓的为害?

防治的方法有二:

①用药剂毒杀。选用50%辛硫磷800～1000倍液淋灌场地;淋灌畦土后,用塑料薄膜覆盖1夜闷杀之。

②用茶油、桐油种子渣饼捣碎,在畦基土上密撒1层,然后填铺培养基质。也可用渣饼碎浸泡液稀释20倍,淋浇盆兰或畦地兰。

507. 致使兰根结瘤，也致残叶与花的，是何害虫？

致使兰根结瘤，也致残叶与花的害虫是线虫，也称蠕虫。它的体形较小，长不及1mm。雌虫梨形，雄虫线形。它常寄生于兰根，致使根体形成串珠状的结节瘤凸，小者如米粒，大者如珍珠(根瘤中的白色黏状物就是虫体与虫卵)。受害之叶片，常出现黄色或褐色斑块，日渐坏死枯落；受害之叶芽，多难发育展叶；受害的花芽，往往干枯或有花蕾而不能绽放。

线虫常于高温多雨季节为害，是兰花危害最大的虫害之一，应认真防治。针对线虫是在土壤中越冬的特点，且又是从根入侵寄生的生活方式，防治的重点，应在于培养土的消毒。其最经济简便而又富有实效的防治法是反复翻晒培养土。也可用40%氧化乐果1000倍液，或80%二溴氯丙烷乳油200倍液，浇灌盆土；还可选用3%呋喃丹颗粒剂，于盆缘处撒施3～5粒。

至于培养土，应于事前经日光暴晒干白后储存备用。如无事先备好，而在又无日光可晒的情况下，可用高压锅高温消毒。用土量大的，只好每50000g培养基质中拌入250g 5%甲基异柳磷颗粒剂，以防治之。

508. 夜食幼芽嫩叶的地老虎，该如何防治？

地栽兰在幼芽出土后，常有地老虎于夜间蚕食幼芽、嫩叶。防治方法有二：

①50%敌马乳油(敌抗磷)800倍液喷施哇面。

②用80%敌百虫可溶性粉剂600倍液喷湿青菜嫩叶碎片，撒施于畦地面，诱其食用，使之中毒而死。

509. 盆兰有蚂蚁寄生怎么办？

盆兰有蚂蚁寄生，可选用50%敌百虫乳油1000倍液浸没兰盆以杀灭。也可选用80%敌百虫可溶性粉剂，以1:10的剂量，拌花生米碎、砂糖，制诱饵撒施于盆面以诱杀之。

如果是场地或畦兰发现有蚂蚁爬行，要追踪其巢穴，用开水淋灌杀灭之。

510. 蟑螂、苍蝇等卫生害虫，会不会对兰花构成危害？

蟑螂常从盆孔钻入蚕食味甜质嫩的兰根尖。可用蟑螂笔或片、研粉撒施场地；也可向盆外壁、兰架、场地喷施“灭害灵”。

苍蝇虽不直接侵害兰花，但它既会义务传播病菌；又在停息处拉下粪便污染叶片，诱发病害。可用粘蝇纸、杀蝇颗粒剂扑灭。

蚊子也会义务传播病菌。高档兰花品种最好用尼龙纹帐布封围，以阻止其入内，或用电蚊香驱除之。

511. 如何防止蚕蛾、飞蝶传播病菌？

有的地区，蚕蛾、飞蝶、成群结队，它的义务传播病菌力甚大，不可忽视。最根本的办法是选用白色塑料窗纱网、围封兰场。也可利用其固有的趋光性，夜间在兰场附近悬挂灯光，灯下放置盛水之大盆。让它在扑灯火时，又往水中的灯光影扑去，而被溺死。

512. 怎样才能有效地避免老鼠咬断兰株？

老鼠也十分喜咬兰株。更可恨的是专咬高档兰株，往往仅一夜之间，就能使你损失上千数万元，甚至是几十万元。人们为了避免损失，实践出多种多样的对策。

(1)施放毒饵

在兰园里安放用灭鼠药制成的各种毒饵，诱使老鼠咬食、中毒而亡。但老鼠的嗅觉也很灵，尽管选用香喷喷的奶油饼干、油炸花生米、苹果做诱耳，也不肯食用，而难以奏效。

(2)光辐射驱逐

在盆面安放小镜子、破镜片、金银箔纸，以反射灯光，使鼠受惊而逃，但几天就失效。

(3)超声波驱逐

使用超声波驱鼠器驱赶。不过，时间长了也就无效。

(4)电杀

选用广东清远市出产的电猫，电杀之。时间久了，老鼠也会知道有电导线会触死它，而跳过导线，继续为害。

(5)药剂驱避

选用二硫代氨基甲酸盐类保护性杀菌剂“福美双”(赛欧散、秋兰姆)500倍液，喷施兰株、兰场。既可防治霜霉病、疫病、炭疽病、立枯病、猝倒病、白粉病、黑粉病、黑星病、褐斑病、腐烂病、根腐病等多种菌病害，又可有效地驱避老鼠、兔、鹿、甲虫等动物的为害。在兰场周围、兰架下的场地喷施药液，也有驱避的作用。

(6)最根本的是大力推广养猫

由于兰园常有老鼠出没，猫也常在兰园捕捉、兰苗也常遭到意外损伤。兰农只好用铁笼关猫，利用猫的气味和叫声而吓跑老鼠。后来，家家养了猫，老鼠也就日渐灭迹了。

513. 常见危害兰花的病毒有哪几种?

据有关报道，到目前为止，危害兰花的病毒有20余种。其中常见的有10余种：

①国兰花叶病毒　Cymbidium mosaic virus。

②国兰环斑病毒　Cymbidium ringspot virus。

③兰花小斑病毒　Orchid fleck virus。

④齿舌兰环斑病毒　Odontoglossum ringspot virus。

⑤万代兰花叶病毒　Vanda mosaic virus。

⑥烟草花叶病毒　Tobacco mosaic virus orchid strain。

⑦黄瓜花叶病毒　Cucumber mosaic virus。

⑧番茄环斑病毒　Tamato ringspot virus。

⑨蝶兰黄化斑病毒　Phalaenopsis chlorotic spot virus。

⑩石斛花叶病毒　Dendrobium mosaic virus。

其中以前3种病毒，最常侵染国兰。也有几种病毒同时侵染一种兰株，而只出现一种病毒征。也有同一种病毒，侵染不同植物而出现不同的病征。

514. 病毒兰有哪些症状可见?

病毒症状在叶片的表现,可因受侵染的病毒种类、兰花品种、生长期及气温等生态条件之不同,而有所不同。就部位来说,有的病征在叶基,有的在叶的中段,有的在叶的端部,有的在主脉间,有的在叶缘。病斑的形状也不一,有的仅有一丁点,有的一二片块,有的整段叶,有的几乎全叶均是病毒斑。病斑的显现度也不一样,气温较低时,病毒征不明显;气温高时,病毒征就比较明显。尽管它们有所差异,但大体上是基本一致的。一般先在叶片的某一部位,多在中段,呈现与叶色不同的乳白色或淡黄色网线斑驳;有的呈长短、粗细形状不一,边界不规则的条形斑,或不规则的环状斑。其斑的边界往往如吸水性强的纸张,当墨水一滴入即注开的水渍状。斑的正反两面位置相符而呈失绿样透明,斑中没有异色点缀其间,只是斑体变得很薄而显现透明。这是早期的症状。中期在斑的附近叶缘有不同程度的萎缩,褶皱、反卷;斑邻近的叶面,可有不同程度的脱水样褶皱;晚期,斑体有明显的凹陷,并有日灼样焦灼斑块夹杂其间。不久,斑块增多,脱水加重,斑块组织坏死,直至全株枯萎死亡而告终。

515. 为什么说防治病毒病首先要把好买苗关?

据"广州市兰花研究会"于1994年1月15日给广大兰友和兰花爱好者的一封公开信,题目是"呼吁广大兰友、抵制'拜拉斯'病兰",文中的第五自然段:"'拜拉斯'病会不会传染?答案是肯定的。我们曾亲眼见到一个颇有名气的养兰大户,以传统的银边墨兰起家,收集了很多优良品种,后来不慎购进台湾省病兰,导致整棚兰花大部分都染上'拜拉斯'病,长出的新苗,都是花斑斑的,有些已接近枯死,其景象令人惨不忍睹。"这样的情形,已经不止一家。

另据《中国兰花信息》报道:中国兰花协会曾组织考察广东省的南海、番禺、佛山等地的某些兰场,发现受拜拉斯病侵染的面积达60%~70%。这是前几年的事。虽经"呼吁"宣传,早已臭名远扬的台湾不法兰商,不仅没有杜绝,而且变本加利地昧着良心,偷运在台湾被淘汰待烧的"拜拉斯"病兰，批发给唯利是图的内地兰贩。甚至深入产兰大区的小市镇，安营扎寨，继续批发病兰。还千方百计寻找同伙继续整船偷运到北方贩卖，导致病毒苗大量的扩散，污染了养兰环境，挫伤了养兰的积极性。可以说，现在凡是有养兰的地方，都有不同程度的感染病毒。必须高度警惕！

516. 怎样检视病毒兰呢？

检视兰株有否病毒征的方法，最简单的是肉眼观察。最准确的是病理切片，用高倍电子显微镜镜检。镜检，一般兰家不具备那样的条件。多数只能靠肉眼观察。通常把兰株提到视平线上，对着亮光进行透视，即见分晓。

517. 兰花病毒是怎样传染的？

兰花病毒的主要传染方式有3个：

(1)遗传性传染

已感染病毒之兰株，其病毒随着维管束输送至兰株各部位。虽经离体分植，但其原先早已夹带有病毒。不仅它所发出的芽会显现病毒征，而且同样具有传染它株之祸根。

(2)虫媒传染

各种虫害或小动物刺吸、咬食带病毒苗时，夹带了有病毒的汁液，再到其它没有病毒之兰株上去活动，就义务地传播了病毒。

(3)由创口传染

起苗、掰拆、修剪；外界力挤压、磨擦；管理、品赏中误伤等都会产生创口。而沾染病毒的盆钵、基质、工具、手、水，都可能随创口进入株体。所以，同批起苗、一起装运、混装买卖、一起种植、一起陈列等等都有可能受传染。一定要当心。

518. 怎样试治兰花的病毒病害？

到目前为止，普遍认为兰花的病毒病害尚未有根治之法。这是事实。但我们不应消极等待有效治疗法的问世。而应该积极试验，力求探索出一种行之有效的治疗法来。现把已摸索出的，具有近期控制疗效的方法简介如下，借以抛砖引玉。

（1）提高抗病力

另僻专用场所、实行隔离性半自然管理（即试验培育病毒兰的场所），棚顶有遮雨、遮荫设施，四周有白色筛网封裹，以防虫害义务扩散病毒原。

采用减少遮荫密度，实行冬春全光照、夏秋半遮荫管理，增加光照量，通风量的半自然式管理。除了与健康苗同样施肥、浇水、喷药外，多喷施食用米醋250倍液，每季分别喷施1次阿斯匹林、植物动力2003溶液，以共凑提高抗病力、扶正祛邪。

（2）坚持治疗

实验治疗发现，可短期抑制病毒的药剂有：

①中外合资陕西海浪精细化工有限公司（陕西宝鸡号镇北环路）出产的植物病毒高效抑制、防治剂“病毒必克”500倍液。它具有很强的内吸性和传导活性，通过抑制病毒的增殖，加快叶绿素合成，提高光合作用强度而达到防治目的，为确有显效之防治剂。有效率达70%以上（本品无公害，可以与中性、酸性农药混用）。

②中草药抗病剂

一般是凡具有清热解毒作用的中药材均有一定的抗病毒作用。如板兰根、大青叶、金银花、贯众、黄芩、栀子、一见喜、七叶一枝花块茎（中药名“蚤体”）等，任选2～3味组合，用20倍于药材重量之水，浸泡备用。稀释10～20倍浇喷。

施药方法：病毒必克与中草药浸出液，交替施用。

开始治疗，每3日喷施1次，每6日浇施1次；续施3个月后，改为每周一喷施、每旬一浇施；续半年后，改为每月一浇施，每旬一喷施。1年后，发芽前浇喷3～5次，高温期每半月1次。浇喷时，两类药液都应加入稀释液1%量的食用米醋，以增加药液之渗透力而提高药效。

519. 如何预防兰花病毒病害的侵染?

(1)慎重引种

由于兰花的病毒病害不仅会系统性传染,而且还会遗传性侵染。被侵染的兰株,有的可在短时间内出现病毒征,有的并不即时显现病毒征,要在其下一代或后一代才显现病毒征。这就给鉴别有否病毒侵染,带来难以克服的困难。因此,只好除了坚决不引进已有病毒征的种苗外,也不引进来自病毒流行区的种苗,以及与病毒混装、混卖的种苗。这是最根本的预防措施。

(2)铲除祸根

如是在自己的养兰场所里偶然发现有病毒苗,应立即将病株连同盆钵、基质清理深埋。其邻近兰株和场地均选用"病毒必克"500倍液淋洒消毒。每2～3天1次,续施3～5次。

(3)消毒种苗

现在,兰花品种交流频繁,给病毒的扩染提供了机会。谁也不能肯定自己兰场里的种苗绝对无病毒潜伏。因此,无意识地误引有病毒潜伏的种苗的可能性不小。所以要防微杜渐,把假老虎当作真老虎来打。凡有引进种苗,全部用抗病毒药剂浸泡2小时。种植后,每次浇水,均要用抗病毒剂稀释液浇施,续浇5～10次后,每月浇施1次,观察2年后,如无出现病毒征,才可与健康苗一样管理。其使用过的工具,尤其剪刀,一定要用2%福尔马林浸泡2小时以上,或用火焰(打火机火焰即可)烧烤数秒钟,以消毒。

(4)加强管理,提高免疫力

合理调控兰场的温度、湿度、透光通风,合理浇水施肥,及时防治病虫害。每季选用医用阿斯匹林(乙酰水杨酸)1500倍液喷施。

(5)不用浸盆法供水

浸盆供水法极易扩散病毒原和病虫害,应避免采用。

520. 病毒斑与水晶艺斑、线艺斑有何区别?

水晶艺中处于叶面各处的中斑水晶斑,其斑形确有不少很像病毒斑的形状,但只要认真审视便可发现,水晶斑不会密集成片;斑体虽也透明玉润,但不变薄,不向下凹陷,斑中不出现坏死黑褐斑;水晶斑体附近的叶面组织不显现脱水样褶皱,而易于鉴别。

线艺兰中之斑艺,尽管有的形状也会与病毒斑相近似,但线艺斑的边界整齐没有如水渍状的扩散体,斑体不变薄、不凹陷、不产生褐色坏死斑。艺斑体邻近的绿叶面也不像病毒斑的邻近处样有脱水状的褶皱。两者易于区别。

521. 病毒斑与图画斑的艺斑有何不同?

(1)斑纹不同

艺斑的图案、纹理复杂多样,不像病毒斑那样只是简单的条形斑,不规则的网轮斑。

艺斑纹不扩散,病毒会呈水渍状扩散。

(2)斑体不同

艺斑不下凹陷,不变薄,也不透明;而病毒斑常下凹陷、质变薄、呈透明状。

(3)叶片不改

艺斑的叶面无脱水样褶皱,叶缘不会明显后卷;而病毒斑,叶面常呈脱水状褶皱,叶片双侧明显大幅度后卷。

(4)神采不同

艺斑兰叶面绿得青翠,艺斑有光泽;而病毒病叶绿体欠光泽,斑色枯槁而无光泽。

522. 病毒斑与药伤斑有何区别?

台湾"国兰天地"出版的《国兰技艺》一书曾介绍含铜杀菌剂会引起兰株的药害而出现近似病毒斑的斑纹。笔者亦曾发现过,各地兰友在电话中也常提及过。

有的兰贩,把病毒斑谎称为药伤斑而坑害兰友,故把其区别点罗列于下,以供参考。

含铜制剂的药伤斑首先出现在叶尖干焦。因为叶端常淤积药液，久积而致残；其次是集中于叶片的中下段，斑形呈下注状断断续续的条形斑，夹杂有跨叶脉的山脉形斑。斑色浅黄，斑体不透明。叶背没有明显的斑纹；叶面没有脱水样褶皱；叶侧不后卷。叶片交叠处，药液淤积久，刺激大，有焦斑。它与病毒斑相比较，不仅有本质的区别，形、色也各异。

523. 病毒斑与水渍斑有何不同？

兰叶上的水肥渍伤斑与药伤斑形、色相似，但它没有像药伤斑那样有焦叶尖和焦斑。更无病毒条形失绿坏死斑，斑体邻近部位也无脱水样的皱卷症状。

524. 病毒斑与日灼斑有何区别？

（1）部位不同

日灼斑的部位在朝向日光的叶尖、叶端部，而更多的是弧曲叶的中段。因该段最易暴露在日光下。叶基不可能出现日灼斑。

而病毒斑在全叶的各个部位均有可能出现。

（2）斑形不同

日灼斑为片段状不向下凹陷，而病毒病多为散在性的条块状，且有向下凹陷。

（3）斑色不同

日灼斑先出现整段的白化叶，继而灼成放射性灼样斑，不透明；而病毒斑白而透明，且在斑的中心处出现褐色坏死斑。

（4）叶形不同

日灼斑虽也会有脱水样褶皱，但叶侧和叶缘不后卷；而病毒斑之叶侧叶缘常明显后卷。

525. 病毒斑与炭疽病斑有何区别？

病毒之黑色斑处于绿叶上的透明条形斑之上。而炭疽病斑是长在绿叶之上。虽同有黑色斑，但炭疽病斑的周边有宽阔的黄色晕斑而易于识别。

526. 病毒斑与介壳虫斑有何区别？

(1)斑形不同

介壳虫斑为密集型蛋圆形浮凸斑，而病毒斑为散在性条形下凹陷斑。

(2)斑色不同

介壳虫斑多为淡黄色或夹杂有乳白色，且每个斑块的中心部具刺伤的黄色放射状小点。且此色点斑，将会随虫被杀灭后逐渐隐去，直至消失。而病毒斑为透明之白色，没有刺伤点，其坏死褐色斑，只有不断扩展至烂穿而枯，不可能隐去至消失。

527. 兰花的毁灭性病害"白绢病"如何防治？

白绢病又称白丝病或霉菌病，是世界性的兰花病害。病原是小核菌(Sclerotium rolfii)。它为害兰花时表现为土壤表面、兰茎颈部和根基处密布白色菌丝，故而为名。被害部位呈水渍状，腐烂变软发黑，易于折断，进而扩染假鳞茎。菌核由白色变为赤褐色至茶褐色。病菌以其成熟的菌核在土壤中越冬，无明显冬冷地区以其菌丝在未完全腐烂的残体上越冬。它在气温骤高、细雨绵绵的4～5月，开始侵染；高温高湿的6～8月为发病的高峰期。一般在高温干燥后，或阴雨转晴时开始为害。以酸性(pH5.3)条件下发病最为严重。该病发病迅速，常是两三天内，就可致使兰株烂枯而死亡。扩染也快。为难治的毁灭病害。

对该病，笔者作了一二十年的实验探索，终于找到了既简便易行而又富有实效的防治措施。

(1)改变基质酸碱度，以抑制其繁衍为害

①在基质中拌入1/10体积比的芦苇草炭，或在春季气温回升后，盆面略撒施芦苇草炭。

②在4～5月，盆浇施2%～3%的石灰水。

(2)处理、消毒病株

发现病苗，立即起苗，剔除、扩创病灶。洗净、吹干后，把病灶掩埋于石灰粉中,3 日后取出、洗净、晾干、重植。

(3)抗菌素杀灭

选用医用氯霉素针剂,每安瓶稀释 500～1000g 水淋浇病株,每日 1 次,续施 2 次。对于近邻植株,可用同种药剂,扩大稀释 2～3 倍全面喷及叶背、盆面、株基。紧挨病株的植株,必须用 1000 倍液淋浇。每日 1 次,续喷 2 次,也可 1 日 2 次,续喷 4 次。采用本药剂治疗,可不必起苗、换盆,连病枯之植株不拔除也无妨。十分省事,又经济而无污染。疗效十分可靠。

528. 哪样的病征是炭疽病?如何防治?

炭疽病的病原是 *Collectotrichum*。

该病菌多在叶片中段为害,也可为害花朵。初期病征为湿性红褐色或黑褐色小脓疱状点,其斑点的周边有褪绿黄色晕。扩大后呈长椭圆形或长条形斑,边缘黑褐色,里面黄褐色,并有暗色斑点汇聚成带环状的斑纹。由于中期之斑色黑褐,故也称为黑斑病或黑褐病。

该病原在生长期内可不断重复侵染,以 6～9 月为发病的高峰期。有介壳虫为害的植株发病更为严重。

有效防治药剂甚多,最好将非内吸性杀菌剂与内吸性杀菌剂混合施用,或交替施用。

常用药剂有:代森锰锌、多菌灵、托布津、炭特灵等。以德国产“施保功”1500 倍液为特效。

529. 叶斑病与炭疽病有何异同?该如何防治?

叶斑病与炭疽病的斑形相似,其不同点有:

项　目	叶　斑　病	炭　疽　病
病原不同	1. *Cercospora* 2. *Cylindrosporum*	*Collectotrichum*
斑色不同	斑缘红褐色,斑内灰褐色	斑缘黑褐色、斑内黄褐色
斑状不同	斑内无环形斑	斑内有暗色小斑点汇聚成带环斑纹

该病可选用“多硫悬浮剂”800 倍液“复方硫菌灵”“代森锰锌”等

防治。尤以德国产“施保功”1500倍液、珠海产“兰威宝”800倍液、瑞士产“世高”6000倍液、福建产“敌力康”1000倍液为显效治疗剂。

530. 兰花铁锈病(沙斑病)有何指征？该如何防治？

铁锈病俗称沙斑病。病原是驼孢锈菌(Hemilleia)等多种锈菌类。

病原入侵后，叶端背表层会鼓起许多如芝麻大小的铁褐色凸状物。数日后，其凸状物破裂，露出锈色粉状物(病菌孢子)随风四处飘扬，重复侵染。由于该病的病斑，初期斑形细小，斑色不艳，又处于叶端背，在叶面不易被觉察到，需要逐一翻检才能发现。如果待到叶面上能发现病斑，其病菌孢子已扩散。

防治方法是，常翻检叶端背，一旦发现病斑，及早扩剪烧毁。施药时注意喷及叶端背。

对症防治药剂是代森锰锌500～600倍液，或含铜杀菌剂。但铜制剂易导致焦叶尖。故多选用粉锈宁500倍液，大生45、万佳生等。

531. 兰花褐锈病有何指征？该怎样防治？

褐锈病又称铁炮病。病原是(*Vredo japonica*)。

该病菌从叶背气孔入侵，最初在叶面缘呈现淡褐色至橙黄褐色细点斑。然后逐渐扩大，密连成片，直至叶片枯落。当病斑密连成片时，斑色逐渐转为黑色，斑缘常有黄晕。冬冷时，盆土过湿时，易多发此病。

发现叶缘出现病斑，应及时扩剪、集中烧毁，然后喷施代森锰锌600倍液，每周1次，续喷2～3次。显效治疗药剂是：瑞士产“世高”1000倍液、71%爱力杀1000倍液。病情严重的，应3天喷1次，并浇施1次。

532. 兰叶焦尖病有何特点？该如何防治？

兰叶焦尖病也称叶枯病、烧尖病。它的病原是 *Botrytis* spp.。

病菌感染叶端时，出现圆形或不规则的褐色斑。当病斑密连成片后，叶端便死亡。该病的病斑与健康组织的界线较整齐，病斑上形成黑粉状孢子囊为该病的最大特点。

防治方法有：

①常检查，及时扩剪病叶尖，集中烧毁。

②选用50%苯菌灵800～1000倍液喷施，以防治。其显效治疗是广州产71%“爱力杀”可湿性粉剂1000倍液喷施叶背，每5～7天施药1次，续施2～3次。

533. 兰花黑腐病有何指征？该如何防治？

兰花黑腐病的病原是 *Pythium uhtimum*。

该病害多数是从新株的中心叶背开始为害，呈现有黄色边缘的细小湿性褐色斑，然后迅速扩大，密连成片，继则病叶枯黄脱落。如无及时剪除病叶并施药，病菌将扩染叶鞘、鳞茎及根部，乃至整簇、全盆兰株烂枯。

如果病株未及时剔除和消毒，病菌随浇施水肥进入株基，将从健康的根群入侵，上延至鳞茎、叶鞘和叶柄，使叶片黄化枯落。

防治方法：

①一经发现，立即剪除病株叶，并淋施药剂。

②病斑已密连成片的，说明病菌已向下扩染。应起苗消毒，重新上盆。并对陈列病株之场地淋药消毒。

③预防杀菌剂为：代森锰锌600～800倍液。

④治疗药剂为：64%卡霉通700倍液、10%世高2000倍液。

⑤显效治疗药剂是医用氯霉素1000倍液。淋洒透全盆并喷施，每隔1～2天施药1次，续施2次。

534. 兰花的疫病与黑腐病有何异同？如何防治？

兰花的疫病与黑腐病虽然斑色相似，但是有根本的区别的。现把它们的区别点列表见下页：

项　目	疫　病	黑 腐 病
病原不同	① *Phytophthora* ② *Pythiumultimum*	*Pythium ultimum*
受害部位不　同	成熟叶中段侧缘为害；也有叶端、叶基先受害；更有根、茎、芽、花、果同时受害	新株中心叶背受害
为害的性状不同	受害部位像被揉搓伤样，湿漉漉的，干燥后转为黑色。受害部位的上部因输导组织被破坏，一起枯黑	受害部位呈黄色边缘的细小湿性褐色斑，然后迅速扩大，密连成片，再则病叶枯黄脱落

兰花疫病，过去在国内很少发生。自1999年以来，各地有所听闻。对疫病的防治药剂甚多，如福美双、灭菌丹、克菌丹、百菌清、琥胶肥酸铜、双效灵、甲霜灵等，以代森锰锌、疫霜灵、瑞毒霉、叶枯灵(渝7802)、抗霉菌素120、多抗霉素的效果较好。还有爱力杀、克菌、普力克、世高、卡霉通等新药的防治效果更显著。医用抗菌素氯霉素1000~2000倍液浇喷，效果更实在。

535. 怎样从叶片上预测根腐病呢?

当成熟株叶失神、伴有轻度脱水样皱缩萎靡，又带有叶尖干焦，新芽迟发，或新芽弱小而生长异常迟缓，便可诊断为根腐病可疑。拔开部分基质检查，便可发现：根基或根尖，或不定处呈现褐色、长环状斑，并有明显的充水腐烂迹象，斑上带有白色或褐色附着物(即病菌)，稍用力挤之，即溅出水来。如任其发展，终烂至皮包骨，相继扩染邻近根系。

防治药剂：(每周1次，续2次)

①乙磷铝与多菌灵等量混合，600倍液浇根；

②在无光照时，用敌克松600倍液浇根；

③粉锈灵600倍液浇根；

④卡霉通600倍液浇根；

⑤“绿邦98”1000倍液浇根。

536. 兰花细菌性软腐病与真菌性黑腐病有何不同，该怎样防治？

种别 项目	细菌性软腐病	真菌性黑腐病
病原不同	*Erwinia carotovora*	*Pythium uhtimum*
受害部位不同	幼叶基部	新株中心叶之叶背
斑形斑色不同	水渍状小斑点，逐渐转褐色或黑色，迅速扩大，覆盖整片叶	细小的湿性褐色斑，斑的周边为黄色
扩染方式不同	扩染至叶鞘、芽生长点，使发育成熟叶受感染，假鳞茎腐烂，叶下部烂，上部脱水	扩染叶鞘、假鳞茎、根部，使全株烂枯
气味不同	从斑体挤出水分有恶臭味	从斑体挤出水分、不具恶臭味
发病条件不同	夏初、阴雨季节为多发病	偏施氮肥，尤其是硝态氮更易发病

细菌性软腐病的防治：

①对于珍品，一发现病斑，就要起苗洗净、扩创病灶、浸泡于0.5%高锰酸钾溶液30分钟后，捞出，洗净、晾干，用经消毒的花盆、基质重植、待基质偏干时，用2000倍液链霉素溶液作定根水浇根。

②春末夏初之后，多选用真菌、细菌并杀功能的杀菌剂喷施，以防患。可供选用的真菌、细菌并杀的杀菌剂有：

法国产“科博”400～600倍液，7～15天1次，续2～3次；

32%克菌乳油(乙酸、酮)1500～2000倍液、7～10天1次，续2～3次；

71%爱力杀1000倍液，7～10天1次，续2～3次；

③发病初期，每两天喷施1次2000倍液医用链霉素溶液。续2次。

④喷施链霉素还不能彻底控制病情，就改用2000倍液医用氯霉素针剂溶液浇喷并用，每两日1次，续2次。多能控制病情。

537. 兰花花枯病与细菌性花腐病有何不同?

项目＼种别	花枯病	细菌花腐病
病原不同	灰葡萄孢 *Botrytis cinerea*	毁花假单胞 *Pseudomonas florescens* 假单胞 *Psevdomonas aervginosa*
为害性状不同	感染初期在花被上出现淡褐色的、非常小的水渍斑点,随之斑扩大,并使全花腐烂。又称为花斑病或花褐腐病	感染时,花上出现烂斑、病斑,周边有水渍状的晕圈。可危及花芽

可选用能治腐烂病的杀菌剂,如:代森锌、甲霜铜、百菌清、托布津。以卡霉通、爱力杀、克菌等为显效。但不可使用会伤花的克菌丹。

538. 兰花花朵腐烂是何病,该怎样预防?

兰花花朵腐烂是细菌性腐烂病,是世界性的兰花病害之一。它的病原是:

假单胞(*Pseudomonas aeruginosa*)和毁花假单胞(*Pseudomonas florescens*)。

兰花朵受其感染时,其坏死病斑外,还有水渍状的晕圈,也会感染花芽而引起腐烂。

一般选用2000倍液链霉素喷施,待药液干后,再喷施一次,便可达到预防的效果,也可选用氯霉素防治。

539. 要提高兰花病虫害的防治效果,该采取哪些策略?

对于病虫害,历来都提倡“防重于治”。这是正确的。可是由于兰花根质、株形、叶态特殊,加上防的措施不当,而屡屡出现防不胜防,治也治不了的难堪局面。亟待有提高防治效果的策略。现介绍如下:

(1)育壮植株是基础

育壮植株的关键在于养好根。根壮了,吸收、输送功能就强盛,株体各个器官的作用才能充分发挥,才有育壮植株的基础。植株育壮了,有了很强的抗逆性,病虫原无从乘虚而入。即使其入侵,也有强大的功能输送药液去毒杀病虫原。

(2)严把消毒关是关键

种苗、基质、盆具、场地都可能夹带菌虫、病毒。如能严格消毒,侵染原自然甚少。仅剩飞虫义务传播来的少量侵染原,就较易对付。

(3)定期防治是根本

绝大部分农药的残效期是7天,也就是说7天之后,就没有防的作用了。因是要每周定期施药。这好比不断地加固道道防线,常备不懈,随时迎击来犯之"敌"。

(4)讲究方法最重要

①提高株体的免疫力不可忽视。

②对症选药才有效果。

③精确计算稀释浓度,才有杀灭力。

④灵活适时用药,用在"点"上。

⑤周到喷施,才能不留隐患。

540. 对兰花病虫害,有哪些无污染的防治法?

兰花是高雅的观赏植物,不仅有观叶、赏花、闻香、品韵的作用,还有药用、食用的价值,已是人的伴侣。它和食用植物一样,同样需要无污染的病虫害防治法。尤其是供室内观赏和供药用食用(株叶、花朵、花蜜)的植株,更需要采用无污染防治病虫害的办法。现选介部分无污染防治法如下:

(1)建立良好的植株抵抗力基础

提高兰株自身抵抗力主要从3个方面着手:

①创造一个与兰株基本相适应的生态条件,合理供需,适当增加光照量、通风量和钾元素的补给。

②调动株体的生长优势。

仲春、长夏、凉秋，是兰株的生长期。是充分施展株体各个器官功能的时候。被誉为植物后勤部的根是首先要调动的器官。当仲春气温回升时，每隔 7～10 天，应浇施 1 次“兰菌王”500 倍液或其它促根剂，每日 1 次，续浇 2～3 次。与此同时，在仲春、长夏、凉秋各喷 1 次“植物动力 2003”1000 倍液，以全面调动和协调各个器官的生长，以育壮植株。

③设立“保安部”，加强防卫系统。

春、夏、秋，各喷施 1 次阿斯匹林 1500 倍液。这就好比给植株建立了一个“保安部”，处处密布杀敌的杀手，有力地保障了株体的安全生长。

(2)选用无污染药剂

1)无污染化学灭菌剂

①杀灭细菌病害的药剂有：链霉素 2000～3000 倍液，或与青霉素结合，但浓度别过高，以防药害。

②灭真菌病害药剂：氯霉素 500～2000 倍液、土霉素、灰黄霉素。

③杀灭腐霉类真菌的药剂：氯霉素 500～2000 倍液。膏剂之“达克宁”“皮康霜”可用于局部涂抹或水溶浇喷。

2)生物灭菌剂　大蒜、生姜、辣椒、烟草(卷烟头)浸出液 50～100 倍液喷施。也可在盆兰周围陈列葱蒜。取其气味杀菌。

3)无污染化学杀虫剂　医用“风油精”10 倍液；杀灭卫生害虫用的“灭害灵”10～30 倍液都有一定的杀虫作用。

4)生物杀虫剂　8～25 倍液的“松脂合剂”能杀灭介壳虫、蚜虫、粉虱、红蜘蛛等害虫和地衣苔藓。40～50 倍液的“棉油泥皂”能杀灭蚜虫、红蜘蛛。烟草(卷烟头)含烟碱 2%～3%，浸出液之 10～20 倍液有杀灭蚜虫等多种虫害的作用。

541. 兰花施用含铜杀菌剂易产生药害吗？

通过实验对比发现：经常施用铜制剂，尤其是在高温时施用，常会导致烧叶片、烧叶缘、焦叶尖，根系生长障碍和吸收、运输功能失调，而影响全株均衡生长。这是由于铜剂型之杀菌剂，可经株叶的气孔进入株体内。杀灭病菌的同时，也在阻碍株体酵素之作用，叶绿素易被固定，致使株体生理功能发生变化之故。

但是含铜制剂，具有疗效较高，而不易产生抗药性的特点。如能在气温不高于20℃，光照不太强的情况下，间隔2个月，施用1次，不仅不至于产生药害，而且能促进株体的同化作用，使叶绿素增加和防止植株老化，增进品质和产量。但是线艺兰应少用或不用为好。

542. 兰花施用含金属制剂之杀菌剂，也易产生药害吗？

含有铜、锰、锌、铝等金属制剂的杀菌剂，属碱性农药。施用时，如添加过量之洗衣粉类的展着剂，易粘附于叶片上，形成密密麻麻之药斑，破坏叶片之表层，堵塞叶片气孔。药量蓄积过多，也易造成叶尖枯焦。如在高温高湿时施用，还容易诱发虫害。

施用此类药剂时，应避开高温高湿气候，展着剂添加量宜少，不要与强酸性、强碱性农药、肥料混用。于20℃以下的晴天施用，较为安全。

543. 兰花施用含硫之农药，也有副作用吗？

较常施用含硫之农药，既会造成硫元素累积超过其忍受之临界点，而产生植株和根系吸收能力的失调，引起营养障碍；也会在叶片上残留下不易洗净之药渣残斑，从而堵塞气孔，影响植株的光合、呼吸、蒸腾作用而降低品质和产量。

施用该农药应注意：

①别常使用这类农药，以每季用1次为宜；

②勿与酸性农药、肥料混用，以防减效和产生药害。

③必须提高20%左右的浓度，方能有一定的防治效果(一般推荐的稀释倍数较低)。

544. 兰花施用氨基甲酸盐类杀菌剂，会有抑制叶芽生长之弊端吗？

氨基甲酸盐类杀菌有代森锌、代森锰锌、福美双、福美胂、代森铵、退菌特等。此类保护性杀菌剂如使用频率过高,或随意提高稀释倍数,对叶芽的生长确有不同程度的抑制之副作用。

施用此类杀菌剂应注意:

①不要任意提高浓度,一般以600倍稀释液为宜。

②新芽伸长展叶前,应避免使用。

③不可与肥料、生长调节剂混用。

545. 抗生素类药剂可否常用?

抗生素类药剂有:井岗霉素、春雷霉素、抗霉菌素120、多抗霉素、公主岭霉素(农抗769)、农用链霉素等。除了链霉素是杀灭细菌的外,其余均为杀灭多种真菌病原的药物。近几年,在实践中还发现了医用之青霉素、土霉素、氯霉素对多种细菌、真菌病原,均有良好的杀灭效果。

抗生素虽然杀灭病原效果好,又无污染,但易产生抗药性种群,确实不宜连续使用和常用。应与多种细菌,真菌并杀的农药交替使用。以防有害无益的现象发生。

常用的细菌、真菌并杀药剂有:科博、爱力杀、克菌、可杀得、铜高尚等。

546. 在施药防治病虫害时,操作人员该如何自我保护?

自我劳动保护不可忽视,特别是不少农药的毒性还很强,有的尚有致癌的可能。奉劝兰友对于劳动保护,切勿掉以轻心。

①严密注意,切勿污染水源。

②施药前,一定要戴好口罩、眼镜、乳胶手套,穿好雨衣、高筒水鞋。

③施药时,切勿边施药、边吸烟、喝水、吃东西。

④施药后,要先用洁水冲洁身体,后用肥皂。因为酸性农药遇肥皂(碱性)会增强毒性。

七、园艺探索篇

547. 什么时间可以对兰株进行换盆分株呢？

只要细心操作，避免创口过大，无论何时都可以进行换盆分株。

对于任其自然生长的粗养兰，应在春暖和秋凉时换盆分株，可避免因高温创口易腐烂或酷冻降低抗寒力之弊，而提高成活率。如是棚室培育，夏有降温，冬有保温措施的，则另当别论。

从不至于因分株而误伤叶芽和花芽的角度考虑，还是以花后，浇施1次“坐月肥”的1周后，兰株已得到养分的补充时，带肥换盆分株为最恰当的时机。

548. 如何打破兰株的休眠，提高产量？

(1)打破休眠的目的

打破休眠的目的在于赢得更长的生长期，实现1年2次萌发新株，以提高产量，增加效益。

(2)打破休眠的基础

①兰株壮实，生机旺盛。病弱株不仅难以达到提高产量的目的，而且会因干扰其正常的休眠而使其生理功能紊乱、减弱抗逆性和早衰。

②必须在植株已有20天以上的休眠期之后进行。否则易导致植株生理功能过度紊乱而早衰或品种特性退化。

③必须先把温度调到15～18℃以上，如光照不足，则要用灯光补照5天，待其有了初步的自然苏醒状态后，方是最佳的诱促时机。

④在升温增光的3天后，浇施速效高氮低磷钾肥料（如：美国产高氮型“高乐”、“爱施牌高氮叶面肥”）。

(3)打破休眠的药剂

①赤霉素（九二〇）。赤霉素为植物生长促进剂。商品可分为：GA_1、GA_2、GA_3、GA_4、GA_7 等剂型。其作用略有差异，可根据施用的目的，依说明而选用。

②细胞分裂素。细胞分裂素主要有6-苄基腺嘌呤和激动素2种。

③保得®微生物叶面增效剂。本品是放线菌WY9702及其复合代谢产物、各种植物生长物质、抑菌活活性物质和植物营养物质的混合剂。

(4)施用方法及注意事项

①药剂的稀释方法、允许浓度，因产品的有效成分而有差异。需严格按照说明使用。

②促进剂有促进叶片伸长、疯长的作用，只能施用1次。最好与上海产的磷酸二氢钾1000倍液混合施用，以减弱徒长。

③促进剂的浓度适当，有促进作用；过高，反而有抑制生长的作用。切勿随意提高浓度。

④施用促进剂后两天，再施保得®微生物叶面增效剂，有协同的作用。

549. 日本产新型微生物药剂EM，确有促长作用吗？

新型微生物药剂EM(Effective Microorganisms)是日本比嘉照夫教授研制出来的一种新型微生物药剂。它是由多种对人有益的有效微生物复合培养而成的多功能微生物群。具有能促进动植物生长，增强抗病能力，改善生态环境的不凡作用。据介绍，日本冲绳地区职业养兰者多数采用此药剂养兰。

有不少兰友用1000倍液浇喷兰株，每隔15日进行1次，连续3次。在长势、无病率等方面，明显优于对照组。值得一试。

550. 养好兰根的关键是什么？

兵书上说，兵马未动，粮草先行。因为兵马的生命力和战斗力都有赖于后勤的供给。兰株的生存和发展，却是有赖于兰根这个“后勤部”的供给力。因此兰界都十分重视养好兰根。那么养好兰根的关键是什么呢？

从许多的实践对比中发现、初悟出，养好兰根的关键是处理好栽兰的基质。因为基质是兰根的住所，是生存与发展的不可或缺的条件。这个条件的好与坏，决定了它的生存与死亡。因此，处理好基质是养好兰根的关键,即是养好兰株的关键。

那么处理好基质,该做好哪些方面的工作呢?其一是调节好酸碱度;其二是调节好疏水透气度;其三杜绝侵染源。至于养分、湿度、温度、光照等,那是管理方面的事情。如何处理上述三个方面的问题,已在有关问答中讨论,就不再赘述。

551. 用粗植料栽培,为何比用细植料栽培,长势更差呢?

有些兰友反映,以往用腐殖土等保水性能过强的细植料栽培兰花,常会因疏水透气性能低而渍烂根群,造成兰根生长受阻,株叶长势趋弱。改用荷王牌仙土、人造颗粒土等粗植料栽培,根系也生长不良,发根少,根系细弱,干瘪根不少。兰根的长势,还不如用腐殖土等细植料栽培的好。这是何故呢?

究其致因,是因为颗粒土等粗植料保水、保肥性能低下,供水不及时,不充分,根系因缺水,光合作用缺乏主要原料,光合产物少。这样上无法制造养分,下无从吸收水分养料,根和茎叶因干旱和饥饿,不仅长势日趋衰弱,还会干涸而死。这是由于没有根本改变管理方法,仍然沿用细植料栽培的管理方法,来管理粗植料栽培的兰株,当然失败。细植料养兰的供水原则是宁干勿湿;而粗植料养兰的供水原则正好相反,是"宁湿勿干"。冬春无光照时,也至少日浇 1 次,或 2 日浇 1 次,而夏秋则要日浇不少于 3 次,高热地区要日浇 4～5 次。

如此看来,没时间依需及时浇水,又没有自动供水设施的,还是粗细植料混合栽植较适宜。

552. 种于高温消毒的基质里的兰苗,为何比没经消毒的长势更差?

栽兰基质没进行消毒,往往病虫害多得难以控制;但一经严密(高温)消毒,则有益、有害的微生物全被消灭,有时反使兰株更易染病。这是由于种苗无法经高温、浓药严格消毒,且药剂的杀菌灭虫谱再广,也不可能杀灭所有的菌虫,或由于难对症选药和浓度、浸泡时间不当等原因，而使种苗常常夹带少量菌虫。而当这些夹带有病菌和害虫的植株，被种植于全无有益微生物存在的基质之中后，在无有益微生物拮抗的条件下，病原便可毫无顾忌地大肆繁衍。当其达到危害指数时，便会在短时间内快速危害兰根，使根系和茎叶严重溃烂而枯死。

其正确的处理办法有二：

①对种苗应尽可能辨证选药，按中等浓度添加 100 倍食用米醋浸泡 1 小时消毒。如辨证选药有困难的，可选用不同类别的广谱杀菌剂，缩短浸泡时间，轮番浸泡消毒。

②种植前和种植后，应分别浇施活性生物菌肥，使经高温严密消毒过的植料有相当量的有益的活性微生物，以控制有害微生物的繁殖。

附活性生物菌肥举例：

①澳大利亚产喜硕(SEASOL)(每毫升喜硕中含有 8000 万个活性菌和天然植物激素)6000 倍液浇施 1 次，隔 3～4 日再浇 1 次。

②日本产千旺活力素(植物用，有增加免疫机能、抗病菌、病毒、促长、催根促芽、促进线艺进化，增加有益之放线菌、乳酸菌等作用。)1000 倍液浇 1 次。无土栽培和粗植料栽培的新上盆兰，每次浇水后，再用 3000 倍液浇 1 遍，续 3～5 次。

③台湾产益多液体肥料(含有生物菌)700 倍液浇喷并用，周施 1 次。

④广东省东莞宏远生物工程有限公司出产的“保得®”微生物土壤接种剂 1000 倍液浇根，隔 3～7 天，续浇 1～2 次。

⑤四川产华奕牌“兰菌王”500 倍液，每周浇 1 次，续浇 2～3 次。

上述生物菌肥如当地买不到，可向《中国兰花》《兰》杂志社发行部邮购。邮编：512026，地址：广东省韶关市惠民路 27 号东院二楼。联系人：彭长荣主任。

553. 给盆兰浇施杀菌剂会不会把有益的微生物也杀净？

盆兰浇施杀菌剂当然有可能同时杀灭部分有益微生物，但不会同时杀死所有有益微生物的。因为每一种杀菌和杀虫剂均有专门的杀灭对象。至于对象之外的，只能是有意料之外的部分，或有所抑制、或有不同程度的伤害而已。在实际浇施药剂防治兰根病虫害中，并没有发现兰株因浇施药剂后有明显的生长异常。而是确实获得一定的防治效果，有利于兰株健康生长。

不过，我们也不能以此为由而任意浇施药剂，而应该讲究方式方法，力避其弊。具体可供参考的做法有：

(1)尽量少浇农药

要真正少浇农药，只有事先对基质和种苗进行严格的消毒，与此同时，对养兰场地也应有严格的消毒，并在每次喷施农药时，注意喷及养兰环境，以最大的限度减少病虫原进入基质和株根寄生、繁衍为害。以达到少浇施农药，也能确保株兰根健康生长的目的。

(2)讲究防治策略

要使兰株少受菌虫害的侵染，不能只依赖喷施农药，而应该在消毒种苗、基质、场地、和不引进染有病虫害的种苗入手，在防微杜渐的基础上，力争创造一个基本上与兰更相适应的生态条件。并注意陈列略疏，使光照充足，温度适宜，干湿适当，空气清新，营养相对平衡，依需用肥。每季在施用能提高兰株免疫的阿斯匹林(乙酰水杨酸)的基础上，逐渐掌握植保知识，学会辨证选药，注意药剂的混合程序、稀释的浓度、施用的周到、间隔时间的合理等，及早有效地防与治，尽可能防止菌虫转移入基质和根系为害。

(3)选用少污染药剂

选用细菌、真菌并杀的科博、克菌、爱力杀和医用抗生素、链霉素、青霉素、土霉素、氯霉素及生物杀菌杀虫剂等。

(4)采取补救措施

浇施农药 8 小时后，浇水冲走农药，待基质偏干后，补施生物菌肥以增加基质的有益微生物。

554. 兰株新芽因何迟迟不长根？

1999 年 8 月 14 日接到外地兰友以特快专递方式邮来一幅墨兰

矮种照片，问及新芽因何迟迟不长根？

细观兰照，上一年的植株被剥去，当年发育成熟的植株叶色暗绿，叶端缘微焦，叶尾明显干焦，假鳞茎偏小，根粗短而有黑斑，斑缘橘红色，叶面已微显黑疔。其秋芽已长成近 10cm 高，根仅有 1 条，也初显小黑斑，鳞茎不明显，叶色偏黄，叶端萎缩，叶幅仅母株的一半宽，其上一年之秋芽不发芽，其母株却发了一个新芽，已长成 4cm 高，但到 8 月初仍不长根。

从照片和来信反映的情况综合分析，此为用多效唑泡制成的假矮兰，上一年之秋芽受抑制太过(药物中毒)，虽经精心养育，还不能正常发育，母株于当春萌发的新芽，迟迟不长根，自然不能排除药物中毒之后遗症，但也有缺乏光照和磷钾利用率低的因素所致。

故建议采取如下措施诱促之：

①洁水洗净株叶、根系，剪除有病斑的根系，沐浴晨光 2 小时(7 时～9 时)，然后全株浸入 1000μL/L 的赤霉素溶液(取 0.2g 赤霉素粉剂，用少许 95%酒精溶解后，加水 200g 稀释。)60 秒钟后，取出，洗净，晾干。半日后植于粗细各半的植料之中。陈列于 60%遮荫密度的散光环境中莳养。

②每隔 3 日(以盆面基质微干白为准)用三十烷醇 2000 倍液与华奕牌“兰菌王”500 倍液混合浇施。续 5 次后加入上海产磷酸二氢钾 1000 倍液浇喷，每隔 3 日 1 次，续浇 5 次。

后该兰友来信反映：经如是挽救，35 天后两株一芽全部长出新根 2～3 条。

555. 怎样给兰株促根？

根是植株的总后勤部和生命线。根的壮与弱、多与寡，决定兰株的生命力和发展力。不论是采集、运输，还是起苗、分株均会造成少根，而且就是固定植于畦地、盆钵中的，也会有因生理病害和侵染性病害而少根或无根。那么该怎样促进其早生根，多生根呢？

(1)原盆促根

原来种植时，种苗已消毒，基质也经消毒，酸碱度也适宜，疏水透气性能尚佳。但种植近年，长势不佳，又不见有病虫害侵染。探查株基，老根无腐烂，新根长得少。也就是各方面都正常，惟独长势欠佳，发根少。此种情况适合于原盆促根。其促根参考程序如下：

①选用少污染，又是广谱高效的杀菌剂如“可杀得”500倍液或医用“氯霉素”2000倍液之一，浇根、喷根各1次。浇根后，24小时内，必须向兰盆淋水，以冲走残留药剂，以减少污染，为追施菌肥创造条件。

②根施含有活菌素的天然植物激素。如四川产华奕牌“兰菌王”500倍液或澳大利亚产“喜硕”5000倍液或日本产“千旺活力素2000倍液选用其一，或交替。周施1次，续施3次。

③喷施促根剂。如美国产“促根生”2000倍液、德国产“植物动力2003”1000倍液、上海产磷酸二氢钾1000倍液任选其一，或交替。周喷1次，续喷3~5次。

④增强光照量。

(2)换盆促根

对于有焦叶尾和病虫害严重的植株和经探查有烂根的植株，必须换盆。引进种苗和下山苗的促根也包括在换盆促根之列。其操作程序如下：

①起苗，洗净，剔除、扩创病残部分，并消毒。

②选用经消过毒的偏酸、粗细相间的植料为培养基质。

③晾晒兰根。把植株摊于有自然光照处，用遮荫物遮盖叶片，让茎根沐浴光照2小时，以激促生长力，也为浸泡生根剂增强吸收功能创造条件。

④药剂浸根。选用“兰菌王”500倍液或美国产“促根生”2000倍液，浸根1小时，捞起、晾干，上盆。并用此浸泡药液稀释50倍作定根水浇之。

⑤恒温、适湿、增光管理。并每周喷浇1次促根剂，续喷3次。也可适当间喷“植物动力2003”“喜硕”等叶面肥。

556. 怎样使新种的兰株早长新根，早茁壮？

（1）增强光照

光照是光合作用的能源，也是使植株恢复元气，早长新根，早日茁壮的原动力。对比实验发现：新种植的兰株，冬春全光照夏秋半遮荫；比冬春固定遮荫夏秋高遮荫的，服盆、长新根、茁壮，约提前近月。

（2）保持适温

兰花的生长适温为15～28℃。气温低了，生理活动减缓，进入休眠状态；气温高于30℃，也会出现滞育。因此，在低温期上盆的，应设置拱架，覆盖塑料薄膜保温保湿；有条件的应适当采温。在夏秋上盆的，如遇气温高达30℃，应及时降温。甚至连夜间气温高于20℃的，也应予降温。以避免夜间呼吸过快，消耗过大而影响元气的恢复。

（3）注意给养

刚种植的兰株，其根系难免有创口，施肥易渍伤创口而烂根，但可以从叶面给养。可选用美国产"促根生"2000倍液，德国产"植物动力2003"1000倍液，爱施牌高氮型叶面肥1000倍液，美国产"花宝4号"1000倍液等，每隔3～5天交替喷施1次。

浇施定根水和平时需要浇水时，可用"促根生"3000倍液，"兰菌王"1000倍液浇之。有条件的，可选用澳大利亚产"喜硕"6000倍液，广东产保得®微生物叶面增效剂2000倍液。待新根长至2cm长后，便可正常施肥。

557. 龙根浆液能提高新植兰的成活率、复壮力吗？

将1簇四株连体的全无完整根的下山苗，掰拆成2簇，分别种植，对比实验。发现浇施"龙根浆液"的，确有提前长新根，长势较好的可喜现象。

其具体做法是：选取下山一般品种的"龙根"（实生苗最早长出的，短而弯曲，质白而带有细白珠样根瘤菌株的短根）2条（一般株用1条龙根）洗净，置于干净容器里。研磨成浆后，稀释10倍，浇施于假鳞茎基部。

这是因为兰花的龙根充满了兰菌群。浇施“龙根浆液”,就是给全无完整根的兰根,提供大量的兰菌。这些兰菌入侵兰根,残根中的消化菌丝体,便可从中取得养分。为壮旺根群创造了条件。

不过,浇施“龙根浆液”,也必须以培养基质的酸碱度适中,疏水透气性能良好,又曾经阳光暴晒消毒过为前提。同时也必须有保温、保适湿、有散射光照的生态条件的配合,才能发挥“兰菌”的作用。

浇施“龙根浆液”,由于龙根来源不易,一般多采用四川产华奕牌“兰菌王”稀释液,浸泡、浇施以代之。

558. 兰根因何往盆壁孔和盆面伸出?

兰根往盆壁孔伸出和往盆面拱出的主要原因是由于兰花是半气根性隐性植物。当盆内基质含水量过丰时,盆内基质孔隙被水占据,盆外的新鲜空气无法进入基质孔隙交换。处于含水量高的盆中间部位的兰根,由于得不到氧气的供给而失去了根系固有的功能。嫌氧性病菌便趁机大量繁衍为害,排放毒素毒害根系。有益微生物也因水分过丰,活动受阻,无法分解养料供给根系吸收。根系也随之而腐烂死亡。而靠近盆壁缘和盆面的根系,是相对能在水分没过分多的环境中生活的根系,便发挥其固有的趋气性本能,延伸到盆壁孔、盆面,以获得新鲜空气。因而,凡有根系向盆外伸出的现象,多是由于盆内水分过丰所致。应注意及时调节。

除了基质水分过丰所致之外,还有基质缺水所致。土培的,常由于培养土板结,浇水不易浇透,处在深层的根群,往往是“望梅止渴”,但在盆面水湿气的利诱下,发挥根群固有趋水性本能而朝盆面、盆缘伸展。因此,浇水必须浇至盆底中孔,有水滴出为止。

559. 兰盆外壁因何而冒汗呢?

兰盆外壁冒汗的原因是空气湿度偏高,提示着养兰场所的通风不良,应及时改善。否则,兰根会因积累大量的二氧化碳及有害气体无法排出盆外,而导致直接毒害,引起根系生长障碍。还会诱发病虫害高速繁衍为害兰株。

560. 兰盆基质表面呈现白色粉状结晶体是何故？对兰株有何影响？

兰盆面基质干燥时，呈现有白色粉状结晶体的物质，是由于常施、多施磷钙类碱性肥料和含盐的人尿畜粪等有机肥所致。它提示基质已偏碱，将严重抑制叶芽的生长，使叶芽、花芽的生长点坏死。最好是更换基质，或浇施食用米醋 100 倍液或酸性肥料以纠正之。

561. 有些兰株，因何终年不发芽？

兰株终年不发芽的致因错综复杂。主要的有如下 9 个方面：

（1）根系生长不良

冬眠期防冻不力，根系被冻枯；水分过丰，肥料累积过多而渍烂根系；较长时间未换盆，长时间只施酸性肥料，基质偏酸太过而败根；根系遭受菌虫侵染而烂枯；上盆不久新根未长出就过早施肥，过频浇水，渍烂原有根系，新根又因基质水肥过丰而无法长出，致使植株已呈微脱水状态。

（2）消耗太过

去年花莛过多，营养积累消耗过大，花后又未及时剪除凋谢的花莛，果实累累，继续消耗营养，又没有及时浇施“坐月肥”。

（3）干湿不当

忽视了古人关于“秋不干”的告诫，过分强调“扣水增光、抗寒锻炼”。由于过分偏干，光合作用的主要原料不足，营养积累少。或是下山兰长途贩运，管理不善，造成脱水，后用水浸泡纠正脱水，植株没死亡就不错，哪还能发新芽呢？

（4）芽生长点被毁

在采集或起苗、掰拆分株，剔除枯朽叶鞘、扩创假鳞茎病灶时，芽的生长点被毁。元气未恢复，新的芽生长点尚未形成。

（5）诱促太过

上年为了获得高发芽率，反复多次地施用激素或含有激素类的药剂催芽。新株刚展叶又再催芽。元气将尽,又要支持许多新芽的发育,消耗太过,翌年多不能发芽。如是原苗主曾施用过阿斯匹林、九二〇等催芽剂催芽的,当年新芽刚展叶,新的叶芽又再冒出。此类种苗,再经起苗、掰拆,翌年多难发芽。

(6)抑制太过

原苗主为了泡制矮兰或推延花期,而反复多次喷施甚至浇施高浓度矮壮素、助壮素,特别是多效唑,或为了控制疯长、诱导开花而多次高浓度施用比久(B_9)的,由于植株受抑制太过而无法发芽。必须施用促进剂诱促,方可发芽。

(7)病原侵染

上一年,可能曾遭受过白绢病、黑腐病、疫病等。虽经救治,但它的芽生长点已被毁,短时间内不可恢复。新的生长点尚未形成。

(8)土、肥不适

从外地引种的良种,已过发芽期仍不见其发芽。其原因有二:

①基质的酸碱度不适当,尚未服盆(适应)。

②基肥过丰,或施肥浇水不当,渍烂兰根,或选用过分偏酸的泥炭土为主基质,芽生长点被渍烂。

(9)光照不足

往往为了图省事,兰棚采取双层遮荫网固定遮荫,如恰逢春夏阴雨连绵,光照甚少,气温偏低,无力发芽。

细辨致因,对症纠偏,追施"兰菌王"等促根催芽剂 2、3 次,多可很快萌发新芽。

562. 兰株为何到夏末才发芽呢?

兰株通常在仲春相继萌发新芽。延迟到夏末才发芽的主要原因,一是温度低,二是光照弱。

在南方,春季和早夏常阴雨连绵,难有一日的大晴天。对于近似自然式管理和半自然式管理的,往往是北方温室里生长的兰株新芽已展叶了,而南方的还尚未出土。这主要是气候的问题。有人在春夏阴雨连绵的气候下,对棚室(冷棚室)采取密封保温加灯光补照的催芽措施,多在春末或初夏,新芽就相继萌发。比自然式管理,提前了近月,赢得较长的有效生长期。这就足以印证,兰芽迟发的致因是温度偏低,光照少之故。

563. 怎样给兰株催芽?

虽然已给兰株施用过促根剂,促根剂也有间接的催芽作用,但对连体成簇的母株,仍是无明显的促进作用,因此有必要探索催芽之法。

(1)改变连体机制,逼其自立

20 世纪 80 年代,从水稻掰散单植,明显提高发芽率而得到启发,又从分丛失误而单株散植,次株发 5 芽得到印证。散植,改变兰喜连体簇植的群体习性和依赖性,逼其自立,确能提高其发芽率。但拆单散植,由于失去了同舟共济的生理习性,易出现新芽弱小的弊端。因此采取折衷的办法,实行半双连体丛植。即 2 株为 1 丛散植。并在 2 株之中,又行半分离术。即每只手的拇指和食指共捏住一个假鳞茎,同时向相反的方向掰开至 90～120°时,便可听到"嘶! 嘶!"的撕裂声,即止掰。使原本两株连体兰,变为半分离而又不全分离的半连体。不仅引种、换盆时,可以进行半分离术,就是在原盆里,也同样可以进行半分离术。

(2)追施催芽肥

凡是上盆后新根已长出的已服盆的兰株,均可浇施美国产高氮型"高乐"叶面肥 500 倍液、爱施牌高氮型叶面肥、美国产"花宝 4 号"、四川产华奕牌"兰菌王"等之一或交替使用。

(3)激素催芽

①施用美国产催芽剂:用新毛笔或棉签蘸原液涂抹假鳞茎基部。或稀释 10 倍,用小喷雾器向株基喷注。周 1 次,续喷 2～3 次。但据了解,其效果不甚明显。

②选用"细胞分裂素"与食用米醋 100 倍液或"花宝 4 号"1500 倍液喷施。注意多向株基喷施几下,以让药液流向株基,直接接触鳞茎基部发芽处,以增效。每隔 3 日喷 1 次,续喷 3 次。

③用赤霉素 50000 倍液(即 1g 药粉加水 50kg,并加入 100g 上海产磷酸二氢钾)喷施株基 1 次。本品易导致新芽疯长,不可提高浓度,不可多施。新芽萌发了,要每周喷浇磷酸二氢钾 1 次,续喷 3 次,以减弱疯长。

564. 如何提高无叶无根的假鳞茎的发芽率?

一般都把无叶无根的假鳞茎遗弃。其实,这是很大的浪费。这些假鳞茎多数还有发芽的可能。好品种的无叶无根假鳞茎,也常被简单地附植于盆缘,但很少能再萌发出新芽来。如何提高其发芽率呢?

(1)选取有萌芽潜力的无叶无根假鳞茎

一般说来,紧挨有叶之假鳞茎的无叶新鲜假鳞茎,都有再发芽的潜力。但由于数量多,便难认清它是长于何处。选取时,只要看其茎皮还新鲜且有绿晕的为最佳。如是好品种,只要它质硬色黄,即使是病斑近半,表皮干皱,也还值得试种。

(2)清理杂物,严密消毒

剪除枯朽叶柄、叶鞘,剔除扩创病斑。

把无叶无根之假鳞茎浸入加食用米醋 100 倍液的广谱、高效杀菌剂 800~1000 倍稀释液,2 小时后捞出,洗净。

(3)激促活力

①把经消毒、洗净之无叶无根假鳞茎陈列在阳光下,经常翻动,暴晒 3 小时以上,以激发其活力,又可增加对促根剂的吸收力。

②把经暴晒之假鳞茎放入兰菌王 500 倍液,加食用米醋 100 倍液,浸泡 3 小时后,捞出上盆,并用此浸泡液当定根水浇施。

(4)高盆浅植

选用底和周边多孔的无上釉高筒兰盆为培养盆。选用河岸边含洪泥浆的细沙 70%,腐殖土 30%混合均匀,暴晒消毒后,作为基质。装半盆基质,种上假鳞茎。要求半露假鳞茎,浇上定根水。

(5)密封散光管理

冬春,要选竹片在盆面架拱,套上黑色塑料袋密封管理。夏秋则不一定要密封。

冬春全光照,夏秋半遮荫管理。

(6)浇施促根剂

每当培养基质干燥时,浇施"兰菌王"500倍液,或"促根生"2000倍液,或"喜硕"5000倍液。续施3～5次。

565. 怎样使兰株的假鳞茎硕大,叶片短阔厚实,株叶增多?

让兰株的假鳞茎硕大,叶片短阔厚实,株叶增多,首先要依赖于兰根长得好。要兰根长得好,首先要选择偏酸、无污染、疏水透气性好的基质和疏水透气性能好的兰盆。有了这个基础,再加上光照、温度、湿度、通风、养料的合理调节,充分发挥作用,兰株壮实,就有日可待。

(1)给足光照

自然界里的阳光是植物光合作用的能源。冬春光照和煦,绝大多数地区都可以让其全光照。有的地区,也许午间光照很强,可给临时半遮荫。夏秋的遮荫密度,最好是变动的。以人没戴草帽在阳光下半小时,不觉得难受为适度。非线艺兰半遮荫就行了,线艺兰应有80%～90%的遮荫密度。夏秋的阴天和半阴晴天,最好是随光照强度而增减遮荫密度。只有给足光照,植株的能源充足,才能制造更多的光合产物以满足生长之需求。

(2)添施菌肥

基质里的肥料要素和各种元素,大多有赖于基质里的有益微生物的转化,才能易被根系吸收和利用。因此添施菌肥,有不可低估的作用。常用的兰花菌肥有:兰菌王、保得®微生物土壤接种剂、喜硕、益多液体肥、千旺活力素等。这些生物菌肥,不仅能迅速增加基质中的有益微生物数量,而且可以调节基质的酸碱度,使有益微生物的环境正常化,使基质中的肥料转化为有利于兰根吸收的养分,源源运送,供给叶片光合作用、呼吸作用之需求。

(3)适控温度

除了冬春保适温,以让植株安然冬眠和夏秋不使产生高温害之外。就是要注意控制日夜的温差。一般夜间的温度要比白昼低10～12℃。如果温差过小,夜间温度仍然很高,植株的呼吸作用旺盛,消耗养分量大,便降低了积累,就无从实现我们的愿望。

(4)加强植保

对兰株的保护,主要是切实做好"防重于治",防微杜渐,防患于未然。

(5)合理给养

肥料的三要素,并不能独立发挥应有的作用,而是有相互促进和制约的。所以不能只施某种元素,而只能在各个生长期调整其比例。也就是说,在营养生长期,应该增加氮肥的比例,但不能没有磷钾肥和其它元素。

在兰株营养生长期,叶面喷施美国产"花宝 5 号"、"速滋"、"佳兰宝"等,都有不凡的作用。

(6)酌用生长调节剂

①展叶期开始喷施 1～2 次矮壮素或比久(B_9),以抑制细胞伸长,控制顶端优势,以达到叶短、茎粗、矮壮而不疯长。

②如需要叶鞘和叶端钝圆的,可在新芽出土后,每周于叶鞘端、叶端、涂抹矮壮素或多效唑。

566. 养于案头的丛兰因何日渐趋弱?

养于案头上的丛兰,日渐趋弱的主要原因是不具自然光照。

因为光照是植株光合作用的能源。虽然案头上有照明用之日光灯,但其热能和光谱,远不及日光,仍按步就班地浇水、施肥,将导致盆内基质水分过丰,植株同化作用不佳,继而导致各部分营养不良,这样必然日趋衰弱。

其补救的办法是:

①轮番交换陈列。多养几盆,每周或半月把案头上的盆兰移至有自然光照处培育,把兰场里的盆兰搬于案头上观赏。这样就不至

于长时间没有光照。

②改善光照条件。有条件的,可设置反光板反射自然光照;或经常把案头盆兰移至有光照处,沐浴晨光、散射光;或在日光灯的两端增挂3V红色荧光灯。

③喷施光合促进剂。每月喷施1次深圳产的光合促进剂“高利达”,以使植株更有效地利用有限的光能和二氧化碳,制造更多的碳水化合物。

④适供水肥。由于缺乏光照,蒸腾量少,浇水量也要少,保持株根干湿有时;用肥的浓度要比有光照的低,间隔时间也要长1倍。注意喷浇德国产“植物动力2003”,或四川产华奕牌兰菌王,以促进根系壮旺,增强根的吸收、运输功能。

567. 兰根壮旺,色白而无枯尖,为何叶尖却枯焦?

去秋,一同乡兰友来电话问,兰根健壮,叶尖因何而枯焦呢? 由于相距不远,便抽空前往观察:选择几盆叶尖枯焦比较严重的脱盆查根,果然根系健壮,几乎是完全无恙。便询问其施肥用药情况,最后找到了答案。

(1)缺钾所致

由于一味追求产量和叶片增宽的特色,而常偏施含氮量高的肥料,也常在叶面肥中,加入尿素。由于钾肥对氮素的代谢有很大的影响,而它在植物体又是呈离子状态存在,很容易移动,再度利用性较大。当株体缺钾时,钾就从老叶转移到新叶组织中再度利用。老叶便先显缺钾,而呈现焦叶尖,继而新叶也随之显现焦叶尖。

(2)铜剂中毒

据兰主说,曾常用铜制剂防治菌病害。

铜制剂确为防治菌病效果较好的农药之一。但它也会阻碍株体酵素的作用,使叶绿素易被固定,致使植株生理骤变。特别是铜剂在添加展着剂后,极易较长时间淤积于叶面叶尖上,堵塞气孔而引起焦叶缘和焦叶尖。如基质里铜的积累过多,也会引起根系生长障碍,营养吸收失调,进而影响全株均衡生长。

铜剂勿常用，特别是高温时勿用。偶尔使用，浓度不能过高，喷施量也不能过多。最好在喷施后8小时，喷水冲洗残留药剂，这样更安全些。

568. 无根脱水苗可否让其沐浴散射光照？

无根苗和不同程度脱水的兰苗，除了应相对恒温保湿管理外，还必须有散射光照。因为根系生长所需的养分，既可从基质中吸收，也需由叶片光合作用制造的光合产物的供给。而无根苗，只能靠叶片的光合产物的供给。脱水苗还有叶绿素，还能进行光合作用。如此看来光照对无根苗、脱水苗的生长是不能没有的。应该说，散射光照是无根苗长根，脱水苗复原的原动力。

569. 兰花可否常常换盆，更换基质？

兰花不宜常常换盆，更换基质。因为兰为肉质根，十分柔嫩，起苗换盆时不管您如何细心，都难免有所损伤。另一方面，兰根被植于一个新的依存环境里，都需要有个适应的时间。在未完全适应的过程中，未免会有长势不尽人意的现象。如它刚刚开始适应，又被更换环境，长时间得不到一个相对安定的生存环境。如是屡屡更换基质，兰株不仅难能长好，而且多被折腾致死。

在栽培过程中，如遇到兰株迟迟未能服盆，长势一直欠佳。首先要考虑种苗、基质有否消毒；基质的酸碱度、疏水透气性能是否适当；然后再从光照量、温度、湿度和有否污染方面分析。切勿光从基质上打主意。

570. 兰花叶片的寿命有多长？

兰花叶片的寿命，究竟有多长呢？各有其说。有人说，兰无3年叶；也有人说，兰无4年叶；我说，兰无5年叶。其平均寿命，约为4年。

兰叶的寿命，大致也和人的寿命一样，可因先天素质、后天的生活条件及外界力的作用之不同而有差异。如原生于温带的，生理活动快，寿命自然就不很长，把它移至寒带种植，生理活动较慢，寿命就会较长；但是如果冬天防冻不力，其寿命就比原生地更短；同样，把原长于冬冷夏凉地区的兰株移至亚热带和热带莳养，其叶片的寿命也就较短。一般，影响兰叶寿命的主要因素有如下 5 个方面：

(1)先天素质

包括品种，原生地的气候、土质营养、光照、水分等组成的先天条件。

(2)培养地的生态条件

(3)病虫害的污染程度

(4)生长速度

包括人工促进力的影响。

(5)外界力的作用

包括不断移植，机械性创伤等外界力的干扰。

571. 如何避免兰叶早衰？

从棚室莳养与露地粗养的对比中，悟出避免兰叶早衰的措施而诗曰："日出和煦照，雨来醉其根，露临润其叶，清风常作伴，暑天半遮荫，冬寒挡风霜，来于自然间，还其自然养，翠环常相映，花繁香更浓。"

其具体的避免方法是：

(1)依性莳养

依兰的十二喜畏，创造一个基本与其相适应的生态条件，莳养之。

(2)加强植保

要多从适控光照、温度、水湿、通风、肥料、基质诸方面努力育壮，以增强免疫力为基础，再与杜绝侵染原相结合，予以保护。切勿光依赖药剂的防治。

(3)适度调节

人的时间是有限的，因此人都会有急功近利的心理。往往为了提高效益，过度诱促。结果是使兰花承受力超负荷，提前消耗，必然出现早衰。所以，应注意勿过度使用促进法诱促，注意适可而止。

(4)重视养根

在注意基质的酸碱度、疏水透气性能、杜绝侵染原的基础之上，追施生物菌肥不可忽视。

572. 兰花叶片因何长青苔？怎么办？

兰叶长青苔是由于浇施化肥后，没及时浇施过肥水(洗叶水)，或长喷高浓度的叶面肥，尚且养兰场所通风不良，湿度过大而造成的。

其解决的办法是：

①少量的，可用人工清洗。

②喷施“松脂合剂”。冬春 8～15 倍液；夏秋 20～25 倍液。隔 7～10天，续喷 1 次。

③喷施硫酸铜 2000 倍(1 克药剂冲水 2 千克)溶液。隔 7～10 天，续喷 1 次。

值得提出的是，要根本解决此问题，首先要彻底纠正致因，然后采取解决办法，方能获效。否则，只能是已有的青苔被消灭了；新的青苔又会长出来。

573. 有何药剂能诱促兰叶型艺化？

曾听说过，有人试用苯甲酸类内吸传导激素型除草剂“草芽平”“百草敌”之一。以干扰植物的核酸代谢，使细胞分裂异常，顶端生长受阻而茎叶扭曲变形，使其成为矮种奇叶兰。

笔者未曾实验过。有兴趣者，可选择一般品种的植株，扩大稀释浓度 1～2 倍，或用不同浓度，于新芽出土前和新芽展叶前，各喷施一次，进行实验探索。

574. 哪类线艺兰线艺因子最稳定？

线艺因子最稳定的种类有：

(1)覆轮艺

金黄色、银白色、翠绿色(比叶色更浓者)、赤红色的叶艺体，在叶片的周边，自叶尖端双侧向叶基延伸，直达叶基者。称为覆轮艺。此类线艺，未听到过有退化。

(2)中斑艺

叶面上线条状叶艺自叶柄伸至叶端部，但未达叶尖，离叶尖端约有 1～5cm 长不等。其叶端尖部分，还有绀绿爪(俗称戴绿帽)者，称为中斑艺。如墨兰中的‘瑞玉’‘爱国’等。堪为最理想的艺性。

中斑艺中如夹有若隐若现的丝状线纹者，即为中斑缟艺。如墨兰中的‘龙凤呈祥’‘天女’‘松鹤图’等也同为理想之艺性。

线艺因子稳定的，其叶鞘多有相应的线艺。

575. 哪类线艺兰线艺因子相对欠稳定？

线艺因子相对欠稳定的有 3 类：

(1)全斑艺

凡整株叶片之全叶或一大整段(基部、中部、端部)，呈现全白色或全黄色，且其上无任何异色的点、线、块斑存在者，称为全斑艺。如墨兰中的‘玉妃’‘凤凰’‘喇叭’‘玉桃’等。

全斑艺多数具有先明后暗性。即新芽至叶片尚未完全发育成熟时，具有十分显眼的全斑艺，随着株叶的发育，便逐渐隐去艺色而与叶片同为绿色，成了非线艺兰的样子。

全斑艺，虽多为先明后暗艺，但它们所开的花，却多是令人喜爱的象征吉利之红色。但也有极个别的全斑艺兰之花是白色的，如寒兰的‘丰雪’。

(2)缟艺

缟艺是指线艺自叶的基部直至叶的尖端，出现纵向条纹状之艺性。如墨兰中的‘蓬莱山’‘桑原晃’等。

此类线艺，在叶面上呈现的数量越少，性状越细，越透达端尖的，其稳定性就越差。

如是线条粗细相间，或夹有线段(斑)，或长短相间(即夹有未透达叶尖的艺线)，或线艺多而密集的就较为稳定。即使偶然退化了，也多有可能在其下代复原或进化。

(3)云井艺

云井艺即比叶绿更浓绿的线条,自叶端向叶基发展延伸之艺性。它常因管理方法欠妥而出现叶绿素浓度增高而使云井线艺模糊不清。只有具绀绿帽的云井艺较稳定。

另外,线艺兰的叶鞘上如无相应的艺性,甚至连一点线艺兰的叶鞘特征也无者,其线艺的稳定性,相对差得多。

576. 什么样性状的线艺兰最易进化?

下列性状的线艺兰的进化力较强:

①一株中的最中心一片叶,线艺性状比同株的任何一片叶好的。

②叶鞘的线艺性状与叶片的线艺性状一样好的。

③叶鞘、叶缘线艺体之上,又明显浮泛桃红晕的。

577. 什么样线艺性状的线艺兰最易退化?

下列性状的线艺兰最易退化。

①一株中仅有一片叶有单独的一条、或一段线艺的。

②一株中最中心的叶片线艺性状比边叶还差的。

③叶鞘不具丝毫线艺性状的。

④叶艺没透叶背的,即叶面上可明显看到线艺,而叶背却无明显的相应线艺的。

⑤同一株兰中,仅是个别叶片有少许线艺的。

⑥同一株兰中,其它各叶的线艺尚明显,惟独最中心一片叶,没有丝毫线艺的。

578. 致使线艺退化的因素有哪些?

虽然株体内的线艺可变因子不充盈是导致植株线艺性状退化的主要内因,但这仅是退化的根据,它必须通过退化的条件而起变化。那么引起退化的条件是哪些呢?

(1)光照量过丰

从光照量对比实验中发现:生长于长时间黑暗或仅微弱光线环

境里的植物，叶色逐渐黄化，逐渐加大光照量后，又逐渐转为绿色。因此，光照量过大，植株光合作用的动力强，光合产物多，株体营养较丰富，又促进了光合作用的强度，叶绿素的形成量就越多也就越有可能掩盖线艺而退化。

(2)温度偏高

据实验，长期置于缺少光照的室内莳养的黄化叶片，在0℃下，反射光照，半月不见转绿。改为室温25℃下，反射光照，仅7日就开始转绿。据研究：叶绿素形成的最低温度为2～4℃，最适宜温度为30℃，最高温度为40℃以上。因此养线艺的适宜温度，应是在25℃左右。温度过高，叶绿素形成快、数量多，有掩盖线艺而退化的可能性。

(3)营养不当

氮和镁是组成叶绿素的主要元素；锰有催化叶绿素形成的作用；而镁是造成叶绿素的惟一金属元素。这样看来，偏施氮肥和常喷施含镁、锰元素，是导致叶绿素大量增加而挤占线艺体的位置，掩盖线艺体色彩，造成线艺退化的主要因素。这里并不是说线艺兰不能施用氮、镁、锰元素。而是说勿偏施、多施而已。镁和锰元素尤应注意控制。

579. 退化了的线艺兰，能否复现线艺呢？

一般是已经完全退化了的线艺兰，多难自然复现线艺。仅有传统线艺建兰'金丝马尾'等极个别品种，可以自然复现线艺。但可以针对致因，阻止其退化，促进其复现线艺。

580. 如何阻止线艺兰的线艺退化呢？

线艺兰的退化，多数是由于光照过强、温度过高和营养不当而造成的。当我们发现了它已开始退化时，应分析其致因，针对纠偏，便可阻止其继续退化。

(1)增加遮荫密度

冬春50%～60%；夏秋80%～90%。

(2)降低温度

增加遮荫密度，也可以降温。同时还可以加喷水雾，加大通风量，安放冰块、冰水以助降温。力求将温度调控在25℃以下。

(3)调整营养

停止供氮、镁、锰元素。追施钾元素。可选用硫酸钾溶液500倍液浇根、喷叶。每周1次，续喷2～3次。以抑制叶片中原有镁元素的吸收和利用。

(4)追施促进剂

①美国产“艺之宝”2000～3000倍液喷浇。

②日本产“益丽灵”1000倍液喷施叶片。

581. 水晶艺兰是怎样显艺的?

兰株艺变出水晶艺时，它的叶鞘(甲)尖端常呈向里扣卷状，甲缘薄而有轻度皱缩，且色白。株体含水晶成分多的，它的叶甲多可相应呈现白色水晶条、斑纹。展叶后，叶端或叶片的其它部位出现乳白色或乳黄色斑。随着叶片的发育，艺体的造型日益显著。龙型、虎型水晶艺的叶体，常因各部位水晶成分的含量不同，而叶体呈现不同程度的收缩增厚、皱卷、扭曲。其水晶艺体的乳白、乳黄色也随着叶片的发展，而逐渐减退其不纯白的色泽，而日益晶莹剔透。

582. 有否既经济、简便，而又安全、实效的促艺剂?

既经济、简便，而又安全、实效的促艺剂，就在我们身边。譬如，能影响叶绿素的形成的肥料元素；能调节植物生长的生长调节剂；能打乱株体蛋白质的形成，破坏核糖核酸，干扰植物的遗传物质的除草剂等等，都有一定的促进株叶可变因子的活跃而产生突变的作用。问题是，上述这些物质的作用，多数是间接的，在说明书上没有这方面的内容。都是在多种交叉施用或意外误用后而意外发现的奇迹。究竟是哪种物质起主要作用，哪些物质起协同作用，都还难以断定。至于浓度、间隔时间、施用时机、同样难说准。目前，仍处于实验阶段。

笔者从花圃、田边地角施用除草剂后，杂草出现了艺变而得到启发，筛选了激素型除草剂“二甲四氯”按其除草浓度再扩大 2 倍（即除草浓度 1g 药剂可稀释 500g 水，再扩大 2 倍，就是 1g 药剂溶于 1500g 水）。在早春气温刚回升，叶芽尚未萌动时，浇施 1 次，并在新芽展叶后 1 个月，喷施 1 次。

实验发现，凡株体可变因子充盈的（即有出艺特征的）植株，有 18%以上相继出艺，有近 30%的植株，出艺特征显现（鼻龙更开阔，背银更明显），有 10%许的植株死亡。

使用此类调节剂促进兰叶出艺时，应注意：

①幼芽对该药剂有敏感。浇施应在幼芽萌动前，喷施宜在新芽展叶后。

②施用浓度，最好依植株的壮弱，气温的高低，光照的强弱，适当增减。

③为避免死苗，应先从低浓度开始试验，或用不同浓度、不同时间进行对比实验，逐步掌握不同生态环境里的合适浓度。

583. 有哪些化学诱变剂、商品促艺剂可用于诱促叶片出艺？

常见的化学诱变剂有“石蒜碱”“秋水仙碱”“长春花碱”“亚硝基尿烷（NEU）”“乙烯亚胺（EI）”“乙基甲烷磺酸盐（EMS）”“亚硝基甲基尿烷（NMU）”等。使用浓度为 0.4%～2%。浸泡时间为 60～120 分钟。

施用方法：

①于初冬或初春，把有艺变迹象的丛兰起苗，拆单散植。

②初夏，叶芽出土，伸长至 1～4cm 时，起苗，剔除干枯叶鞘和老根。洗净并晾干水分后，用消毒针头在老株的假鳞茎上，纵划 1mm 深，4～5mm 长的裂口。并在新芽基部附近处穿刺 1mm 深的小孔 1～2个，以利于对药剂的吸收。

③将兰株放入配好浓度的药剂中浸泡（选用 1 种药剂）。时间一到，立即取出洗净、晾干、重植培育。

注意事项：

①据报道，化学诱变剂毒性较高，有一定的致癌弊端。要注意防护。药剂要特别保存好，使用时要戴口罩、乳胶手套，用具要深埋，以防污染，危害健康。

②气温高时，浓度要略低些，植株弱的也要浓度低些。浸泡时间也要短些。

可用于促进兰叶出艺的商品促艺剂有：

①日本产“益丽灵”800～1000倍液。突变率0.8%，能使具有“背银”的叶片早出线艺；也能使已初现线艺的逐步进化；尚能使花色更加鲜艳。

②美国产“艺之宝”2000～3000倍液。既可提高具有“背银”的出艺率和促进原有线艺之进化。尚能提高植株的生命力和抗病力。

当新株发育至半成熟时，选择阴雨放晴天，浇水之前1日喷施叶背。每周1次，续喷4次后，最少每月施用1次。

584. 电磁波也有促进兰叶艺变的作用吗？

是的。常用的有如下3种：

(1)超声波震荡法

选用超声心脏起搏器、超声波驱鼠器或自行设计的低频率超声波激荡仪安放于有出艺可能的盆缘。每日于有光照时，开机30分钟，持续2周后，改为每周开机1次，持续3～5个月。

(2)电信波激荡法

对于已有些许出艺的兰株，每夜临睡时，把手提电话机安放于盆缘，开机10分钟，1周后，断断续续使用之。

(3)电磁波辐射法

自夏末起，把有出艺希望的盆兰陈列于电视机前2m处，或陈列于电信、电视转播台、卫星发射台附近，让其接受电磁波辐射半年。也可把盆兰陈列于X光室、理疗室、超声波诊疗室等，使其接受电磁波辐射。

585. 利用光波辐射，也可诱促兰叶出艺吗？

是的，此促艺法，不仅安全简便，而且确有一定的成功率。具体有如下几种：

(1)色波辐射法

在兰架下增湿用的储水槽中，或室外水槽中，加入石灰粉或硫磺粉，使水底有一薄层的白色或黄色。在日光下，辐射白或黄光波。

(2)X射线照射法

每于季夏至早冬，把有出艺迹象的兰株每周用X光线照射1次，每次不超过5秒钟。

(3)红外线照射法

把有出艺迹象的兰株陈列于医用理疗机、周林频谱仪、远红外取暖器之一的50cm远处，每日19:00照射10分钟。持续1周后，改为每周照射1次，坚持1年。

586. 诱导兰株变异出艺，有哪些简易的工艺诱变法？

尽管工艺诱变法的诱变率较低，时间较长，但它简便、经济、安全，可为爱好者采用。

(1)摘芽促艺法

对有艺变特征的兰株或已有少量出艺的兰株，或株有单叶出单线艺的植株。采取弱光、低温管理，控制氮、镁、锰元素的供给。当其新芽出土时，如发现其艺象不佳，或新芽从叶芽较差的一侧萌出，应立即摘除叶芽，以逼使其从出艺迹象较多的一侧萌芽。通过如是处理，有可能加快其艺变进程，萌发出较好的叶艺芽。

(2)添素促艺法

引种下山兰，或换盆分株时，发现有鼻龙开阔、悬针角、中骨宽阔而明亮，叶背有如猪油膜样的背群和银丝群的兰株，采取添素促艺法诱促，大有促进艺变进程的作用。

一般在换盆时，向基质里拌入10%的稀土，或做瓷砖原料的“高岭土”，也可再加入1%～2%的骨粉。采取避强光、高温，少施肥的管理办法。同时注意用肥少氮多磷钾，严格控制镁、锰元素的供给。每隔半月喷施 1 次上海产的磷酸二氢钾，以控制制造叶绿素的镁元素的吸收与利用。

如是诱促 1 年，如萌发的新芽没出艺，可以采用摘芽促艺法配合之。

(3)剪培促艺法

选择有出艺迹象的兰株，在初冬时从叶柄处剪去所有叶片，同时剪除所有根群，把假鳞茎暴晒 3 日。然后采用无土栽培法栽培。避强光、高温管理，使用促根剂促根。当根长出后，就会相继萌发出线艺芽。芽如无线艺，便摘除，以寄托其下一代。

587. 为什么说叶艺兰同样要施肥，否则会退化？

包括线艺兰、水晶艺兰、图画斑艺兰在内的叶艺兰也和所有植物一样，要从基质中获取养料。当基质中的养料被利用将尽时，它的根就会发挥其固有的趋肥性，向远处、深处伸展。而被固定于盆中的叶艺兰，当基质中的养料被利用将尽时，根群无从延伸，在得不到补给时，将会产生营养不良而日趋衰弱。何谈继续进化。不进即退，甚至还会因“饿荒”而告亡。

近几年，笔者为了探索艺道，曾对一盆长势还不错的‘银针’兰，采取过不施肥的实验。半年后，就能看出它的长势日衰，叶面失华，新株少叶，爪艺明显短。第二年，叶色偏黄，新株仅是叶尖有微艺。而与非线艺兰同样施肥的‘银针’兰，株叶都是 3～4 片，叶幅比母株增宽了 1/3。叶色亮绿，叶艺大进，不少已进化成边艺，部分已是覆轮艺加垂线。

由此看来，兰花的变异因子，既可因生态条件适宜艺变而来，自然也会因生态条件转差而还原返祖。从实验证明，线艺兰也和非线艺兰一样，需要光足、水肥丰，才能长壮，壮了，线艺因子才能如虎添翼而日进。

不过值得注意的是，必须清楚地认识到：镁元素是造成叶绿素的惟一金属元素，锰元素有催化叶绿素合成的作用。叶艺兰施肥在三要素平衡的情况下，主要是应大大限制镁元素的供给，并适当增施钾元素以抑制镁元素的获得。与此同时，也要控制锰元素的供给。

588. 有些兰株为何多年不开花？

尽管兰株多年不开花的原因错综复杂，但经过实验对比，归结起来，不外是内因和外因两个方面：

(1)内因

①片面追求高繁殖率，掰离散植，使它失去了传递生殖信息的条件。

②根不旺、株欠壮、不具开花的条件。

从实际对比观察中发现，凡根群壮旺，每株的叶片数递增，质地增厚，增宽而富有光泽的植株，生机旺盛，营养吸收利用得好，光合同化产物多，有机物积累充盈，具备生殖生长的物质基础，必然开花。反之，难开花。

(2)外因

外因是指兰株的生态条件：如：光照、温度、湿度、水分、通风、肥料等。

①片面追求高发芽率而多施、偏施氮肥。肥料三要素失去相对平衡，导致疯长，营养生长高度活跃，生殖生长受到抑制。

②较长时间没换盆，由于只施酸性化肥，导致基质偏酸太过而败根。营养、水分的吸收、运输的能力减弱，植株光合作用的原料不足，产物少，积累也就少，缺乏生殖生长的物质基础。

③光照不足。遮荫过密，特别固定双层遮荫的，冬春光照过弱，光合同化产物也就少，而不具生殖生长的物质基础。

④昼夜温差过小、消耗太过。夜晚的时间与白昼几乎相等，但有光照的时间，约为白昼时间的三分之一强。光合同化产物是有限的。如果只注意白天的降温，而忽视夜间的降温，或为了提高生长率而日夜相对恒温管理。日夜温差小于 5℃，夜间的呼吸作用仍然强盛，消耗过大，无从积累，就不具生殖生长的物质基础，而少开花或不开花。

⑤花原基形成期用肥不当。花原基的形成，在花期前的 5~7 月

(花期在夏秋的,其形成期,多在花前5个月许,花期的气温越低,其形成期就越长)。在花原基形成期前,仍然施以高氮肥催芽促长,结果营养生长高度活跃而抑制了生殖生长。实际上,每当叶芽刚露出盆面,就应该施以磷、硼肥以促进花原基形成。

⑥秋季湿度过低,影响营养积累。古代艺兰家告诫我们,养兰要"秋不干"。因为秋季温度尚高,光照仍强,仍是兰花的营养生长期,新株才展叶不久,尚在发育中。如果盆土过干,空气湿度偏低,光合作用的重要原料之一的水不足,将会严重影响营养积累,而不利于翌年的开花。

⑦病虫害的侵染。病虫害,尤其是病毒病害的侵染,不仅减少了光合作用面,也减少了营养积累,更主要的是它们在侵染时也排放毒素,干扰破坏植物体的生理功能。事实证明,遭受感染、为害严重的植株,多不能开花。

589. 如何使兰花提前开花?

为了适应节日上市和即时应展,常常需要兰花提前开花。其有效的办法,应是以光照、温度、水肥等方面的调节为主,以激素调节为辅,方能奏效。

(1)生态条件的调控

首先是育壮植株为基础,关键在于花前的5~7个月(冬花类花期前6个月;春花类花期前7个月;夏秋类花期前5个月),即叶芽缓长期,也就是花芽出土时,施以催花肥,使植株形成花原基。如果花原基没有形成,何从促花呢?当花原基形成后,用肥要力求三要素相对平衡,才有利于花芽的发育。有了这个先决的前提,才有促其提前开花的希望。

①原花期在寒冷的冬春之种类的催花。应从花前的3个月起,进行高遮荫(95%)、低温(5℃以下)模拟冬寒管理3周许,让其提前春化。然后在12~15℃的常温、常光(60%~70%遮荫)下,便可获得提前1月余开花。

②原花期在夏秋之种类的催花。全生长期要采取高温(28℃左

右，如太高反而使其滞育）、强光（晴天，光照强，需 50％遮荫；半阴晴天，全日照；阴雨天灯光补照）管理，有望提前 1～1.5 个月开花。

③凡欲催花的，都应摘除过多的叶芽，以减少消耗。用肥在三要素相对平衡的基础之上，注意喷施磷、钾、氯、钼、硼元素。

（2）激素诱促法

当花莛伸出盆面时，用长条形小塑料袋剪去袋底，套罩花莛，喷嘴伸入袋内向花莛喷施（以防喷及株叶而引起徒长）100μL/L（即 1g 粉剂加水 10kg 溶解）的赤霉素（九二〇），以促进花莛迅速伸长，花蕾迅速发育膨大。如果还要加快，可用同法隔 1 周后再进行 1 次，或用毛笔蘸九二〇稀释液点涂花柄基部、花蕾基部和花萼。如果还需要加快，可 3 天后再进行 1 次。

（3）古法催花术

清代陈淏子著的《花镜》载："凡欲催花早放，以硫磺水灌其根，隔宿即开，或用马粪浸水浇根，花亦易开。"

590. 如何使兰花延迟开花？

往往也会为了适应节日上市和应展之需，而需要兰花推迟开花，其方法有：

（1）改变生态条件

①对于冬春花类，可采取推迟其春化时间而实现延迟开花月余。即在其通常春化的季节，把温度调高 5～8℃。并且每夜加灯光补照 2 小时。

②对于夏秋花类，可采用降低温度和减弱光照量及减少光照时数的办法，而实现花期推迟 1～2 个月。当花原基形成后，即新芽展叶时起，把气温调低 5～10℃，并长期控制在 18℃以下，遮荫密度在 90％左右，每日下午 4～5 时起给予高密度遮荫，以创造长暗期。

（2）激素推延花期

据日本资料介绍：喷施 0.0005％（即 1g 药剂加水 200kg 溶解）的 2，4-D，有明显的推延花期作用。经实验和外地兰友实验介绍，确有实效。当花莛露出盆面和小排铃时，各喷施 1 次，可推延花期 1.5

个月。

附带介绍一下：解除推迟花期，可用0.05%（即1g药剂，加水2kg溶解）赤霉素(920)喷施花莛。选用长条形塑料袋，剪去袋底，套住花莛，把喷嘴伸入袋内喷花莛。

591．兰花的色泽为何不很稳定呢？

有些兰花的色泽在开花后会因时间的推移而变化，不够稳定。其原因，大致有如下几个方面。

(1)品种特性所决定

通常兰花花朵中，多数含有花青素、绿叶素和胡萝卜素等3种色素。它们的本色为红、绿、黄3色，加上白色，就有4种颜色。具体品种，各色的成分含量各异。有的间杂多，很明显有间色，有的间杂甚少，不易觉察出有间色。土壤、温度、光照、肥料，激素的增减都会使它们在植物体中合成的速度起变化，进而导致花朵颜色起变化。尤其是，原有间色量较多的，更易随条件的变化而变化。此外，从植物的生理特性来讲，花朵、果实的颜色本来就是有变化的。

(2)植料肥料酸碱度的影响

花青素遇酸则红，遇碱则紫。因浇水施肥而改变了酸碱度，花青素的变化作用就比较明显，这个变化又与绿叶素、胡萝卜素调和，其颜色的变化就显现出来。同样，品种原间色较大的，转色也就越明显。

(3)杂交所致

如是下一代的花色起变化则可能是杂交或性状分离所致。

(4)光照强度的影响有关

光照时数的增减，光照量的大小，光波的长短，对花色有着很大的影响。如，有些兰花初绽时，主色是绿的；全绽后，在强光照的作用下，花色由绿转为淡青或淡青黄。于是不少人采用遮光的办法，使不很白，甚至有绿筋的兰花，变成雪白花……。

592. 黑色的兰花因何那样稀少？何处可觅得？

黑色兰花稀少与太阳光有着密切的关系。兰花是荫生植物，不耐高热，一般只吸收含热量较少的兰紫短光波，而将含热量较大的红橙长光波反射出来。这就是杂色花较多之故。如果兰花能把光照中的七种单色光全部吸收，也许全黑色花就会多了。

除了与光照有关外，与土壤的酸碱度也有关。花青素遇酸则红，遇碱则紫，过紫即黑。

据初步了解，黑花都生长于长期阴暗潮湿和低温多碱性土壤之中。而兰花是喜微酸植物，能在偏碱壤土中生长的，自然就少。

593. 有些兰花因何而不香？

1990 年，在成都兰展会上，有位兰友拿了一丛带有乳黄色素心花的春剑兰问笔者，“这丛下山牙黄春剑素，为何会无香?”随后，还有兰友拿着有现花的江北春蕙兰问，“此兰花，因何有异味呢？……”遂此使笔者产生了探索兰香的兴趣。通过实地考察和促香实验，终于有所初悟。

(1)基质偏碱

产于江北雨量偏少的碱化土里的兰株，由于土壤中酸碱度变化、营养成分不同、微生物群落也不同等原因，使植株在营养生长、生殖生长及物质合成、积累等环节上都产生了不同的变化，因而形成气味的物质成分发生了变化。事实上，产于偏碱土里的春蕙兰的气味，很像牛屎味样的烧碱味，而改用偏酸土培育 3 年后，气味又会恢复兰香。

(2)缺乏造香原料

产于只长稀疏杂草而不长树木的红壤山上的，由于红壤瘠瘦，呈强酸性，含铁量高，氮、磷、钾、钙、镁等营养元素含量极少，又有黏腻、板结、腐蚀等弊端。由于此山没长树木就没有枯枝落叶腐烂成含磷的腐殖质可供兰吸收，兰株也就没有可以制造兰膏(香气)的原料——磷。自然就无从放香。

(3)阳光不足

光照是光合作用的能源，能源少，光合产物相应也就少。兰香物质的合成也相应受到影响。

原生于多雾高山上的兰株，浓荫下的兰株和人工高遮荫密度下的兰株，也由于光照少，其花多为少香或无香。

(4)昼夜温差小，降低了积累

夏秋，高热地区夜间温度仍然很高，温室养兰为了提高生长力而采取恒温管理，夜间气温和白天一样，兰株夜间增加了消耗而降低了光合同化产物的积累，导致兰株造香原料不足或生成香料物质的反应进行不畅而不香。

(5)病虫害的侵染破坏

病虫害，尤其是病毒病害的侵染，不仅减少了光合作用面积，也增加了株体的营养消耗。尚且，它们在侵染的同时，也排放毒素，破坏了兰株正常的芳香类物质合成。其花也就自然不香。笔者曾在某大公园里的“奇香园”里，见到千余盆病斑累累的建兰，开出几莛花，一点也不香。

(6)其它花自然杂交的影响

同花期的其它花粉的自然杂交，使其逐渐产生变异而不香。

针对致因，应力避偏颇而促之，便可如愿以偿。

594. 含香的野生下山兰，种植后一年比一年不香，是何原因？

从冬春全光照、下秋半遮荫，暴雨绵雨有遮挡的半自然式地栽驯化，香气如故；而固定高遮荫，近似恒温的棚室盆驯化，香气却逐年递减的对比分析，其致因大致有3个方面：

① 光照少，光合同化产物积累少，兰株难以无米之炊。

② 昼夜温差少，夜间消耗过大降低了积累，兰株同样难以无米之炊。

③造香的原料缺乏

半自然式驯化的，属于粗养，常施用骨粉 、油料种子壳渣饼等沤制液肥。而近似恒温驯化的，为了追求高生长率，偏施氮肥，速效化肥，缺乏磷素供给，芳香物质合成作用不利，自然香味锐减。

595. 兰花花蕾未开先萎是何故?

兰花花蕾未开先萎的主要致因有：

(1)营养不良

因缺乏氯、钼、硼等微量元素，导致花蕾发育不良而未开先萎、掉落。

(2)施肥不当

在花莛伸出盆面后，仍然施以含有高氮的肥料，导致营养生长旺盛，抑制了生殖生长。

(3)菌虫危害

菌虫和病毒病害侵犯兰株使兰株营养生长受阻，或直接侵害花莛，使营养补给线中断，自然花要枯萎。

(4)防冻不力

冬季和早春，防冻措施不力，冻伤花莛，导致萎蔫而枯落。

(5)干旱害

盆兰浇水不及时，基质过分干燥，花莛缺乏水分，脱水而萎蔫。

(6)不具春化条件

春兰有春化的习性。对于没有明显冬寒地区，自然气温仍然在10℃以上的，不具春化条件，常会出现花蕾僵化而不开，或花莛难伸长。必须在花莛露出盆面时，把它移入暗室，把室温调控在 8℃ 以下，让其度过春化阶段。25 日后，移至原处管理，便可自然开花。

596. 冬冷地区的春兰，因何会有蕾而不开花?

冬冷地区的春兰，有蕾而不开花的主要原因是温度调控不当。冬冷地区，自 9 月底或 10 月上旬，内陆冬季风就陆续而至，常为了防冻，把盆兰移入温室，使它失去了自然的春化条件而有蕾不开花。

同样在花莛伸出盆面后，应把室温调控在 3～5℃。20 余天后，再把室温调高至 10℃ 以上，便可顺利开花。不过也要排除“未开先萎”一问中所述的其它 5 个方面的致因，方能如愿以偿。

597. 兰花花蕾因何僵拢不全开？该怎样防止？

花蕾僵拢不全开，也称含苞不舒。在传统观赏术语中，称为“瘫放”。导致瘫放的原因，大致有 3 个方面：

(1)品种固有的特性

查阅兰籍，常出现花蕾瘫放的品种有蕙兰梅瓣花中的‘桂圆梅’‘翠萼’‘老染字’等。它们的花瓣(捧)硬变起兜，因而常会有捧端粘连。可是其它不少硬捧的品种，却少有瘫放现象出现。由此看来，这是品种固有的特性所引起的。这只能在出现了瘫放之时，用牙签挑开，以助舒放。

(2)菌虫害的侵染

如有菌虫害(尤其蚜虫等害虫)侵染为害花蕾基部，使花器的输导组织被破坏，也会致使萼片或花瓣萎软而无力开放。所以平时应认真做好植保工作，当花莛伸出盆面和花蕾发育成小排铃及大排铃时，都应选用广谱高效的灭菌杀虫剂喷施 1 次。花期在高温高湿的夏秋季节尤应重视防治工作。

(3)抑制太过

如果是为了应展和迎接节日上市之需，曾施用有抑制生长作用的激素 2, 4-D，以推延花期的。可能是因浓度偏高，施用次数过多而抑制太过，导致花萼、花瓣发育不良而瘫放。可试用 1000μL/L 赤霉素喷施花莛或用毛笔蘸药剂稀释液涂抹花蕾和花柄，多可绽放。

598. 怎样使形态独特的兰株开出好花来？

根群细长而弯曲，粗圆而形异；假鳞茎硕大，而形态细小而圆钝；叶鞘长尖而外斜，甲尖里扣或形奇，甲缘宽薄而褶皱、甲体禅连而行龙；叶柄无环或套环；叶质厚糯而硬挺，超薄而奇扭；叶形多态汇聚；叶缘放角行桥；叶色浓淡相间；叶面缀珠镶眼披龙；叶尖阴阳而有白尖，长尖而勾扭等形态独特的植株，多为佳花的外部特征。往往由于它的可变因子尚不够充盈，或生态条件欠佳，暂未能开出好花，而被冷落一旁，或当作行花而遗弃，多么可惜。如能有慧眼认定，千方百计诱促，耐心等待，便可多获佳品。

至于如何诱促，根据笔者的经验要经过3年的努力：

第1年，早春时创造1个与其相适应的生态条件：

①起苗，剔除并扩创所有染病的根、甲、叶，然后进行灭菌消毒。

②选用经严密消毒的疏水透气性能强的基质种植。

③适时促根，添施生物菌肥，注意肥料元素的相对平衡。春、夏、秋各喷1次“植物动力2003”以育植株，增加营养积累，为第3年开好花打下良好的物质基础。

④当叶芽出土时，照样追施促花肥，以诱导花原基的形成。待花芽出土时，要及时彻底摘除，以减少无谓的消耗。

第2年：

①增加光照量，把夜间温度调控于比日温低12℃以上，以减少能量的消耗，增强营养积累。

②全年不偏施氮肥，力求三要素相对平衡，继续施以生物菌肥和微量元素。

③当叶芽出土时，每簇兰株，仅选留1个叶芽发育，其余的全部摘除。及时追施以磷、钾为主的催花肥，并喷浇磷酸二氢钾、硼、锰、锌元素每周1次，续喷2次。以诱促生殖生长活跃。

④当花芽出土时及时摘除，不让其开花，以蓄积养分，为明年的突变奠定基础。

第3年：

①早春气温回升时，不施含高氮的催芽肥，而施以高磷钾的催花肥。每季选用“植物动力2003”和比久B_9，分别喷施1次。春季每周喷施1次上海产的磷酸二氢钾与硼、锰、锌混合液肥1次，浇施1000倍液美国产“花宝3号”1次。以促进生殖生长高度活跃，分化花原基。

②如有叶芽出土，全部摘除，以减少消耗。

③夏秋两季浇喷肥料，都以高磷钾为主。每月间施1次硼、锰、锌肥。

④增加光照量，夜间避免灯光照射。如白天光照量不足，就在白天补照为好。

以上促抑法，虽不可能使所有植株形态独特的兰株开出好花来，但经实验，确有一定的成功率。有兴趣者尽可一试。

599. 如何挽救遭受高浓度“多效唑”药害的兰苗？

“多效唑”是植物生长激素赤霉素生物合成的抑制剂。800～1000 倍液，有抑制徒长，矮化植株，促进发芽等作用。但任意提高使用浓度和次数，便会致使株根变竭而腐烂；新芽难长根，叶缘叶尖枯焦，叶面起黑疔等而提前死亡。

有些人利用其泡制“矮兰”。兰友误买种不活。现简介挽救方法如下：

(1)更换植料重植

起苗、洗净，剪除残根、败叶。摊于晨光下，翻晒根基 2 小时，如光照强，用纱布遮住叶片，以防叶片脱水。

(2)激活生长力

根据“多效唑”是通过抑制赤霉素生物合成，使株体内缺少生长激素而产生的副作用的原理。选用 1000μL/L(0.2g 赤霉素粉剂溶于 200mL 水中)赤霉素、四川产华奕牌“兰菌王”500 倍液混合浸泡全株 2 小时后，捞出，晾干，重植。并用浸泡液当定根水浇透基质。

(3)精心护理

①如低温期，要采取搭设拱架，蒙上塑料薄膜，保温管理。

②空气湿度应保持在 70%以上，并注意通风。

③要有散射光照。如遇无自然光照的天气，应灯光补照。

④浇喷激活剂。每周选用上述赤霉素、兰菌王稀释液浇喷 1 次。续浇 2 次。1 个月后，改浇喷“植物动力 2003”“爱施牌高氮型叶面肥”“喷施宝”“高乐”食用米醋稀释液等。

600. 怎样用好高效保护剂和促进剂阿斯匹林？

据有关报道：近几十年来科学家研究发现：医用解热镇痛剂阿斯

匹林(乙酰水杨酸)能作用于植物的遗传基因,生成多种与植物抗病有关的蛋白质,以阻止病原物的入侵、扩散,并杀死或抑制其生长,从而起到高效的保护作用,而被称为植物的健康保护神。

近几年,植物学家又惊奇地发现:阿斯匹林还能有效地保护植物的叶片不易散失水分,从而满足其生长、开花、结果的需要,具有类似于健壮素、增产灵的功效。

不少兰友试用于兰花,获得不凡的效果,笔者的多年实践也证实,确实是兰花的高效保护剂和促进剂。其具体的用法随目的不同而异:

(1)用于提高株体的免疫力

①用阿斯匹林1500~2000倍液(1g药剂对水1500~2000g),每季喷施1次,续喷2~3次,可有效地控制病毒病情的发展,防止其下代再现病症。

②用阿斯匹林1500~2000倍液,淋浇1次,能有效地控制白绢病、黑腐病、软腐病的蔓延。

③用阿斯匹林1500~2000倍液,每季喷浇1次,能有效地控制叶端背的沙斑病、黑斑的蔓延,保护新芽鞘不再受感染。

(2)用于促进长新根、催发新叶芽

①用阿斯匹林100倍液浸泡老株鳞茎和无叶假鳞茎1小时后捞出,晾干上盆。并将此药液稀释成1000倍液,同时加入1000倍液的磷酸二氢钾,当定根水浇灌之。可比正常培育提前1个月长根发芽。

②用3000倍液作定根水,加叶面喷施1次,可使新上盆的兰株提前20天长新根。

③用2000倍液浇根,并每15天喷施1次,续喷3次,可使无根或很少根的兰株,早20多天长出新根。且可长出多分杈根;也可让无叶鳞茎长出新的"龙根"来,又能在新"龙根"上抽发新芽。

(3)用于诱促艺变

用2000~3000倍液作定根水浇施。之后,每隔15天喷浇1次,续喷2次(应混入磷酸二氢钾1000倍液),不仅有提前生根发芽的作用,而且有促进艺变的作用。

(4)注意事项

①本品虽有不凡的保护与促进作用的积极一面,也有易导致疯长和常用后如停用会出现不同的滞育现象的癖病。最好与磷酸二氢钾、生物菌肥交替施用。

②冬季休眠期使用,会打破休眠,导致植株生理功能紊乱。对固定良种应慎用。但可供实验探索试用。

③因其有导致疯长的副作用,不宜施用于矮兰。

④气温高、光照强的天气里,施用浓度要低,浸泡时间要短。一般用于喷施较安全。浸泡的浓度应低些,时间要短,间隔时间也要长。年施用次数勿超过 3 次。

⑤复方阿斯匹林(简称 APC)比一般阿斯匹林多了两种镇痛剂。同样可用,效果相似。